国家出版基金项目
NATIONAL PUBLICATION FOUNDATION

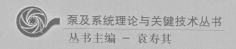

泵及系统理论与关键技术丛书
丛书主编 – 袁寿其

Theory and Design of Fire Monitor

消防炮理论与设计

薛 林 著

江苏大学出版社
JIANGSU UNIVERSITY PRESS
镇 江

图书在版编目(CIP)数据

消防炮理论与设计 / 薛林著. — 镇江：江苏大学
出版社，2020.7
（泵及系统理论与关键技术丛书 / 袁寿其主编）
ISBN 978-7-5684-1126-4

Ⅰ．①消⋯ Ⅱ．①薛⋯ Ⅲ．①消防泵－研究 Ⅳ．
①TH38

中国版本图书馆 CIP 数据核字（2019）第 096805 号

消防炮理论与设计
Xiaofangpao Lilun yu Sheji

著　　者/薛　林
责任编辑/汪再非　郑晨晖
出版发行/江苏大学出版社
地　　址/江苏省镇江市梦溪园巷 30 号（邮编：212003）
电　　话/0511-84446464（传真）
网　　址/http：//press.ujs.edu.cn
排　　版/镇江市江东印刷有限责任公司
印　　刷/南京爱德印刷有限公司
开　　本/718 mm×1 000 mm　1/16
印　　张/16
字　　数/300 千字
版　　次/2020 年 7 月第 1 版　2020 年 7 月第 1 次印刷
书　　号/ISBN 978-7-5684-1126-4
定　　价/80.00 元

如有印装质量问题请与本社营销部联系（电话:0511-84440882）

作者简介 ———————————————————————————

薛林

应急管理部（原公安部）上海消防研究所研究员，党委书记，兼应急管理部消防救援局上海火灾物证鉴定中心主任，消防应急救援装备应急管理部重点实验室主任，入选中组部首批"万人计划"、"国家新世纪百千万人才工程"、国家中青年科技创新领军人才、公安部"十大公安科技英才"、全国公安系统二级英模，享受国务院政府特殊津贴和公安部特殊津贴。主要从事灭火救援装备技术、消防作战与训练、消防安全规划与风险评估等方面的研究，主持和参与国家及省部级科研项目 80 余项，编制国家及行业标准、规范 20 余部，获国家及省部级科技奖 16 项（其中国家奖 3 项）。

丛 书 序

　　泵通常是以液体为工作介质的能量转换机械,其种类繁多,是使用极为广泛的通用机械,主要应用在农田水利、航空航天、石油化工、冶金矿山、能源电力、城乡建设、生物医学等工程技术领域。例如,南水北调工程,城市自来水供给系统、污水处理及排水系统,冶金工业中的各种冶炼炉液体的输送,石油工业中的输油、注水,化学工业中的高温、腐蚀液体的输送,电力工业中的锅炉水、冷凝水、循环水的输送,脱硫装置,以及许多工业循环水冷却系统,火箭卫星、车辆舰船等冷却推进系统。可以说,泵及其系统在国民经济的几乎所有领域都发挥着重要作用。

　　对于泵及系统技术应用对国民经济的基础支撑和关键影响作用,也可以站在能源消耗的角度大致了解。据有关资料统计,泵类产品的耗电量约占全国总发电量的 17%,耗油量约占全国总油耗的 5%。由于泵及系统的基础性和关键性作用,从中国当前的经济体量和制造大国的工业能力角度看,泵行业的整体技术能力与我国的经济社会发展存在着显著的关联影响。

　　在我国,围绕着泵及系统的基础理论和技术研究尽管有着丰富的成果,但总体上看,与国际先进水平仍存在一定的差距。例如,消防炮是典型的泵系统应用装备,作为大型设施火灾扑救的关键装备,目前 120 L/s 以上大流量、远射程、高射高的消防炮大多使用进口产品。又如,现代压水堆核电站的反应堆冷却剂泵(又称核主泵)是保证核电站安全、稳定运行的核心动力设备,但是具有核主泵生产资质的主要是国外企业。我国在泵及系统产业上受到的能力制约,在一定程度上说明对技术应用的基础性支撑仍旧有很大的“强化”空间。这主要反映在一方面应用层面还缺乏关键性的“软”技术,如流体机械测试技术,数值模拟仿真软件,多相流动及空化理论、液固两相流动及流固耦合等基础性研究仍旧薄弱,另一方面泵系统运行效率、产品可靠性与寿命等“硬”指标仍低于国外先进水平,由此也导致了资源利用效率的低下。按照目前我国机泵的实际运行效率,以发达国家产品实际运行效率和寿命指标为参照对象,我国机泵现运行效率提高潜力在 10% 左右,若通过泵及系统关键集成技术攻关,年总节约电量最大幅度可达 5%,并且可以提高泵产品平均使用寿命一倍以上,这也对节能减排起到非常重要的促进作用。另外,随着国家对工程技术应用创新发展要求的提高,泵类流体机械在广泛领域应用中又存在着显著个性化差异,由此不断产生新的应用需求,这又促进了泵类机械技术创新,如新能源领域的光伏泵、熔盐泵、LNG 潜液泵,生物医学工程领域的人工心脏泵,海水淡化泵系统,煤矿透水抢险泵系统等。

可见,围绕着泵及系统的基础理论及关键技术的研究,是提升整个国家科研能力和制造水平的重要组成部分,具有十分重要的战略意义。

在泵及系统领域的研究方面,我国的科技工作者做出了长期努力和卓越贡献,除了传统的农业节水灌溉工程,在南水北调工程、第三代第四代核电技术、三峡工程、太湖流域综合治理等国家重大技术攻关项目上,都有泵系统科研工作者的重要贡献。本丛书主要依托的创作团队是江苏大学流体机械工程技术研究中心,该中心起源于 20 世纪 60 年代成立的镇江农机学院排灌机械研究室,在泵技术相关领域开展了长期系统的科学研究和工程应用工作,并为国家培养了大批专业人才,2011 年组建国家水泵及系统工程技术研究中心,是国内泵系统技术研究的重要科研基地。从建立之时的研究室发展到江苏大学流体机械工程技术研究中心,再到国家水泵及系统工程技术研究中心,并成为我国流体工程装备领域唯一的国际联合研究中心和高等学校学科创新引智基地,中心的几代科研人员薪火相传,牢记使命,不断努力,保持了在泵及系统科研领域的持续领先,承担了包括国家自然科学基金、国家科技支撑计划、国家 863 计划、国家杰出青年基金等大批科研项目的攻关任务,先后获得包括 5 项国家科技进步奖在内的一大批研究成果,并且 80% 以上的成果已成功转化为生产力,实现了产业化。

近年来,该团队始终围绕国家重大战略需求,跟踪泵流体机械领域的发展方向,在不断获得重要突破的同时,也陆续将科研成果以泵流体机械主题出版物形式进行总结和知识共享。"泵及系统理论及关键技术"丛书吸纳和总结了作者团队最新、最具代表性的研究成果,反映在理论研究及关键技术优势领域的前沿性、引领性进展,一些成果填补国内空白或达到国际领先水平,丰富的成果支撑使得丛书具有先进性、代表性和指导性。希望丛书的出版进一步推动我国泵行业的技术进步和经济社会更好更快发展。

国家水泵及系统工程技术研究中心主任
江苏大学党委书记、研究员

前　　言

　　消防炮是灭火作业的关键装备之一,随着我国经济社会的快速发展,消防炮的需求与应用不断增多,而对消防炮的理论与设计研究不足,制约了我国消防炮产品的设计优化与性能提升。本书重点针对消防部队及社会消防工程中最常见、配备数量最多、使用频率最高、喷射介质为水和水成膜泡沫的消防炮,通过理论分析计算、实体产品与缩尺模型试验、数值模拟与 PIV 验证等方法,对消防炮的结构设计、内部流动性能、外部射流特性、实战配备与工程应用等,开展了系统研究,并取得了一系列创新性、实用性的理论成果,可为消防炮的研究、设计与开发,以及消防炮的实战应用和工程设计提供理论依据和科学指导。

　　本书针对消防炮的连续弯管立体绕转流动、整流消旋矫直流动、收缩喷嘴湍流流动等内部流动现象,以雷诺时均 RANS 和大涡模拟 LES 的数值方法,研究了二次流发生发展规律、主流速度分布均匀度、喷嘴内部压力能转化成速度能等问题;以粒子图像测试技术(PIV),验证了数值模拟的准确性;采用多种比对方案和正交试验方法,分析了不同形式整流器在多种条件下的整流性能;通过理论分析和定量化的比较研究,首次建立了涵盖尺寸经济性、流场均匀性、流动连续性、射流稳定性等四个方面的消防炮性能设计综合评判准则,确定了消防炮炮座、炮管、整流器、喷嘴等过流部件的最优结构形式、性能设计与评价强弱影响因子、特征参数和经济尺寸。本书还通过消防炮实体产品和缩尺模型试验,研究分析了消防炮的外部射流特性和性能参数,提出了消防炮射程与射高的经验计算公式、最优喷射仰角,以及消防炮射流轨迹、水滴分布等射流特性参数。

　　本书的出版得到了国家出版基金项目、国家"十三五"重点研发计划"城市重特大火灾防控与治理关键技术研究"之"大型火场供水排烟关键装备技术与数字化消防单兵装备一体化"(2016YFC0800608)、上海市重点支撑项目"远射程高冲击力船用防暴消防炮系统"(13231203200)、公安部消防局重点攻关计划"移动式大流量远射程遥控消防炮"(2015XFGG03)的支持。

　　本书在编写过程中,得到了袁寿其研究员的悉心指导和持续鼓励,采用了李红、袁建平、汤跃、刘建瑞等研究员的有益建议,得到了向清江博士和王希坤教授在数值模拟、PIV测试、Matlab编程计算等方面的大力支持和帮助,得到了消防炮研究团队王丽晶研究员及严攸高、袁野、朱凯亮、陈洪亮、周兆威、展杰、程钧等在试制、试验过程中的全力支持和配合,同时也借鉴、参考了相关专家学者著作、文献中的部分研究成果和结论,在此,谨向他们表示最衷心的感谢。

著　者

主要符号表

符号	物理意义	单位	符号	物理意义	单位
A	面积	m^2	L_b	射流密实段长度	m
a	常数系数		m	水滴质量	g
b	常数系数;指数增长系数		M	动量	kg·m/s
C_d	水滴迎风阻力系数		Q	工作压力	Pa
d	直径(炮座、喷嘴、水滴)	mm	Q	流量	m^3/h
d_c	收缩断面直径	mm	Q	无量纲判据	
F	作用力	N	R	射程	m
g	重力加速度	m/s^2	R_c	弯管曲率半径	m
H	工作水头	m	Re	雷诺数	
H	水炮射高	m	t	时间	s
h_i	射高偏差	m	U	平均流速	m/s
h_f	沿程损失	m	u_m	射流轴线流速	m/s
h_j	局部流动损失	m	u_{max}	理论最大速度	m/s
I	湍流强度		u_0	主流理论速度	m/s
I_Ω	断面涡通量重心偏心惯量		$\bar{u}$	射流出口流速	m/s
I_u	断面主流速度重心偏心惯量		u_{rms}	速度偏离理论值的绝对偏差	m/s
J	旋涡强度	m^2/s	$\bar{k}$	主流速度平均偏差率	

符号	物理意义	单位	符号	物理意义	单位
k	湍动能	m^2/s^2	C_p	壁面压力系数	
k	射流阻力系数		C_s	Smagorinsky 常数	
k_i	实际速度对理论速度的偏差率		τ	壁面切应力	Pa
k_{total}	主流速度总体偏差率		We	韦伯数	
L	长度	m	ρ_g	气体密度	kg/m^3
σ	表面张力	N/m	ρ_l	流体密度	kg/m^3
σ	标准偏差		Δp	总流动损失	kPa
σ_θ	周向应力	MPa	f	水滴、射流所受阻力	N
σ_z	轴向应力	MPa	c	阻力系数,喷头形式系数	
μ_l	液体动力黏度	Pa·s			
μ	流量系数		x,y,z	笛卡尔坐标	
μ_t	亚格子湍动黏性系数				
θ	喷嘴锥角	(°)	字符下标:		
θ	射流仰角	(°)	i,j,k	坐标方向	
ζ	局部损失系数		字符上标:		
κ	卡门常数		′	脉动值	
ω	角速度	1/s	—	时均值	
Ω	涡量	m^2/s			
β	喷射仰角	(°)			
Oh	奥内佐格数				
ε	湍流耗散率	m^2/m^3			
ε	喷嘴收缩系数				
φ	流速系数				
λ	沿程损失系数				

目 录

1 绪 论

1.1 研究背景和意义

随着社会经济的快速发展,诸如大型公共场馆设施、大型石化储罐和生产装置越来越多,建筑、工程、设施的规模越来越大。与此同时,火灾发生的数量和造成的损失也随之不断增加。根据原公安部消防局公布的火灾统计数据,2013年至2016年,火灾发生次数和损失均比2012年之前有较大增幅,造成直接财产损失176.3亿元[1−4],如图1.1所示。

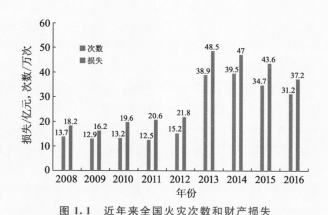

图 1.1 近年来全国火灾次数和财产损失

消防炮作为灭火装备,是火灾扑救中不可或缺的技术保障,其科技及应用水平的高低,是衡量一个国家抗御火灾能力和水平的重要标志之一。消防炮的主要作用,就是将灭火介质的静压能转化为动能,并高速喷射至着火或保护对象上,进行灭火或冷却保护作业。消防炮因具有流量大、射程远、射高高、灭火能力强等突出特点,能快速、高效扑救区域性、群组性(设备或建筑)的重大恶性立体火灾,已被广泛应用于我国的港口、船舶、油(气)罐区、冶金、石化、油(气)田、海洋石油平台、机库、航站楼、大型展馆、体育场馆等室内外重点保护场所。

近年来,在大型火灾扑救中,尤其是在化工区、油罐区火灾扑救及大跨度、大空间建筑火灾的扑救过程中,各类消防炮的应用频次越来越高、数量越来越多。例如,2011 年大连"7·16"石化火灾,扑救历时 15 h,消防炮灭火用水 6 万余吨、泡沫液 1 100 t;2015 年漳州古雷石化"4·6"爆炸着火事故,扑救历时 56 h,共调集 269 辆消防车、1 169 名消防官兵到场扑救,使用 3 套大流量远程供水系统、数十门消防炮,调集泡沫液 1 467 t[5],消防炮喷射用水量不少于大连"7·16"火灾;2015 年山东日照石大科技"7·16"爆炸事故,扑救历时 24 h,投入大流量远程供水系统 8 套,消防炮灭火用水约 11 万 t。

消防炮的全面配备和实战应用过程中,暴露出了一些共性问题,同时也产生了一些新的技术需求。

① 120 L/s 以上大流量的消防炮(国产)产品较少,明显滞后于社会经济发展需求。国内众多 10 万~15 万 m³ 超大型油罐(高约 23 m,直径约 80 m)、大型化工装置(高度上百米)、15 万~30 万 t 级的超大吨位油码头(30 万 t 油轮的甲板高约 30 m,长约 330 m,甲板平面面积约 9 900 m²)、大型海上石油平台、超大型综合体建筑(上百万平方米),以及大型消防船和海监船等,都需要大流量、远射程、高射高消防炮,但国产装备目前难以满足,大多依靠进口。

② 能有效指导大流量消防炮设计的理论研究比较滞后,难以实现大流量消防炮射程射高性能的线性提升。120 L/s 以下的消防炮产品,受试验条件、供水压力和传统设计指导思想所限,额定喷射压力总体偏低,大多在 0.8 MPa 左右。目前在消防炮的炮体结构和流道设计、流场和喷嘴优化等方面,开展的理论研究不多,可用于有效指导产品设计的实用型设计原则和计算公式比较少,产品研发更多的是基于小流量消防炮设计开发的实践经验进行有限的拓展,这直接导致大流量消防炮产品开发较少,仅有的一些产品,也普遍存在射程不够远、射高不够高、射流比较散等问题,有些大流量消防炮产品因出口射流集中度、稳定度不够,雾化现象和半途洒落损失明显。

③ 消防炮产品国家标准技术水平较低,对大流量消防炮研发及性能水平提升的引导作用不足。在《消防炮通用技术条件》(GB 19156—2003)中[6],消防水炮最大喷射流量只列到 200 L/s,规定射程不小于 105 m(额定工作压力为 1.4 MPa),但即使是这个射程指标,还是根据当时实有的 80~150 L/s 的国产消防炮射程规律估算得出的。当时,国内尚没有 200 L/s 的大流量消防炮和

相关的试验装置验证条件。当时国产消防炮产品的最大流量为 150 L/s,射程为 95 m。这是 2000 年公安部上海消防科学研究所重点科研计划项目"PXKY150 型液控消防泡沫(水)炮"[7] 的研制成果。在《消防炮》(GB 19156—2019)中[8],规定流量为 150 L/s 时,规定射程不小于 100 m;流量为 200 L/s,250 L/s,300 L/s 以及超过 300 L/s 时(额定工作压力为 1.2 MPa 或 1.4 MPa),射程均不小于 110 m。

④ 国产中小流量消防炮及大流量消防炮性能参数均存在较大的技术提升空间。受动力源功率及传统设计的定向思维所限,我国消防炮产品额定工作压力基本都在 0.8 MPa,实际应用中有时还达不到 0.8 MPa,要显著提升其射程、射高,在额定喷射压力(即输入功率)方面,还有比较大的提升空间。而超过传统工作压力的消防炮结构、流道、流场、喷嘴,都需进一步理论研究、重新设计和试验验证。远射程大流量系列消防炮的开发拓展,应该跳出传统的"压力不变、流量不断增加"来提高射程的"发展下下策",采用"压力提高、流量控制"来提高射程的"发展上上策"。

⑤ 采取单纯加大流量满足射程需要的传统做法,会造成火场用水的极大浪费和供水链负荷显著增大。前些年实际开发应用的产品试验表明,消防炮流量大于 80 L/s,在压力基本不变的情况下,流量即使增大 1 倍,射程也仅仅增加 10%～15%,"投入产出比"明显降低。流量超过 150 L/s 之后,流量增大 1 倍,射程仅仅增加 5%～10%,"投入产出比"进一步降低。总体上流量达到一定指标后功效比呈现越来越低之势,而为了满足工作任务对射程、射高日益增长的要求,只是采取增加流量来低效地获得极其有限的射程增加,而不是在同等流量下通过提高消防炮的喷射压力,优化高压力下的喷嘴、流道和炮体结构,来充分挖潜以显著提高消防炮的射程性能。据美国农业部 20 世纪 80 年代的研究表明,火场上实际只有 10% 的水真正用于灭火[9],火灾现场十分宝贵的水经过千辛万苦输送到前场后,因为利用率不高而白白流失掉,实在可惜。根据计算,对于这些火灾扑救,消防炮喷射的灭火强度实际已经足够了,但为了满足射程需要而不得不增加的流量,实际都会被白白浪费掉。而且,这样做还会造成供水泵组、供水管路及物力、人力的极大浪费。

针对我国大流量消防炮存在的主要技术问题、当前发展面临的困难及未来的需求趋势,从流体力学和流体机械设计的基本理论出发,结合数值模拟、PIV 试验和实体产品试验验证等方法,针对关乎大流量消防炮喷射性能的炮体结构、流道、内流场、喷嘴等关键要素,从理论上进行系统研究,探索内在规律和设计方法,进而为我国大流量消防炮的产品设计、标准制修订、企业生产、工程应用等,提供科学的依据和理论的指导,正是本研究的价值所在。

1.2 国内外消防炮发展概况

1.2.1 消防炮的基本概念

根据 GB 19156—2019《消防炮》的规定,消防炮是指连续喷射时水、泡沫混合液流量大于 16 L/s(小于或等于 16 L/s 的则为消防枪)或干粉有效喷射率大于 7 kg/s,脉冲喷射时单发喷射水、泡沫混合液量不低于 8 L 的喷射灭火剂的装置。

消防炮主要有按喷射介质、驱动方式、使用功能、安装方式等四种分类方式。

消防炮按喷射介质可分为消防水炮、消防泡沫炮、消防干粉炮。

消防炮按驱动方式可分为手动消防炮、电动消防炮、液动消防炮、气动消防炮。

消防炮按使用功能可分为单用消防炮、两用消防炮、组合消防炮。两用消防炮是指利用同一流道在不同时刻喷射两种介质的消防炮。组合消防炮是指利用不同流道喷射两种或两种以上介质的消防炮。

消防炮按安装方式可分为固定式消防炮和移动式消防炮。固定式消防炮是指安装在固定支座上的消防炮,包括固定安装在消防车、消防船、消防炮塔和建筑上的消防炮。移动式消防炮是指安装在可移动支架上的消防炮,包括固定安装在拖车上的消防炮。移动式消防炮按移动方式可分为便携移动式消防炮、手抬移动式消防炮、拖车移动式消防炮。

此外,消防炮还包括自摆消防炮、脉冲消防炮和中倍泡沫消防炮等特种消防炮。消防泡沫炮还可按泡沫液吸入方式分为自吸式消防泡沫炮和非自吸式消防泡沫炮。

各类消防炮产品如图 1.2 所示。

1.2.2 国内外消防炮产品概况

(1) 我国消防炮流量和射程的基本规定

在《消防炮》(GB 19156—2019)国家标准中,对消防水炮、泡沫炮流量和射程的规定如表 1.1 和表 1.2 所示。

(a) 手动消防水炮(直流喷嘴)

(b) 电动直流喷雾消防水炮

(c) 移动式消防水炮(多节喷嘴)

(d) 固定式大流量消防水炮(直流式)

(e) 拖车移动式消防水炮(直流喷雾式)

(f) 消防炮(船用)

(g) 消防炮(车载)

(h) 消防炮(罐区用)

(i) 消防炮(室内机库用)

(j) 消防炮(码头用)

图 1.2 各类消防炮产品

表 1.1　消防水炮喷射性能参数(GB 19156—2019)

流量/(L·s⁻¹)	额定工作压力/MPa	射程/m	流量允差
20		≥50	
25		≥55	
30	0.6	≥60	
40	0.8	≥65	
50	1.0	≥70	
60		≥75	
70		≥80	
80	0.8	≥85	+10%
100	1.0	≥90	
120	1.2	≥95	
150		≥100	
180	1.0	≥105	
200	1.2	≥110	
250	1.4	≥110	
≥300		≥110	

表 1.2　消防泡沫炮喷射性能参数(GB 19156—2019)

泡沫混合液流量/(L·s⁻¹)	额定工作压力/MPa	射程①/m	流量允差	发泡倍数 N(20 ℃时)	25%析液时间/s(20 ℃时)	混合比
24		≥42				
32	0.6	≥48				
40	0.8	≥55				
48	1.0	≥60				
64		≥70				6%~7%或 3%~3.9% 或制造商公布值②
70		≥75	+10%	≥6	≥150	
80	0.8	≥80				
100	1.0	≥85				
120	1.2	≥90				
150		≥95				
180	1.0	≥100				
200	1.2	≥105				
>200	1.4	≥105				

注:① 自吸式消防泡沫炮可以比表中规定的射程小 10%。

② 当泡沫混合比≥1%时,制造商公布值的允许范围应为:混合比额定值≤制造商公布值≤混合比额定值×130%和(混合比额定值+1%)之中的较小值。

当泡沫混合比<1%时,制造商公布值的允许范围应为:混合比额定值≤制造商公布值≤混合比额×140%。

国家标准对射程给出了明确的定义,是指消防炮在规定条件下喷射时,连续洒落介质不少于 10 s 的最远点与炮出口端中心在地面的垂直投影点之间的距离。

（2）国产消防炮基本情况[10]

据统计,我国目前正式送检的消防炮生产企业有 30 余家,主要包括江西西河、西安新竹、苏州捷达、上海务进、广东天广、天津泽安泰、四川萃联、上海茸申、上海金盾、上海震旦、成都威斯特、山东章丘、九江浩川、佛山天雨、山东天河、江苏金茂、上海普东、武汉警崴、江苏南消、上海英纳雪、九江消防、福建水力、高邮沐氏、浙江佑安、科大立安、南昌博泰、江西荣和、沈阳捷通等公司。送检的消防炮包括移动炮、车载炮、船用炮和工程用固定式消防炮。

国产消防水炮中最小流量为 20 L/s(1 200 L/min),射程 50 m,喷射压力 0.8 MPa;固定式消防水炮的最大流量为 400 L/s(24 000 L/min),射程 125 m,喷射压力 1.0 MPa;移动式消防水炮的最大流量为 100 L/s(6 000 L/min),射程 94 m,喷射压力 1.0 MPa。

国产消防泡沫炮中最小流量为 24 L/s(1 440 L/min),射程 41 m,喷射压力 0.8 MPa;固定式消防泡沫炮的最大流量为 260 L/s(15 600 L/min),射程 118 m,喷射压力 1.3 MPa;移动式消防泡沫炮的最大流量为 32 L/s(1 920 L/min),射程 46 m,喷射压力 0.8 MPa。此处所提及的消防泡沫炮主要是指喷射蛋白和氟蛋白泡沫为主的消防炮,不包括由消防水炮直接喷射水成膜泡沫作为泡沫炮使用时的流量和射程。

（3）国外消防炮(含进口)基本情况

据统计,目前我国应用于消防队伍、建设工程中进口的车载消防炮、移动式消防炮、固定式消防炮主要包括美国的 Elkhart Brass(埃尔克)、Akron(阿克龙)、Darley(大力),法国的 POK(博克),奥地利的 Rosenbauer(卢森堡亚)和德国的 Alco(信诚)等品牌。正式在国内送检消防炮的主要生产企业有近 10 家。

国际上消防水炮中最小流量为 24 L/s(1 440 L/min),射程 59 m,喷射压力 0.7 MPa(数据来源为进口产品检测值);固定式消防水炮的最大流量为 1 333 L/s(80 000 L/min),射程 180 m,喷射压力 1.2 MPa(数据来源为产品样本),40 000 L/min 以上的超大流量消防炮主要安装于可直接取水的消防船上;移动式消防水炮的最大流量为 667 L/s(40 000 L/min),射程 150 m,喷射压力 1.2 MPa,目前国内进口的拖车移动式消防水炮最大流量为 200 L/s(12 000 L/min),射程 110 m,喷射压力 1.0 MPa。

进口消防泡沫炮中最小流量为 24 L/s(1 440 L/min),射程 45 m,喷射压力

0.7 MPa;固定式消防泡沫炮的最大流量为 260 L/s(15 600 L/min),射程 118 m,喷射压力 1.3 MPa;移动式消防泡沫炮的最大流量为 32 L/s(1 920 L/min),射程 46 m,喷射压力 0.8 MPa。

1.2.3　我国消防炮配备使用情况

目前,我国 150~200 L/s 及以上的大流量消防炮主要配备在可直接使用天然水源的大型消防工程(石油平台、邻水码头等)或消防船上;100 L/s 以上的大流量移动式消防炮主要配备在大型石化企业、油田、码头等。前些年我国配备的大流量消防炮几乎全部为进口产品。原武警消防部队配备的国产移动消防炮流量主要在 60 L/s 以下,大流量的国产移动消防炮在消防部队配备得相当少,国内能生产的企业只有三五家。

大流量的移动式消防水炮可通过直接喷射水成膜泡沫而作为移动泡沫炮使用,但射程会比直接喷射水时的射程略小些(5 m 左右)。喷射蛋白/氟蛋白泡沫的国产移动式消防泡沫炮一般流量最大为 32 L/s,主要是因为这类泡沫炮炮口安装有近 1 m 长的吸气炮筒,流量增大之后会直接影响喷射时炮体的稳定性。近年来由于装车空间要求大、水成膜泡沫液配备增多而蛋白泡沫液配备减少等缘故,此类消防炮在消防部队的配备使用越来越少,但在一些石化企业仍然有一定的配备和使用。

1.2.4　国内外消防炮比较

国外的消防炮制造商起步早,已历经上百年的发展,具有较为丰厚的技术积累和生产经验,已形成体制健全、体系完整的公司运作模式,拥有完整的消防炮产品系列。国外消防炮的额定工作压力普遍比国内消防炮高 0.2~0.4 MPa,并且由于在设计理论研究和材料工艺等方面的优势,在射程方面也优于国产消防炮。国内的消防炮制造商起步较晚,基本起源于 20 世纪 80 年代中后期,近 15 年来发展较为迅速。流量在 100 L/s(6 000 L/min)以下的中小流量消防炮方面,国内外产品的功能和性能大致接近,主要差异在于加工工艺和动力源配件(主要是驱动电机和液压源);流量在 100 L/s(6 000 L/min)以上的大流量和超大流量消防炮,国内消防炮在喷射性能方面与国外消防炮相比仍有一定差距。前期主要受制于供水泵组的柴油机功率不够大,相关的大流量消防泵组研制同步滞后,大流量消防炮的试验条件和研究开发也因此受到影响。虽然在此期间个别厂家针对大型石化企业、油码头、海上石油平台等的采购需求,定向开发了少量 200~333.3 L/s(16 000~20 000 L/min)的大流量消防炮,但受生产企业试验条件所限,射程与 100~120 L/s(6 000~

7 200 L/min)的消防炮射程相差不大(大多仅提高了 5~10 m)。根据研究经验判断,我国的大流量和超大流量消防炮在结构优化和喷射性能提高方面还有较大的研究和发展空间。

20 世纪 90 年代中期,我国移动水炮最大流量仅为 40 L/s,移动泡沫炮最大流量为 32 L/s,车载泡沫水两用炮最大流量为 48 L/s,工程用固定消防泡沫(水)炮最大流量也仅为 64 L/s,石化行业需求的防爆型遥控炮只有液控消防炮一种方式。此后,伴随着石化行业的快速发展(单体油罐从 1 万 t 级发展到近年来的 15 万 t 级,油码头从 2 万 t 级发展到近年来的 30 万 t 级),对消防炮流量、射程的要求不断增加,从 1995 年到 2000 年前后,我国消防炮流量系列得到了快速拓展,固定消防水(泡沫)炮从 50 L/s 拓展到了 150 L/s,移动消防炮从 60 L/s 拓展到了 100 L/s,同时还开发出了各个流量系列的防爆型电动消防炮系统,在国内众多消防工程中得到了广泛应用,为我国消防炮标准的制定提供了全面的产品和数据支撑。

在此过程中,我国车载消防炮的流量系列受消防车底盘功率及车载泵供水能力所限,没有太大的拓展,而工程用固定消防炮的流量系列拓展较快,这主要基于两个动因:一是基于灭火强度增大对流量提高的需求;二是基于保护对象规模扩大对射程、射高提高的需求。

但从总体趋势看,消防炮流量在拓展到大约 80 L/s 之后,因对射程提高的需求而导致增大消防炮额定流量成为首要动因。根据国家标准《固定消防炮灭火系统设计规范》[11] 的要求,选择消防炮首先要根据保护范围来确定炮的射程要求,然后结合保护面积和灭火强度(单位时间单位面积上的灭火剂投放量)需要来计算流量要求,最终根据射程、流量需求指标中的高者来选配消防炮。由此可以看出,在流量性能达到一定指标之后,流量的增加并不是灭火所必需的,多是为了实现射程的增大才被动增加的。富裕的流量在实际灭火中首要的作用是增大射程和射流冲量,虽然增加了灭火强度,但是单位时间内过量灭火剂的投放往往并不能在灭火强度方面等比例地发挥作用,一定程度上存在灭火剂过量而浪费的现象。根据研究经验判断,我国的大流量和超大流量消防炮在结构优化和喷射性能提高方面还有较大的研究和发展空间。

1.3 消防炮研究现状

消防炮主要由炮体和喷嘴两大部分组成,其中炮体又分炮座和炮管两部分。鉴于消防水炮和消防泡沫炮的炮体部分基本一致,对于消防水炮和消防泡沫炮而言,通过对流量在 150 L/s 以下的各流量消防炮的大量试验研究表明,泡沫炮的标准射程一般比水炮小 5 m 左右。消防水炮常用的喷嘴主要有直流式(又叫瞄口式)和充实水柱式两种,这两种喷嘴的差异主要表现在消防炮射程计算时的喷嘴型式系数 C_1,根据文献[12,13],导流式水炮喷嘴 C_1 取 1.0,直流式(充实水柱式)炮喷嘴 C_1 取 0.95。为便于研究聚焦和比较分析,本书选取了直流式喷嘴的消防水炮作为研究对象(以下简称水炮)。

图 1.3 所示为固定式消防水炮及其喷嘴常见结构。

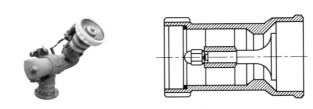

(a) 导流式水炮及喷嘴结构

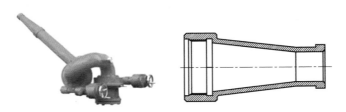

(b) 直流式(瞄口式)水炮及喷嘴结构

图 1.3　固定式消防水炮及其喷嘴结构

本书对消防水炮的性能研究主要包括内部流动特性研究和外部喷射性能研究两个方面。其中,内部流动特性相关研究主要包括五个方面内容:一是炮座的经济管径(经济流速上限)设计研究;二是炮座的回转结构比较研究;三是炮座内流道导流技术研究;四是炮管直管段的整流消旋技术研究;五是喷嘴的结构优化设计研究。外部喷射性能相关研究主要包括两个方面的内容:一是消防水射流的一次破碎(射流稳定性)研究;二是消防水射流喷洒过程的数值模拟研究。

（1）水炮内部流动特性研究概述

① 炮座主流道经济管径(最优流速上限)设计研究。对于确定流量的管道过流,从造价、管理、应用等方面考虑,一般都会有一个经济流速规定。目前我国流道经济流速基本依据《建筑给水排水设计规范》(GB 50015—2010)

的规定[14]，一般小管径的生活给水管道中流速在 1.2～2.0 m/s 之间；大管径的室外给水管道中流速在 0.6～1.4 m/s 之间。消火栓给水系统管道中流速不宜大于 2.5 m/s[15]。消防炮主流道因为过流管路总体较短，受自身结构紧凑性、质量、安装操作空间、经济合理性等要求所限，一般速度会显著高于常规管道的经济流速规定值。早期小流量消防炮产品的设计基本都是参照国外产品再设计，后续的国内生产企业也多是参照进口消防炮或国内其他厂家消防炮管径再设计，缺乏理论上的定量化设计原则和依据。史兴堂[13]研究提出"试验数据表明，消防炮主流道平均流速不宜超过 12 m/s"。石荣[16]研究的消防炮所选定的管道流速为 14.15 m/s（流量 400 m³/h，即 111 L/s，主管径 100 mm）。陈伟刚[17]、俞毓敏[18]等在其硕士学位论文中选定并研究的消防炮管道流速为 12.74 m/s（流量 100 L/s，主管径 100 mm）。吴海卫[19]在其研究中推荐的 150 L/s 的大流量消防炮管道流速为 12.22 m/s。这些基本都没有进一步从理论上说明如何定量化确定最优设计流速，作为确定主管道最优经济尺寸的设计依据。

② 炮座的回转结构比较研究。目前国内消防炮常见的主体回转结构主要有单弯管式和双弯管式（如图 1.4 所示），现阶段多以单弯管式为主。双弯管因其引起的内部动量损失较大，加工及装配要求较高，一般使用较少。对于不同弯管形式的炮体结构，目前在设计中主要是从安装的位置是否允许、总体压力损失的经济性、喷射时炮体的物理稳定性等外部因素考虑，基本还没有从内部流场的稳定性、流动分布的均匀性、外部射流的连续性等流场基本特性的最优化方面进行定量化的比较分析。

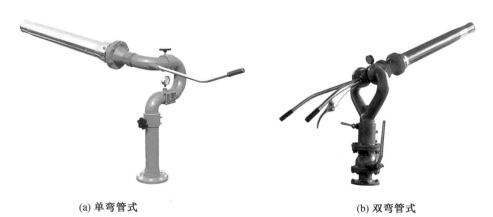

(a) 单弯管式　　　　　　　　　　　(b) 双弯管式

图 1.4　消防炮炮座（回转结构）弯管形式

此外，水炮炮座为连续弯管，弯管常见于水力机械设备中，对其研究的文献较多，一般以弯管的曲率即弯管的转弯半径与管道水力直径的比（非圆管时换算为当量水力直径）来比较分析，流体流经弯管时由于曲率的影响会形成 Dean 涡，涡的产生与雷诺数、与曲率的关系是研究的热点问题，因为该特性影响到内部流动的流动损失和换热性能[20,21]。Prasun 等[22]研究雷诺数和曲率变化对 90°弯管内部流动的影响，结论认为出口流体旋转强度与曲率具有函数关系，而与雷诺数函数关系不明显。梁开洪等[23]研究不同入流角度对 90°弯管内部湍流流动的影响，认为负入流角会减小弯管二次流强度，但管内流体分离现象明显。袁丹青等[24]针对五种不同曲率半径的弯管，研究内部导流片的合适位置和数量，获得较优的尺寸。上述研究文献表明水炮主体弯管研究重点在合适的绕转半径尺寸，由于消防水炮一般在设计流量下设计，因此管内径的选择直接影响雷诺数范围。同时，既有文献大多是研究单个弯管在平面结构状态下的内部流场特性的，对于消防炮这样的多个连续弯管组合、立体绕转回转结构的炮座，目前的研究文献很少，其内部流场及出口流态规律是否与单弯管一致，需要整体上进行系统研究，水炮炮座的入口流动状态、炮座内的导流片分流也是需要考虑的因素。

③ 炮座内流道导流技术研究。史兴堂[13]提出，在设计消防炮炮座时，可采取以下措施来减少能量损失：a. 消防炮炮座应尽量考虑使用单流道，大流量的消防炮更是如此；b. 在消防炮炮座流道设计时应尽量增大弯管的曲率半径；c. 流道应水流畅通，在流道中应减少轴或其他炮的部件横穿流道；d. 在流道内可采用整流叶片以减少旋涡引起的能量损失。同时提出"在测试和评价消防炮的性能时应考核炮座的能量损失"。这基本是定性地给出选择的原则，还没有对不同结构的消防炮的炮座压力损失进行定量化的比较分析，并给出其在整个消防炮喷射性能影响中的权重因子。李世英[25]和石荣[16]等在对炮座或喷嘴设置导流片进行消旋研究时，都是基于单个弯管的情况进行分析，因此出口的 Dean 涡基本都是按对称分布来研究的。事实上消防炮内流道经过下、中、上三个弯管之后，其内部流场远比单弯管要复杂得多，可能会出现复杂的绕流。国外产品有采取导流加整流复合的方式进行消旋和稳流，国内针对这种连续多弯管的内部流场导流技术也需要开展深入研究。此外，传统研究较多的是喷灌用喷头，一般压力为 400 kPa，主管路流速为 1～3 m/s，雷诺数为 $0.4×10^5～1.2×10^5$，在管道流中属于较低雷诺数，而消防炮因其内部流速达到 7～14 m/s，雷诺数已经达到 $12×10^5～24×10^5$，属于超高雷诺数。根据 Mi 等[26]的研究，在 $Re_D < 3.0×10^5$ 下，ξ 都存在雷诺数依赖性，即在较低雷诺数区域 $Re_D < 3.0×10^5$，ξ 是一个关于雷诺数的对数函

数,但在 $Re_D > 3.0 \times 10^5$ 的区域内,ξ 收敛于一个常数,其值为 4.267,即雷诺数的变化将不再成为主要影响因子。本研究所涉及的消防炮与传统的喷头也恰好存在这样的差异性。

④ 炮管整流器的整流消旋技术研究。为使射流在出口保证一定的集束性能及消除流体的旋转,整流器是水炮内必不可少的部件。管径变化范围不同及空气、水介质不同,整流器结构形式也不同。整流器的结构形式、长度、安放位置是研究的难点。在水炮炮管内安装整流器减小水流涡旋(即旋混度、旋涡强度),减弱主流的湍动程度(即湍动能),降低主流速度的不均匀度,可以有效增大射程。目前,关于大流量消防水炮整流器形式研究的文献极少,可参考水枪、喷灌喷头、流量计、风洞等的管道安装的整流器(也有叫稳流器)形式。喷灌喷头的整流器形式有星形、十字形、三角形、网格形、弹尾形、内翼形、同心圆形等,但大流量消防水炮的炮管内径远大于喷灌喷头的流道内径,为使水流在喷射方向更加顺直,需要在流道横截面上分割尽可能多的区域,增加横向水流碰壁,减小涡旋。汤攀等[27]以喷灌喷头出口湍动能和流量作为考核指标,采用三因素三水平的正交设计,通过数值模拟,分析得到整流器结构参数对内部流动影响的主要、次要影响因素。严海军等[28]通过试验获得不同长度弹尾形稳流器对摇臂喷头水力性能的影响,根据试验数据得到整流器长度与阻力损失成正比的结论,分析了稳流器对喷嘴流量系数的影响。为消除流量计的测量误差,通常在流量计之前安装整流器,Yehia 等[29]将数值研究结果与 ISO 标准中的压降验证对比,结论表明流量计前的整流板厚度对消除涡旋的影响最大。Boualem 等[30]通过调节阀门开度改变湍流强度,研究流量计前的星形整流器效果,设计了五种不同长度的整流器,通过对比速度曲线和湍流强度获得长度的有效值。在流量计前安装整流器,其目的偏重于得到充分发展的管流,减小测量误差,因此对整流器带来的压力损失研究不够重视。束管形式的整流器应用于风洞中,Young 等[31]通过热线风速仪试验研究了这种整流器的消旋效果。王红霞[32]探讨了消防水枪中的几种稳整器结构形式、特点及主要参数设计原则,试验观测认为蜂巢形整流器具有较好的效果。Xiang 等[33]给出一种双层圆加肋片形式的整流器,采用正交试验方法分析了主要的尺寸影响因素,该形式整流器的实际效果有待试验验证。

上述文献表明,不同形式的整流器对比研究需要结合实际的试验效果进行,在研究方法上,一般采用湍动能、流量系数等指标参数反映整流器尺寸变化带来的影响,进而寻找较优的尺寸结构。大流量水炮整流器消旋性能影响着水炮外部射流性能,因此合适的结构形式、安装位置及经济尺寸优化、水力损失等有待研究。

⑤ 水炮喷嘴结构设计与内部湍流及减阻研究。消防水泵的出口压力具有脉动,该脉动是泵自身结构带来的。朱荣生[34]和 Barzdaitis 等[35]的研究表明,离心泵出口压力脉动主要受叶轮叶片转过隔舌频率的影响,频率一般为 10^2 Hz 量级,因此实际的水炮进口压力也具有脉动性质,影响喷嘴出口的流态。同时,压力脉动将引起消防水炮的管路振动,但很少有学者讨论水炮内部压力的脉动对外部连续射流性能的影响,压力脉动所形成的扰动结合喷嘴出口边界的小扰动,直接影响射流的一次破碎。

水炮进口的压力脉动同样影响着内部湍流流动。湍流具有不规则性或随机性,其部分动能会耗散为内能。湍流的基本结构之一是各种尺度的涡,拟序结构是湍流运动的重要特征,Jang 等[36]通过试验测量和大涡模拟研究了收缩圆管内部的流动(计算域与水炮喷嘴相似),讨论了流动核心区湍流强度的发展,近壁面区涡的发生及发展形态,虽然该文献研究的流体是气体,但其研究手段和方法及研究结论可为水炮喷嘴内部湍流研究提供借鉴。减小水炮喷嘴内湍流流动的阻力有利于实现更远的射程,已有的方法包括内壁涂上含金属的环氧树脂达到壁面光滑、水体添加高分子聚合物作为减阻剂等。目前,非光滑表面减阻技术的研究得到很大的发展,其源于仿生学对鱼鳞片的研究,指出顺流方向的微小沟槽表面能有效地减小壁面摩擦阻力[37],该技术研究集中于沟槽尺寸、沟槽深度及压力梯度对减阻的影响。黎润恒等[38]研究了微小三角形沟槽的圆管内部湍流,表明沟槽的存在使圆管近壁面区域的流体速度脉动减小,抑制了湍流猝发,同时增加了圆管黏性底层的厚度,保持了边界层的稳定,从而减小摩擦阻力。

对水炮炮管内部湍流的发展形态缺乏深入研究,整流器之后的附近区域、近壁区域、管轴线的核心区域是湍流研究的重点。在考虑压力脉动的情况下,流动呈现新的特点。非光滑表面减阻是否能应用于水炮喷嘴,有待精细的流场数值模拟和分析研究。

(2) 消防水炮外部射流特性研究概述

水炮外部射流特性研究,包括射流主体圆柱表面与空气间摩擦的微观方面研究,以及水射流速度轨迹宏观方面研究。

① 消防水射流一次破碎的确定方法研究。射流的四类破碎模式(Rayleigh 破碎、第一类风生破碎、第二类风生破碎、雾化)分类中,直流式水炮的射流破碎属于第二类风生破碎,液体表面张力对射流破碎表现为抑制作用,射流在离开喷嘴出口一定距离后碎裂为水滴,该距离称为水射流一次破碎距离。也有文献将该现象称为第一次分裂,认为在高流速的情况下消防炮喷嘴的雷诺数也是高的,水流全部呈紊流状态,这种性能与喷嘴的设计有关,

也可能与管道有关,其结果就会使离开喷嘴的射流产生扩散,这种作用随着离开喷嘴距离的增加而增强,在达到某段距离时,射流明显地分散开来,分裂成不同大小和动量的水滴,称为第一次分裂。消防水炮水射流的研究中很少有针对一次破碎距离的研究报道,因为主射流表面剥离出的水滴影响了碎裂位置的判断,且碎裂发生位置是变动难捕捉的,其随着压力脉动在一定范围内变化。

对于射流一次破碎的研究方法包括:

a. 线性稳定性理论研究:用于确定水射流的最不稳定频率或最不稳定波数、射流破碎特征时间、射流核心区长度,对射流的破碎行为进行预测[40,41]。而对于射流表面波波形及射流碎裂长度等的预测,则需要发展非线性稳定性理论。

b. 高速摄影法实验观测研究:采用高速摄影等方法捕捉碎裂位置,并观测液滴形成的大小,例如,蒋跃等[42]对异形喷嘴射流的一次破碎研究。Sallam 等[43]试验研究了三种液柱破碎模式,给出了不同雷诺数 Re 范围时射流破碎长度与韦伯数 We 的经验关系式。通过试验研究,较多学者总结的不同破碎模式下射流破碎长度 l_b 经验式为 $l_b/D = kWe^xRe^y$,其中,D 为喷嘴出口直径;k,x,y 均为系数,需试验数据拟合。

c. 电位差法试验测试研究[44]:将射流对准一个用黄铜编织的传感网屏,这个网屏支撑在一个可转动的支架上。网屏上涂有机硅润滑脂的绝缘橡胶,以防止水传感膜的形成。通过直流电源使网屏的电压保持在 100 V 左右,这个电压随着射流长度和电阻的增加而增大,以保持一个稳定的信号强度。该喷射的电源信号被放大,并呈现一个与标准电位的相对电位差。这两个电压用一个双踪示波器监视,将基准电位调整到连续射流信号和不连续射流信号的中间状态。在连续射流的情况下,喷射信号超过标准电压,触发器发出信号并传送到计数器,获得喷嘴的压力和喷嘴与网屏之间的距离数据,建立射流长度对射流连续性关系的典型曲线图。

d. 数值模拟方法研究:建立气液两相数学模型并求解,获得流动信息。Shinjo 等[45]采用 DNS 直接数值模拟方法研究射流一次破碎,捕获到液滴及团块形成的信息。Ménard 等[46]提出了 Level Set-VOF-Ghost 模型并进行了验证,为展示该模型具有较高精度的界面捕捉能力,对射流一次破碎进行了数值模拟,获得很好的射流破碎流动形态。Julien 等[47]采用 VOF(Volume of Fluid)方法数值研究圆射流的 Rayleigh 破碎,模拟预测了射流破碎长度及水滴尺寸,与文献中试验对比一致。上述文献表明,VOF 方法模拟射流一次碎裂是可行的,需要重视的是对尖锐气液界面捕捉的精度。

在射流一次破碎位置所形成的大水滴尺寸分布具有重要参考价值,其与射流所能达到的最远射程相关,而发生的位置和喷嘴出口距离同样是影响喷洒性能的重要参数,消防水射流一次破碎位置的具体特征、判定方法、影响因素等有待结合理论和试验展开深入研究。

② 消防水射流喷射过程的数值模拟研究。随着数值计算的方法不断发展,对射流的流场进行数值研究成为可能。例如,战仁军等[48]在 OpenFOAM 平台上,利用大涡模拟和 VOF 相耦合的方法,对脉动防爆水炮气液两相射流的破碎过程进行了数值模拟,利用 K - H 和 R - T 不稳定性理论建立的液滴破碎数学模型描述水炮的一次破碎和二次破碎。射流的喷洒模拟可采用商业软件 Fluent 中提供的 DPM(Discrete Phase Model)模型,它采用欧拉形式求解连续相,拉格朗日方法求解离散相,在燃油喷雾、喷雾干燥等数值研究中较多地被采用,可参考的文献较多,其优点是提供了四种射流二次破碎模型(TAB、WB、KHRT、SSD)及考虑了粒子碰撞、聚并等因素,因此二次破碎模拟接近真实流动,缺点是粒径的初始条件 Rosin-Rammler 分布难以确定,需要和试验数据对比验证。射流的喷洒模拟也可采用移动粒子半隐式方法MPS(Moving Particle Semi-implicit Method),该方法是无网格拉格朗日方法中的一种,适合于处理自由表面变形或破碎的模拟。张帅等[49]采用该方法结合一种计算表面张力的表面自由能模型,模拟了方形液滴振荡和射流碎裂,结果与理论分析及试验结果一致,并开展了三维射流注水的模拟。Tatsuya等[50]采用该方法模拟了消防水炮外流场,获得几种喷射仰角情况下的射流轨迹、射程、射高、水滴分布等模拟结果,误差在 10% 以内。MPS 方法由日本学者提出,在二维及三维射流方面已有相关文献参考,该方法应用于水炮射流研究属于一种较新的方法。

水炮在户外应用时风速因素不能忽略,数值研究的方法具有易改变工作、环境、尺寸等参数进行对比研究的优点,数值模拟值与实际情况之间存在一定的误差,但可获得水量分布信息与实验值开展对比,因此消防水射流的水滴洒落过程采用数值研究方法,提高模拟精度,将是其研究发展方向之一。

② 消防炮射流基础理论与结构设计

2.1 消防炮射流基础理论

消防射流是灭火时由消防枪炮喷射出来的高速水流。常见射流类型分为直流射流(也叫充实水柱射流)和喷雾射流。直流射流是水流经过直流式水枪、水炮射出,形成密实的水射流形态,靠近水枪或水炮附近射流不分散,离开较远距离后分散为水滴,实现灭火作业。多功能水枪和导流式水炮处于直射状态时,也具有这个特点。直流射流一般耗水量大、射程远、冲击力大、撞击能量大。喷雾射流采用了离心作用或机械撞击作用,使射流离开射流装置后扩散,形成喷雾状,也称为开花射流。多功能水枪和导流式水炮炮头收缩调整到喷雾功能时,可形成此状态。高层建筑中水喷淋系统喷头的射流也属于这种流态,特点为控制面积大、省水,也能起到隔离热辐射进行冷却保护的作用。

本书研究的直流瞄口式大流量远射程消防水炮,其射流属于无限空间自由射流,密实水柱离开喷嘴一定距离后的基本发展过程如图 2.1 所示[51]。

从图 2.1 可以看出,射流以较高流速离开喷嘴后,流动结构分为三部分,即初始段、过渡段和主体段。初始段定义为轴线上的流速保持出口速度 u_0 不变,直至开始衰退的区域。由于水的黏滞和卷吸作用,空气与射流主体的表面发生动量交换,靠近水柱表面的空气获得一定速度,射流水柱的外层流速减小,仍保持初始流速 u_0 的区域为射流核心区,按射流轴线绕转呈圆锥形态。在射流主体段中,射流表面不稳定性增强,卷吸更多周围流体进入射流流场,使外围边界不断扩展,由于周围流体的进入,因而射流断面上最大流速减小,主体段的边界线向喷嘴延伸,交点为虚源。虚源表示射流体从某一点流出,其位置与喷嘴出口的距离 S_0 越远,表示射流扩展角度越小,射流发散程度越小,越有利于消防远射程的密集射流状态。在主体段与初始段之间为过渡段,一般较短,分析中忽略。

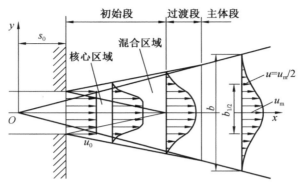

(a) 自由射流结构示意

(b) 水炮实际射流

图 2.1　自由射流结构示意及水炮实际射流图

　　针对上述射流结构,很多学者已总结出射流的基本特性,包括断面流速分布的相似性,即无量纲速度比 u/u_m 和宽度比 $y/b_{1/2}$ 在坐标上都分布在同一曲线上,u_m 代表射流轴线上的流速,$b_{1/2}$ 为流速达到中心线流速一半时的宽度,y 为射流场内距离中心线的宽度[52]。

$$\frac{u}{u_m} = f\left(\frac{y}{b_{1/2}}\right) \tag{2.1}$$

　　自由射流的动量守恒性,是指忽略重力作用,射流的断面流速虽然减小,但卷吸并带动周围流体后断面总动量保持守恒性质。沿射流方向,动量 M 守恒表示为

$$M = \int_s \rho u^2 \, \mathrm{d}s = \pi r_0^2 \rho u_0^2 \tag{2.2}$$

式中:r_0——喷嘴半径,等式右边为喷嘴出口处的动量[53]。

图 2.1a 所示射流结构示意仅反映了流速场的分布状态,图 2.1b 中实际消防水射流流动为气液两相,消防水射流受重力的影响,射流达到一定高度后开始下降,消防水射流也是一种破碎雾化流的动态过程。关于射流的破碎及雾化机理存在以下两种观点:一种观点认为是喷嘴压力变化和振荡的影响,喷嘴内部压力与环境压力不同,存在压差,喷嘴内部的紊流脉动产生的压力脉动影响射流外部的破碎和雾化[54,55]。从这种理解来看,需要尽量减小射流出口的湍动能值。另一种观点认为是射流表面受空气动力的影响,水柱表面受扰动形成表面波,表面波的增长使射流不稳定(Reitz)[39],表面产生液滴并剥落,达到一定程度后射流主体开始破碎。这种理解方法需要采用稳定性理论开展深入研究。射流主体破碎后形成较大团块在空气中飞行并再次破碎为小液滴,此过程涉及液滴气液界面的稳定性,是分析消防水射流形成水滴直径大小、范围、分布的理论基础。

2.2 消防炮结构设计

直流式消防水炮的结构和部件如图 2.2 所示。

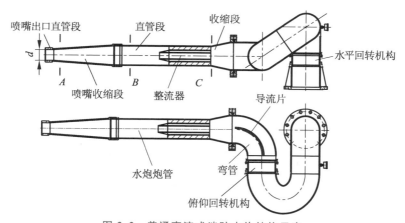

图 2.2 普通直流式消防水炮结构示意

普通回转结构形式的直流式消防水炮主要由水炮炮座、炮管和喷嘴三部分组成。其中,炮座一般由炮座进口段、下弯管、中弯管、上弯管、水平回转机构、俯仰回转机构等组成,弯管内一般设置导流器(片)。炮管一般由收缩段、直管段、整流器等组成。喷嘴一般由收缩段和出口直管段组成。

本书研究的水炮主要设计参数为:流量 $Q = 600$ m³/h(166.67 L/s,

10 000 L/min),额定工作压力 $p=1.2$ MPa,射程 $R\geqslant130$ m;水平回转角度 $\pm180°$,俯仰回转角 $-15°\sim+70°$;连接方式为法兰连接;304 不锈钢材质;回转结构为蜗轮蜗杆传动;零部件采用标准成型不锈钢材料,焊接,部分零件加工。

针对图 2.2 中所示消防水炮的结构,尺寸设计如下:

(1) 水炮炮座

炮座的功能是为喷嘴提供压力水的同时实现炮体的水平回转和喷嘴的上下俯仰回转,回转结构一般为手动或由电机(或液压马达)带动蜗杆,驱动炮体弯管上的蜗轮实现回转传动,蜗轮蜗杆传动结构能够很好地实现消防炮水平和俯仰转动角度到位后的自锁。设计炮座管径时内部流速依据实践经验数不超过 7 m/s 选择,大于该流速时炮座内的流动损失增大较快,根据GB/T 17395—2008《无缝钢管尺寸、外形、重量及允许偏差》中普通不锈钢管外径系列 3 数据,外径 194 mm,壁厚选择 7 mm,内径则为 180 mm。所设计的流量经过该管径后平均流速约为 6.55 m/s。炮座主流道内的导流片的作用是部分消除连续多弯管带来的流动旋转,导流片安放位置、长度等有待研究。

(2) 炮管

连接炮座到喷嘴之间的平直管路,包括炮管收缩段和炮管直管段。考虑到对消防炮的重心和炮管长度的有效控制,该锥形收缩段一般会设计得比较短,收缩角一般按大角度设计,该零件采用加工件(有时也会视情况调整为标准管件)。为保证流道的同心度,减少安装误差,一般采用焊接方式将炮管的收缩段与直管段连接(铸造件一般为法兰或螺纹连接),并采用法兰(或螺纹)连接方式与炮座连接。

炮管直管段是整流器的安放位置,用于对过流流体的整流和消旋。其具体作用主要有三个方面:一是在轴向方向上降低流动的紊流程度,即降低湍动能;二是在径向断面上降低旋混度(横向环流),即降低旋涡强度和涡通量;三是降低主流方向上速度分布的不均匀度(或叫主流速度偏离指数)。同时因为主流的过流内径开始减小,流体平均流速增加,因此经过整流器的流速较高,这对减小整流器的流动损失要求较高。

炮管直管段需要确定其内径和长度。内径一般按照与喷嘴进口段内径一致的原则设计,以尽可能保证喷嘴进口流动的平滑性。而喷嘴进口内径一般是按照其出口直径、收缩段的最优收缩角计算得出。本研究水炮炮管直管段的设计内径为 130 mm。长度的确定一般以炮管直径为参考值,根据经验值设计炮管长度约为炮管直径的 3 倍并取整。在不锈钢国家标准管材中选取炮管材料,采用螺纹连接方式与水炮喷嘴连接,选用国家标准中的 O 形圈密封。

（3）整流器

整流器的结构形式多种多样，在本书第 4 章中将进行具体的分析和讨论。设计时需要考虑整流器的最优长度，以及在炮管内的安放位置等，整流器为加工零件，选用已有的管材和型材，采用焊接结构加镶嵌的方式安装在炮管直管段内。

（4）喷嘴

流体经过喷嘴的收缩段不断加速，压力能转换为速度能。喷嘴一般为圆锥直线收缩或内凸流线形收缩，喷嘴出口带有直管段。喷嘴结构参数中对流态有很大影响的因素为圆锥收缩角 θ、出口圆柱段长度。文献[56]给出收缩角一般为 $6°\sim13°$，文献[25]推荐收缩角为 $13°24'$，流量系数达到最大值，喷嘴收缩的能量损失小，当喷嘴收缩角 θ 继续增大时，射流收缩的能量损失又逐渐增大。本书第 5 章具体讨论喷嘴出口尺寸因素，本研究中设计的水炮伸出长度是指从炮座（供水主体）法兰盘至喷嘴出口之间的长度，伸出长度约 0.7 m。喷嘴的出口直径为重要参数，根据给定的水炮设计参数，以孔口出口当量直径的计算公式获得水炮出口的直径设计值[57]：

$$d = 2 \times \sqrt{\frac{q}{\pi c \sqrt{0.2 g p}}} \times \frac{1\,000}{60} \qquad (2.3)$$

式中：d——喷嘴直径，mm；

　　q——喷嘴的出口流量，m^3/h；

　　c——喷嘴的流速系数（也有的工具书用 ψ 表示），一般取值 $0.90\sim0.96$；

　　g——重力加速度，取值 $9.81\ m/s^2$；

　　p——工作压力，kPa。

将设计流量值和工作压力值代入式（2.3）中计算，当 c 值取 0.9 时，得到 d 值为 69.7 mm。式（2.3）中系数 c 是判断水炮内部流道好坏的一个预估值，当 c 值取 1 时表示水炮设计理想，没有流动损失，此时出口直径 d 值为 66.1 mm，随着系数 c 的增大，水炮设计出口直径减小。本研究中设计的喷嘴出口直径为 68 mm，c 值为 0.946 3，获得设计出口的平均流速为 45.89 m/s。流速系数、流量系数和收缩系数是影响喷嘴设计的重要参数，将在第 5 章中讨论。

水射流喷出后，水炮后坐力计算式为

$$F = \rho Q v \qquad (2.4)$$

式中：v——出口平均速度；

　　Q——水炮流量。

根据上式计算获得作用在水炮上的力为 7.65 kN，该作用力用于校核结构强度。

(5) 水炮进水主管强度计算

水炮管道强度计算主要考虑两部分,即管内流体压力和喷射时反作用力。水炮的自重、支吊架的支反力、炮座安装约束力等并不作为强度计算的主要依据。管道外径/内径比值小于 1.2 的管道为薄壁管,半径方向上的挤压应力可以忽略,因此只考虑周向应力和轴向应力。计算式如下[58]:

周向应力 $$\sigma_\theta = \frac{pD_n}{2t_e} \qquad (2.5)$$

轴向应力 $$\sigma_z = \frac{pD_n^2}{4t_e(D_n + t_e)} \qquad (2.6)$$

式中:p——管内流体压力,MPa;

D_n——炮体的内径,内径选择炮座和炮管分别计算;

t_e——钢管的有效壁厚,按所选管材壁厚减去 1 mm 的腐蚀余量进行
计算。

计算结果:

炮座周向和轴向应力分别为

$$\sigma_\theta = 24 \text{ MPa}, \sigma_z = 11.6 \text{ MPa}$$

水炮炮管周向和轴向应力分别为

$$\sigma_\theta = 26 \text{ MPa}, \sigma_z = 12.6 \text{ MPa}$$

由水炮射流反作用力作用在炮座钢管截面上计算的拉压应力 σ_l 为

$$\sigma_l = 7.65 \times \frac{1\ 000}{4\pi t_e(D_n + t_e)} \times 10^6 = 0.54 \text{ MPa}$$

根据 GB 50316—2000《工业金属管道设计规范》,常温时奥氏体不锈钢钢管的许用应力强度约为 $\sigma_b = 137$ MPa,则 $\sigma_z + \sigma_l < \sigma_b$,$[\sigma_\theta] < [\sigma_b]$,水炮管路强度能达到安全要求。

(6) 水炮流动损失理论计算

给出消防水炮设计尺寸及流量后,总流动损失包括局部流动损失 h_j 和沿程损失 h_f,可根据水力学经验公式进行初步估算。计算式为

$$h_j = \xi \cdot \frac{u^2}{2g} \qquad (2.7)$$

$$h_f = \lambda \frac{l}{d} \cdot \frac{u^2}{2g} \qquad (2.8)$$

式中:ξ——局部阻力系数;

λ——沿程损失系数;

l——水炮炮管长;

u——平均流速,不同管内径处的平均流速不同。

可看出总流动损失的计算准确性主要是对损失系数的选取。截面突变局部损失系数、弯管局部损失系数等不同边界条件可查阅相关文献给出的经验值 ξ,沿程损失系数 λ 可通过莫迪图查询获得。弯管局部损失不仅与弯曲角度相关,而且与 R/d 相关。对于炮座内无导流片、炮管内无整流器的流动,选用 $R/d=1.5$ 情况初步估算为,90° 弯管局部损失系数 ξ 为 0.6,180° 弯管局部损失系数 ξ 取值 0.79,λ 取值 0.038,水炮炮管 $l/d=3$,炮座 $l/d=16.6$,喷嘴位置断面收缩局部损失系数 ξ 选取 0.3,在炮座和炮管内分别计算平均流速:

炮座及炮管沿程损失:

$$h_\mathrm{f}=0.038\times16.6\times\frac{(6.55\ \mathrm{m/s})^2}{2\times9.81\ \mathrm{m/s^2}}+0.038\times3\times\frac{(12.55\ \mathrm{m/s})^2}{2\times9.81\ \mathrm{m/s^2}}=2.29\ \mathrm{m}$$

炮座及喷嘴局部损失:

$$h_\mathrm{j}=(0.6+0.6+0.79)\times\frac{(6.55\ \mathrm{m/s})^2}{2\times9.81\ \mathrm{m/s^2}}+0.3\times\frac{(12.55\ \mathrm{m/s})^2}{2\times9.81\ \mathrm{m/s^2}}=6.75\ \mathrm{m}$$

则计算获得总损失为 $h_\mathrm{f}+h_\mathrm{j}=9.04\ \mathrm{m}$。该计算值用于与数值模拟值对比。

(7) 水炮喷射性能影响因素

① 喷射压力。在本研究给定的设计参数下所设计的消防水炮主要考核指标是射程,而影响射程的因素较多,设计参数中主要影响水炮射程的因素为供给的工作压力。国外学者根据大量试验的结果整理出喷嘴压力 H、喷嘴直径 d 与射程 R 的关系,如图 2.3a 所示。从图 2.3a 中可以看出,当喷嘴直径一定时,射程随着工作压力的增大而增大,开始增长得很快,而后增长逐渐减缓,达到一定的极限时,无论压力如何增大,射程也不再增加了。压力过大,水流的运动速度大,从而水流所受空气阻力大,射流粉碎得更厉害,变成细小水滴,飞行距离短了。因此,压力增大至一定程度时,进一步增加压力,只会提高雾化程度,而不能增加射程,有时还会出现射程减小的现象。

喷嘴直径不同时,压力与射程的关系可通过不同的曲线表示,在相同的压力下,喷嘴直径越大,极限射程就越大。由流量计算公式可知,消防炮的流量与喷嘴面积成正比,而喷嘴面积是喷嘴直径平方的函数,因此,在工作压力一定时,对于相同的喷嘴直径,其喷射流量也是相同的,喷嘴的大小就反映了消防炮流量的大小。

通过上述分析可以看出,为了增大射程,仅仅增大工作压力或者仅仅增大喷嘴直径(即相当于仅仅加大流量)是得不到理想的结果的,并且考虑到喷嘴消耗的功率 $N=\gamma QH$(γ 表示容重,Q 表示流量,H 表示压力),因此在一定功率下,只有工作压力和流量有准确的比例才能获得最大的射程。根据计算为了获得尽量大的射程,所需的功率如图 2.3b 中阴影线所示,从线上可以查出相应的 H 和 d(即 Q)的最优组合,同时在设计选用喷嘴时应尽量使 H 和 d 的组合落在图 2.3b 所示阴影线的范围内,即 $H/R = 0.91 \sim 1.11$。

根据图 2.3a 中曲线,结合研究涉及的消防炮,其喷射压力为 1.2 MPa、喷嘴直径为 68 mm,利用插值法,拟合出压力为 1.2 MPa 和 1.4 MPa 时的 R,H,d 关系图。从图 2.3b 可以看出,在工作压力为 1.2 MPa 时,其射程理论上预测应能达到 131.8 m。当工作压力为 1.4 MPa 时,其射程理论上将逐步趋于极值,预测最大能达到 136 m。

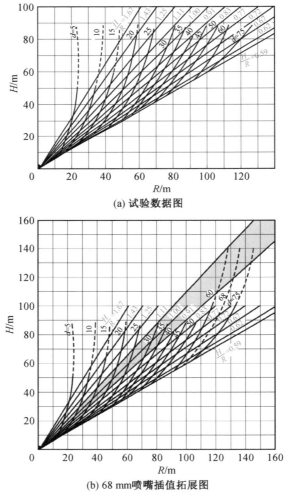

(a) 试验数据图

(b) 68 mm喷嘴插值拓展图

图 2.3　喷嘴压力 H、喷嘴直径 d 与射程 R 的关系

② 水炮结构。合理的水炮结构设计能减少流动损失,提高流场分布的均匀性和稳定性,增大流体的压能向动能转换的效率,这是本书研究的重点内容。此外水炮结构也需要流道光滑,"光滑"的含义一是指内部表面粗糙度达到图纸中的要求;二是指内部流道尽量减少突扩突缩段。水炮结构也需要保证轴线安装同心度,水炮出口轴线与入口管同平面等设计要求。水炮结构对射程的影响明显。

③ 水炮射流仰角。理论上以 45°为最佳射流仰角,实际上受空气阻力、风速等影响,最佳射流仰角在 30°附近,具有较远射程。射流仰角越小越有利于抗风干扰,但此时射流高度大大降低,影响消防作业的高度。

④ 环境因素。水炮射程受环境的影响明显,主要受风速和风向的影响,尤其在户外应用时无风状态极少,风速影响分散水滴的漂移,水滴直径越小,漂移现象越严重,对灭火作业的影响很大。水炮射流的雾化程度越高,环境因素对水炮射程的影响越明显。

2.3 消防炮试验台架及 PIV 系统

为有效开展相关试验和验证工作,本研究设计了实体产品和小尺寸模型产品,并建立了配套的试验台架。其中实体消防炮产品用于现场喷射试验,缩尺模型产品用于室内环境下的喷射洒落试验和内部流场 PIV 试验研究。

(1)室内内部流场 PIV 试验台架

本书以数值模拟方法开展水炮内部流动研究,需要试验数据验证数值模拟的准确程度,因此搭建小模型试验台开展内部流场 PIV 试验研究。水自循环水炮试验台如图 2.4 所示,各部件如图 2.5 所示。

试验台由水箱、闸阀、水泵、流量计、压力计、模型水炮、回水收集筒构成。其中消防水炮模型部分由于弯管半径和内径并非标准中的管件,因而采用工程塑料快速成型加工制作而成,水炮喷嘴和部分弯管直段采用有机玻璃加工制作而成,以便于观测内部流动。

图 2.4 消防水炮室内试验台

模型水炮试验台分别设计了有无分流片弯管和有无整流器喷嘴几种形式。水箱容积设计为 2 m³,顶部设计回水筒收集水射流,为保证喷嘴出口压力为环境大气压,水射流喷出后撞击回收。水泵采用立式管道泵,流量 90 m³/h，扬程40 m，电磁流量计通径 DN80，测压采用普通弹簧式压力表，流量采用阀门调节。

图 2.5　消防水炮室内试验台系统部件

（2）PIV 测试系统

　　PIV 测试系统是一种现代流场测试系统[59]，能够做到全流场快速测试，除了示踪粒子外其余测量装置均不介入流场，不会对流场造成干扰，同时具有试验直观等特点，因此可以通过 PIV 测试系统对流体机械内部流场进行测量与研究。PIV 测试系统可大致分为硬件部分和软件部分。硬件部分主要包括粒子成像记录系统、光源、同步器、计算机系统及能够随流场共同移动的示踪粒子；软件部分则指使得整个 PIV 测试系统能有序工作，并且可以对拍摄图像进行分析处理的计算机软件。

本研究试验使用的 PIV 测试系统为德国 DANTEC 公司的 2D-PIV 系统,其结构组成如图 2.6 所示。

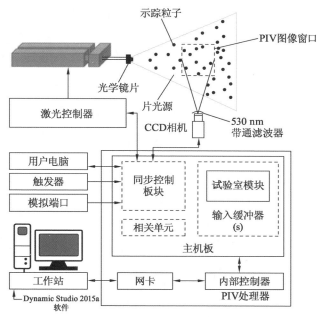

图 2.6　PIV 测试系统示意图

粒子成像记录系统:采用 2 048 像素×2 048 像素的双曝光的 CCD 相机,最高拍摄频率可达 10 Hz。粒子的图像可由单帧双曝光模式和双帧双曝光模式两种方式获得,但是由于单帧双曝光模式无法辨别出粒子是被哪束激光照亮的,自相关信息比较模糊,因而选用双帧双曝光模式。同时为了减少背景噪声对粒子图像的影响,试验时在 CCD 相机前加装滤波镜过滤偏光,并且在黑暗环境下进行,以保证自然光对试验的影响最低。

光源:使用波长 $\lambda = 530$ nm 的双脉冲激光器,其发出的脉冲绿色偏光从有机玻璃外壁面射入流场。脉冲持续时间控制在 5 ns 左右,这样可以形成频闪效应并利用光学锁定颗粒的运动。通过调节脉冲间隔时间、激光强度、激光频率等参数,可以得到在每个像素中数目合适且图像清晰的粒子。

同步器:负责协调控制 PIV 系统中其他部件的工作时序。

计算机系统是 PIV 系统的终端,用来设置系统各部件的参数,接收相机所拍摄的粒子图像并对粒子图像进行处理。

　　示踪粒子：整个 PIV 测试系统中唯一进入流场的部分，它在流场中的作用至关重要。PIV 测试系统的测速原理，就是通过在流场中投放适量的示踪粒子，利用满足跟随性的粒子运动来表征流场中流体的运动。测试时使用激光器发射激光照亮流场中需拍摄区域，通过连续多次瞬时曝光对粒子进行成像，使得粒子的图像被记录在 CCD 相机上，再根据图像上每一粒子像点的运算就可以得到被测区域的流场速度。因此，示踪粒子需要满足三个特性要求：一是粒子对流体运动的跟随性好，这样才能代替真实的流体运动；二是粒子对光的散射特性好，这样有利于 CCD 相机在激光摄影时成像；三是粒子在流体中的分布和浓度要满足能获得全流场图像信息的要求。研究选用中性密度的空心玻璃微球作为示踪粒子，平均直径为 15 μm。

　　软件部分：使用的是 Dynamic Studio 2015a 软件，进行粒子图像的拍摄工作和粒子图像后处理工作。

　　消防水炮内部流场 PIV 试验场景如图 2.7 所示。

图 2.7　消防水炮内部流场 PIV 试验场景

　　（3）室内喷射洒落试验台架

　　室内试验条件的优点是避免环境风速的干扰，有利于研究模型水炮的外部射流，尤其在射流水量分布测量、水滴直径测量这类反映射流雾化参数的测量方面具有优势。试验场地在江苏大学喷灌实验大厅（如图 2.8 所示），室内直径 44 m，室内净高 15 m。水泵机组可提供 90 m 扬程及 60 m³/h 测试流量，水量数据采集采用雨量筒承接方式，水滴粒径测量

图 2.8　小模型水炮水量分布测量试验台架

一般采用激光雨滴谱仪，但本研究采用了高速摄影方法，模型水炮的射流轨迹则采用经纬仪测量。

（4）室外大流量实体消防炮喷射试验台架

为了测试研制的远射程高冲击力船用防爆消防炮系统的喷射性能,本研究在江苏、江西建立了实体试验台架,并先后多次开展喷射试验,记录喷射压力、流量、射程、喷射角等相关参数。

图 2.9 所示为在江西建立的大流量远射程消防炮系统试验场地平面图。试验系统主要由供水池、大流量柴油机供水泵组及控制箱、输水管道、前后场压力表、流量计、电动调节阀、信息采集系统与控制平台、消防炮炮架、消防炮等组成。

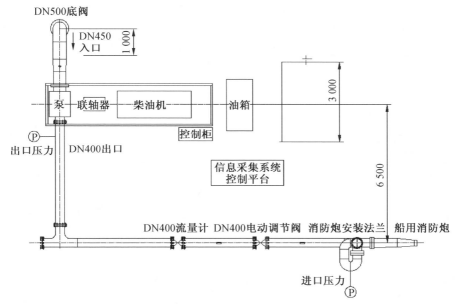

图 2.9　大流量远射程消防炮系统试验场地平面图(江西)

图 2.10 所示为大流量柴油机供水泵组及控制箱;图 2.11 所示为供水池,内部容量可满足 400 L/s 消防炮连续 30 min 的喷射;图 2.12 和图 2.13 所示为试验场地安装的消防炮及其喷射测试过程中参数监测的情况;图 2.14 所示为导流式炮头喷射直流喷雾转换试验情况;图 2.15 所示为 350 L/s 和 400 L/s 瞄口式炮头喷射射流效果。

图 2.10　大流量柴油机供水泵组及控制箱

图 2.11　供 水 池

图 2.12　消防炮(江西)

(a) 炮弯管压力

(b) 供水主管路压力

(c) 水流量测量

(d) 压力流量控制器

图 2.13　测试过程中压力、流量等数值测量

(a) 直流

(b) 喷雾

图 2.14　导流式炮头喷射直流喷雾转换试验(江西)

(a) 350 L/s　　　　　　　　　　　　　　(b) 400 L/s

图 2.15　瞄口式炮头喷射射流效果(江西)

图 2.16～图 2.18 所示分别为在江苏建立的室外消防炮喷射试验台架的主要部件及喷射试验的测试情况。

(a) 大功率柴油机泵组　　　　　　　　　(b) 大流量消防泵

(c) 消防水池　　　　　　　　　　　　　(d) 流量计

图 2.16　室外消防炮喷射试验台架主要部件(江苏)

图 2.17　喷射台架、喷射场及消防炮(江苏)

图 2.18　室外实体消防炮喷射试验情况(江苏)

③
消防炮炮座回转结构与内部流动

消防炮炮座回转结构(也称绕转结构)的主要尺寸参数为主通径、弯管半径,安装在炮座上的蜗轮蜗杆传动机构使炮座具有空间回转功能。本章主要分析炮座管径尺寸,对比三种回转结构的特点,分析内部二次流流动,对小模型消防炮绕转结构开展内部流动 PIV 试验,对比数值计算结果与试验测量结果之间的一致性。

3.1 炮座回转结构设计

炮座回转结构的设计不仅要考虑内部流动状态,而且需要使炮体整体结构紧凑,传动机构布置合理。结构紧凑主要取决于弯管的转弯半径 R 与管道直径 d 的比值 R/d(即弯管曲率系数或曲率比)。R/d 越大,炮座的长宽尺寸越大,对于车载固定式水炮或船用大流量水炮来说,需占用的空间较大;R/d 越小,越能节约空间,但若太小,则影响水炮的性能。其中 d 为关键参数,该值的选择与设计流量直接相关,不仅影响到炮座的流动损失、流体绕转流动性能,而且直接影响整体结构的紧凑性。目前,关于炮座绕转结构、曲率大小的研究文献较少,虽然数值研究结果表明,炮座部分的流动损失占整个流道流动损失的比例较小[60],但已有的试验表明合适的炮座绕转结构能明显增大水炮射程。国外的水炮产品中,已有非圆形截面的炮座流道形式,表明炮座内流体的绕流特性、二次流有待深入研究。

本书研究设计流量为 600 m³/h 的消防水炮,炮座管道直径 d 在第 2 章中设计为 180 mm,本节针对直径 d 的选择范围进行讨论。考虑到仅对炮座绕转结构开展对比分析,因此内部的导流片在下一节分析。根据实际水炮的结构形式,消防炮炮座的结构定义为传统回转(也称为 U 形)、半回转和大回转结构三种,如图 3.1 所示。考虑到大流量消防炮炮座回转结构与小流量的有很大不同,在小流量水炮中常见的 S 形主体回转结构并未对比。

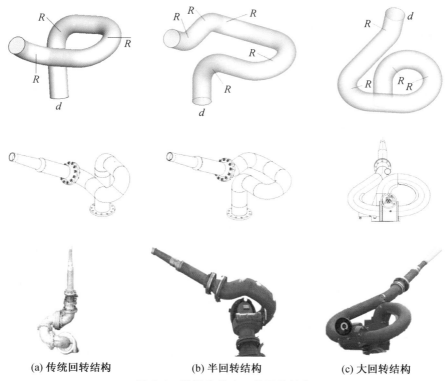

(a) 传统回转结构   (b) 半回转结构   (c) 大回转结构

图 3.1   消防炮炮座三种回转结构

从图 3.1 可以看出,三种炮座的绕转结构都是由进口直管段、90°下弯管、180°中弯管及一定角度的上弯管构成的组合体。蜗轮蜗杆传动机构安装在回转结构的直管段位置。炮座的进口结构均为垂直圆管段与 90°弯管结合,从俯视图看,炮座结构都使流道完成了一圈的绕转,在结构的出口处接水炮炮管和喷嘴,出口方向与垂直的炮座进口立面保持在同一平面内。为了对比研究,将炮座出口与水平方向的仰角都设置为 30°。水炮炮座回转结构对比采用管道中心线长、各个弯管的半径 R 来衡量。设计 9 种对比的尺寸方案,R/d 的比值和其他尺寸如表 3.1 所示。

表 3.1　三种炮座的尺寸方案

炮座形式	直段长度/mm	弯管弯曲角度 $\theta/(°)$	弯管曲率系数 R/d	中心线总长 L/mm
传统回转	500,490,64	90,180	1.2	2 900
			1.3	3 013
			1.4	3 126
半回转	217,492,284, 160,195	90,180,45	1.2	3 043
			1.3	3 185
			1.4	3 326
大回转	217,284, 532,195	90,180,125,35	1.4	3 099
			1.8	3 526
			2.2	3 953

3.2　炮座内部流动计算

3.2.1　炮座内流场数值模拟的数学模型及边界条件

炮座内部流动为单相、不可压缩、充分发展的湍流,建立的流体流动数学模型以纳维-斯托克斯方程为基础,方程采用雷诺时均方法后写为张量形式如下[61]:

连续性方程:

$$\frac{\partial \rho}{\partial t} + \frac{\partial (\rho u_i)}{\partial x_i} = 0 \tag{3.1}$$

动量方程:

$$\frac{\partial u_i}{\partial t} + u_j \frac{\partial u_i}{\partial x_j} = f_i - \frac{1}{\rho} \frac{\partial p}{\partial x_i} + \frac{1}{\rho} \frac{\partial}{\partial x_j} \left(\mu \frac{\partial u_i}{\partial x_j} - \rho \overline{u_i' u_j'} \right) \tag{3.2}$$

式中:i,j——坐标方向;

　　　u——时均化后的速度,m/s;

　　　f——体积力,N;

　　　p——压力,Pa;

　　　μ——水的黏度,Pa·s;

　　　ρ——水的密度,kg/m³。

时均后产生的脉动量乘积构成新的变量,对于该项的封闭产生了多种模型,本章选用 Launder 和 Spalding 提出的标准 k-ε 湍流模型[62],形式为

k 方程:

$$\rho\frac{\partial k}{\partial t}+\rho u_j\frac{\partial k}{\partial x_j}=\frac{\partial}{\partial x_j}\left[\left(\frac{\mu_t}{\sigma_k}+\mu\right)\frac{\partial k}{\partial x_j}\right]+G_k-\rho\varepsilon \qquad (3.3)$$

ε 方程:

$$\rho\frac{\partial\varepsilon}{\partial t}+\rho u_j\frac{\partial\varepsilon}{\partial x_j}=\frac{\partial}{\partial x_j}\left[\left(\frac{\mu_t}{\sigma_\varepsilon}+\mu\right)\frac{\partial\varepsilon}{\partial x_j}\right]+C_{\varepsilon1}G_k\frac{\varepsilon}{k}-C_{\varepsilon2}\rho\frac{\varepsilon^2}{k} \qquad (3.4)$$

式中:k——湍动能,m^2/s^2;

ε——湍动能耗散率,m^2/m^3;

G_k——湍动能产生项;

$C_{\varepsilon1}$,$C_{\varepsilon2}$——模型常数,本研究取 $C_{\varepsilon1}=1.44$,$C_{\varepsilon2}=1.92$;

σ_k,σ_ε——湍流普朗特数,本研究取 $\sigma_k=1.0$,$\sigma_\varepsilon=1.3$。

湍动能产生项是由平均速度梯度产生的,即

$$G_k=\mu_t\left(\frac{\partial u_i}{\partial x_j}+\frac{\partial u_j}{\partial x_i}\right)\frac{\partial u_i}{\partial x_j} \qquad (3.5)$$

其中,μ_t 为湍流黏性系数,计算公式为

$$\mu_t=\rho C_\mu\frac{k^2}{\varepsilon} \qquad (3.6)$$

其中,$C_\mu=0.09$。

模型边界条件的初始条件设置为:进口选用进口速度,由流量和管内径获得流体平均速度;出口设置为压力出口,相对大气压为 0;进口湍动能按 5% 设置,水力直径按 0.18 倍管径设置;壁面采用无滑移条件,并根据不锈钢材料设置粗糙度高度为 0.046 mm。

炮座采用 Fluent 软件开展数值模拟,网格划分为六面体结构网格,在近壁面处加密,出口面和炮座网格如图 3.2 所示,计算设置中压力速度耦合采用 SIMPLE 方案,各项残差以 10^{-4} 为收敛值。

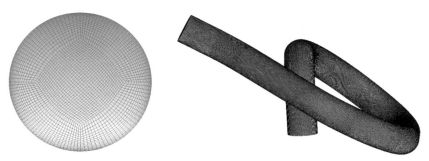

图 3.2 出口面及炮座 Fluent 模型计算网格

由于选用了标准壁面函数,网格第一层节点需要设置在紊流旺盛发展区,使速度的对数分布规律成立,因此在第一层网格高度分别为 0.3 m, 0.5 m,1.0 m 时对壁面无量纲距离 y^+ 进行了试算,并对比了出口平均湍动能强度和炮座总水力损失,结果如表 3.2 所示。

表 3.2　不同的第一层网格高度下的计算结果

第一层网格高度/mm	壁面无量纲距离 y^+	出口平均湍动能 $k/(m^2 \cdot s^{-2})$	总水力损失 $\Delta p/kPa$
0.3	69.8	0.380	11.92
0.5	111.0	0.379	11.99
1.0	216.0	0.394	12.26

不同学者对 y^+ 取值范围定义不同,根据表 3.2 中的结果,本书所有模型计算中选取第一层网格高度 0.5 mm 进行网格划分,并对网格密度进行验证。图 3.3 所示为大回转结构炮座的网格量验证,从图中可看出随着网格密度的增大,出口平均湍动能和总水力损失总体呈增大趋势,但增加量变小,网格量从 60 万增加至 195 万时,总水力损失变化量约为 0.37 kPa,约占最大网格量计算值的 3%,因此网格量变化对水力损失计算结果的影响较小,此时出口平均湍动能变化量约为 0.124 m^2/s^2,约占最大网格量计算值的 28%。本研究选取 175 万网格量进行计算,计算结果具有一定精度。

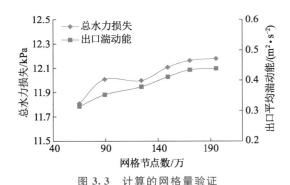

图 3.3　计算的网格量验证

3.2.2　炮座经济管径(经济流速极限值)设计

炮座的主流道通径 d 为主要设计参数。主流道通径 d 的大小一方面影响绕转结构中半径 R 的选择,另一方面在设计流量固定的情况下直接影响内部流速的大小。输水工程中采用经济管径的概念,是指满足流动损失较小、管路造价低的管径。水炮炮座管路选择的衡量次序则为流动损失小、主体结构紧凑、回转尺寸小、管材造价低。

为确定合适炮座的管径,在本书水炮设计流量为 600 m³/h 的基础上,另外选择 300 m³/h 和 900 m³/h 两种流量,在 80～240 mm 的范围内选择不同管道直径,通过 CFD 数值计算,计算对比大回转结构和传统回转结构的流动损失。算例中管路回转半径 R 固定,在小流量 300 m³/h 下 R 为 252 mm;在大流量 900 m³/h 下 R 为 396 mm,曲率比变化范围为 1.4～3.6。数值计算表明,管壁粗糙度对计算结果的影响较为明显,计算中都采用了不锈钢管材料的粗糙度。

按上述 CFD 数值计算得到的大回转结构和传统结构在流量分别为 300 m³/h,600 m³/h,900 m³/h 时的流动损失与管径的关系曲线如图 3.4 所示。

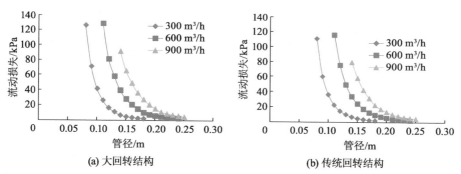

图 3.4 CFD 数值计算得到的大回转结构和传统回转结构的流动损失与管径的关系曲线

图 3.4 中所示的两种回转结构在三种流量下获得的曲线相似,都是随着管径的增大,炮座的流动损失快速减小。这种随着管径减小到一定程度流动损失急剧增大的趋势表明,存在合适的炮座管径使流动损失在可接受范围内。从图 3.4 中可以看出,在流动损失达到 10～12 kPa 时,随管径增大带来的流动损失快速减小,减小趋势基本变缓。

图 3.5 所示为 CFD 数值计算得到的大回转结构和传统回转结构在流量分别为 300 m³/h,600 m³/h,900 m³/h 时的流动损失与平均流速的关系曲线。在三种水炮设计流量工况下,主流道的流动损失随着管内平均流速的增大急剧增大。从图中可以看出管内平均流速约为 7 m/s 时,也就是在流动损失达到约 15 kPa 时,流动损失随速度增大的趋势开始显著加剧,流动损失增

量十分明显。

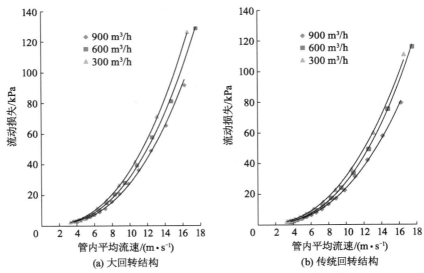

图 3.5 CFD 数值计算得到的大回转结构和传统回转结构的流动
损失与管内平均流速的关系曲线

据此可以判断:炮座内部流动速度在 7 m/s 左右可以作为炮座主通径设计时的经济流速上限值,进而结合设定的流量参数,可以确定出消防炮炮座的经济管径。当然,通过设定的流量计算出的管径值,有可能不是一个整数值,还需要与我国标准管材、法兰通径的优选系列相结合,进行适当地调整和取整,从而在保证科学合理性的同时,兼顾整体的经济性和附配件(如管材、法兰、O 形圈、弯头、收缩管等)的通用性。在条件许可的前提下,通径取整、靠标的原则一般以就近或向大取整为宜。消防炮管径的选择可参考表 3.3。

表 3.3 消防炮的流量和经济管径对照表

流量/(L·s⁻¹)	炮座通径/mm							
	80	100	125	150	180*	200	250	300
	流速/(m·s⁻¹)							
20	3.98	2.55	1.63	1.13	0.79	0.64	0.41	0.28
25	4.98	3.18	2.04	1.42	0.98	0.80	0.51	0.35
30	5.97	3.82	2.45	1.70	1.18	0.96	0.61	0.42
40	7.96	5.10	3.26	2.26	1.57	1.27	0.82	0.57

续表

流量/ (L · s⁻¹)	炮座通径/mm							
	80	100	125	150	180*	200	250	300
	流速/(m · s⁻¹)							
50	9.95	6.37	4.08	2.83	1.97	1.59	1.02	0.71
60	11.94	7.64	4.89	3.40	2.36	1.91	1.22	0.85
70	13.93	8.92	5.71	3.96	2.75	2.23	1.43	0.99
80	15.92	10.19	6.52	4.53	3.15	2.55	1.63	1.13
100	19.90	12.74	8.15	5.66	3.93	3.18	2.04	1.42
120	23.89	15.29	9.78	6.79	4.72	3.82	2.45	1.70
150	29.86	19.11	12.23	8.49	5.90	4.78	3.06	2.12
167	33.24	21.27	13.62	9.46	6.57	5.32	3.40	2.36
180	35.83	22.93	14.68	10.19	7.08	5.73	3.67	2.55
200	39.81	25.48	16.31	11.32	7.86	6.37	4.08	2.83
250	49.76	31.85	20.38	14.15	9.83	7.96	5.10	3.54
300	59.71	38.22	24.46	16.99	11.80	9.55	6.11	4.25
350	69.67	44.59	28.54	19.82	13.76	11.15	7.13	4.95
400	79.62	50.96	32.61	22.65	15.73	12.74	8.15	5.66
450	89.57	57.32	36.69	25.48	17.69	14.33	9.17	6.37
500	99.52	63.69	40.77	28.31	19.66	15.92	10.19	7.08

* 注:DN180 为非管材通径优选数,考虑到 DN150 和 DN200 截面积相差近一倍,跨度较大,故本表列出这一中间值作为参考。

管道的总流动损失 Δp 包括沿程阻力损失 h_f 和局部阻力损失 h_j,其计算式为

$$\Delta p = h_j + h_f = \xi \cdot \frac{U^2}{2g} + \lambda \frac{l}{d} \frac{U^2}{2g} \qquad (3.7)$$

式中:U——平均流速。

平均流速 U 的计算公式为

$$U = \frac{4Q}{\pi d^2} \qquad (3.8)$$

在相同的设定流量下,根据式(3.7)和式(3.8)可知,沿程阻力损失随管径的变化趋势是

$$h_{f1}/h_{f2} = \frac{U_1^2/d_1}{U_2^2/d_2} = d_2^5/d_1^5 = (d_2/d_1)^5 \tag{3.9}$$

式中,下标 1 和 2 代表两种不同管径。

根据式(3.7)和式(3.8)可知,局部阻力损失随管径的变化趋势是

$$h_{j1}/h_{j2} = U_1^2/U_2^2 = d_2^4/d_1^4 = (d_2/d_1)^4 \tag{3.10}$$

从式(3.9)和式(3.10)可以看出:沿程阻力损失与不同管径比值的五次方成反比,局部阻力损失与不同管径比值的四次方成反比。由此可见,管径的改变会给水力损失带来显著的变化。因此,选择合适的管径对于有效控制炮座带来的水力损失是非常重要的。

炮座回转结构的损失只是水炮整体水力损失的一部分,在炮管段,通径会缩小,且流道中含有整流器,在喷嘴段,水流将进一步加速,这些因素都将导致水炮总损失急剧增加。

在设计流量 600 m³/h 下传统回转结构和大回转结构的流动损失曲线对比,以及理论平均流速随管径的变化曲线如图 3.6 所示。

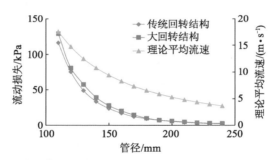

图 3.6　两种回转结构在流量为 600 m³/h 时的流动损失曲线对比及
理论平均流速随管径的变化曲线

由模拟计算的边界条件获得的流动损失是炮座的总损失,包含了局部损失、二次流损失、管壁摩擦损失等,图 3.6 中随管径的增大,管内理论平均流速减小,流体与管壁的摩擦损失减小,所引起的总流动损失减小。通过对比看出,在管直径大于 180 mm 时,两种回转体的流动损失大小基本一致;小于该管径时,传统回转结构的流动损失的增长量略小于大回转结构的,但总体上差别很小。

由于图 3.4、图 3.5 和图 3.6 中各曲线接近重合,为更好地对比曲线之间的差异,作曲线拟合从而对比系数大小。图中曲线符合幂函数规律,拟合形式为

$$\Delta p = a \cdot d^b, \quad \Delta p = a_1 \cdot U^{b_1} \tag{3.11}$$

式中:Δp——炮座的流动损失,kPa;

d——管直径,m;

U——管内平均流速,m/s。

系数 a,a_1 和 b,b_1 拟合值如表 3.4 所示。

表 3.4　炮座损失拟合曲线系数

参数	大回转结构			传统回转结构		
流量/(m³·h⁻¹)	300	600	900	300	600	900
系数 a	0.000 4	0.001 9	0.003 9	0.000 5	0.001 4	0.004 2
系数 b	−4.976	−5.042	−5.135	−4.847	−5.139	−5.014
相关系数 R^2	0.998 1	0.998 0	0.998 7	0.999 7	0.999 8	0.999 3
系数 a_1	0.116 0	0.094 9	0.074 3	0.118 6	0.074 6	0.074 3
系数 b_1	2.488 2	2.520 8	2.567 4	2.423 6	2.569 7	2.507 2
相关系数 R^2	0.998 1	0.998 0	0.998 7	0.999 7	0.999 8	0.999 3

表 3.4 中拟合得到的相关系数接近于 1,说明数据点与曲线符合得很好。由幂函数形式,如以管径 d 为参照分析两种回转体的流动损失,系数 a 越小、系数 b 的绝对值越大,则流动损失 Δp 越小。表 3.4 中除了在流量 600 m³/h 的情况下,传统回转结构的拟合系数反映出损失小于大回转结构,另外两种流量下拟合系数均表明大回转结构流动损失略小,且差别极其微弱。如果以平均流速 U 分析与损失 Δp 的拟合式,系数 a_1 和 b_1 越小,则流动损失越小。从表中系数对比难以判断两种回转结构的优劣,因为公式(3.11)是单因素拟合式,并没有考虑 R/d 这个因素变化的影响。上述拟合计算式可为掌握水炮流动损失提供指导,尤其可通过该拟合式算出水炮炮座在平均流速增加后流动损失的增加量。选择合适的炮座绕转形式除了考虑流动损失这个因素,还需要综合考虑管路出口处流体的旋转性能、湍动能等。

3.3　炮座内部流动数值模拟比较分析

3.3.1　三种炮座出口及内部流态数值模拟分析

三种炮座回转结构的数值计算结果如表 3.5 所示,主要对比的是出口平均湍动能和总压力损失。

表 3.5　三种回转结构计算结果对比

参数	传统回转结构			半回转结构			大回转结构		
R/d	1.2	1.3	1.4	1.2	1.3	1.4	1.4	1.8	2.2
$k/(\mathrm{m^2 \cdot s^{-2}})$	0.831	0.718	0.629	0.928	0.837	0.724	0.62	0.499	0.411
$\Delta p/\mathrm{kPa}$	12.51	11.52	10.86	14.69	13.98	13.25	12.21	11.86	12.11
$(\Delta p/L)/$ $(\mathrm{kPa \cdot m^{-1}})$	4.31	3.82	3.47	4.83	4.39	3.98	3.94	3.36	3.06
$\Delta p/L$ 递减值	—	0.49	0.35	—	0.44	0.41	—	0.58	0.30
递减率/%		11.3	9.2		9.1	9.3		14.7	8.9

（1）弯管曲率系数 R/d 对水力损失的影响

从表 3.5 中看出回转结构不同，计算结果的差异明显。随着弯管曲率系数 R/d 的增大，三种回转体的出口平均湍动能 k 都减小，水力损失 Δp 也呈减小的趋势（水力损失为进口总压与出口总压之差），说明随管道曲率的增大流动的局部损失减小。而对于大回转结构，R/d 为 1.8 时，水力损失略小于 R/d 为 1.4 和 2.2 时，说明在 $1.4<R/d<2.2$ 这个取值区间大回转结构存在较优的曲率值。大的曲率使水炮占用较大操作空间，曲率小的水力损失大，因此大回转结构的最优曲率今后可以做进一步细化研究。单位长度水力损失可为回转结构设计提供参考，表 3.5 中同一种回转结构单位长度的水力损失随曲率系数 R/d 的增大而减小，也表明曲率的增大减小了局部损失。在 R/d 为 1.4 时对比三种回转结构，传统回转结构水炮回转体单位长度的水力损失最小，但大回转结构的出口平均湍动能最小。

从表 3.5 中 $\Delta p/L$ 和 Δp 值可以看出，随着弯管曲率与管径比值 R/d 的增大，单位长度的压力损失 $\Delta p/L$ 在不断减小，呈现明确的反比关系。从 $\Delta p/L$ 的递减率看，R/d 每增大 0.1，$\Delta p/L$ 约减小 10%，且减小幅度呈现减弱趋势。但从同一回转结构的总损失看，随着 R/d 的增大，虽然 $\Delta p/L$ 减小了，但是因为总长度增加，所以不同 R/d 时的总损失 Δp 基本没有变化。同时，三种结构的总损失 Δp 也几乎差不多。据此可以得出：在经济管径下，消防炮炮座的不同回转结构水力损失基本相同，同一回转结构下在不同弯管曲率系数 R/d 下总损失也基本相同，R/d 是一个弱影响因子。因此，实际产品设计选型时，可以根据具体的应用需求来自由选择，即：车载消防炮可以选用 R/d 值小的紧凑型，工程及船用的固定消防炮可以选用 R/d 值大的宽松型，移动消防炮可以根据流量来选择，手提便携式小流量移动炮选用紧凑型，大流量拖车炮选用宽松型。

（2）炮座段的水力损失影响

从表 3.5 中数据可以看出，消防炮炮座区域的管道流属于低速区，在合适的经济管径下，总损失约为 15 kPa，仅占进口工作压力 1.2 MPa 的 1%。此外，结合第 2 章中对消防炮整体的水力损失计算结果为 88.5 kPa 来看，该部位的水力损失占比为 13.5%～16.9%。因此，可以判断：对整个消防炮射程的影响因子而言，在已经选取了合理的经济管径的前提下，炮座段的水力损失属于弱影响因子。

（3）三种炮座回转结构的出口湍动能比较分析

根据数值模拟计算，在 1.4 倍 R/d 情况下，三种结构出口平均湍动能云图如图 3.7 所示。

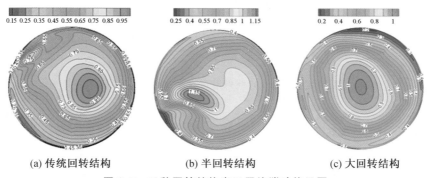

(a) 传统回转结构　　　(b) 半回转结构　　　(c) 大回转结构

图 3.7　三种回转结构出口平均湍动能云图

湍动能 k 值的大小反映了湍流脉动长度和时间尺度的大小，是流体紊动的强弱、紊流发展或衰减的指标，其定义为

$$k = \frac{1}{2}(\overline{u'^2} + \overline{v'^2} + \overline{w'^2}) \tag{3.12}$$

式中：u', v', w'——基于雷诺时均法得到的三个方向的脉动速度。

从图 3.7 可以看出，圆管湍流达到充分发展状态时截面的分布形态不同，湍动能分布中间区域大，固壁附近小，这是因为固壁边界速度为 0，大回转结构的出口湍动能集中在管轴线位置，而传统回转和半回转结构的出口湍动能最大值偏离轴线，且传统结构出口的第二峰值明显。据此可以看出：传统回转和半回转结构的出口湍动能强度及分布均匀性小于大回转结构。三种回转体出口方向为流体主流流动方向，式(3.12)中坐标方向是人为设置定义的，三个方向的脉动速度中有某一方向与主流方向接近一致，当另两个脉动速度分量较大时,对主流流动具有影响,因此湍动能分布偏离轴心线位置也反映了主流方向上速度分布不均匀。表3.5中统计的湍动能平均值是以出口面积为加权平均,仅反映平均值的大小。

(4)不同回转结构下炮座出口端主流速度分布

从表3.5可以看出,三种结构的总水力损失对比中,半回转结构的 Δp 较大,因此仅对比 R/d 为1.4的传统回转和大回转结构出口流态,将圆形出口按45°间隔截取4条速度剖面线,速度分布曲线分别如图3.8和图3.9所示。

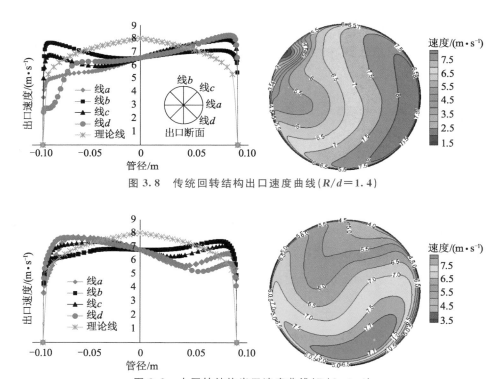

图 3.8　传统回转结构出口速度曲线($R/d=1.4$)

图 3.9　大回转结构出口速度曲线($R/d=1.4$)

将图3.8和图3.9中的径向速度分布曲线与理论速度曲线对比,各曲线的速度最大值与理论值一致,但数值模拟所得的速度分布线在圆管中心位置并不是最大速度,而是在靠近管壁附近出现峰值,由此判断流体在经过多次绕转后,在出口处带有较强的旋度。从图3.8中的线 d 速度分布线左侧速度严重偏低,低速区和高速区分别偏在中心轴线两侧的管壁附近看出,主流速度存在明显的不均匀度和不对称性。此外,图3.8中四条速度曲线按中心轴线对称性能低于图3.9的情况。因此,从定性角度能够得出:传统回转结构出口速度分布均匀性低于大回转结构,与通过湍动能分析得到的结论一致。

图 3.8 和图 3.9 中的理论速度剖面线是按式(3.13)获得的,弯管的雷诺数按管内径和水在 20 ℃时的黏滞系数计算结果为 1.18×10^{6},管内湍流速度分布根据雷诺数的不同,幂次律函数的系数选取不同

$$u = u_{\max}\left(1 - \frac{r}{R}\right)^{1/n} \tag{3.13}$$

式中:u——r 径向位置时的理论速度;

$\qquad R$——弯管出口半径;

$\qquad u_{\max}$——出口断面中心最大速度。

指数 n 的取值为:当 $4 \times 10^{4} < Re \leqslant 1.1 \times 10^{5}$ 时,$n = 6$;当 $1.1 \times 10^{5} < Re \leqslant 3.2 \times 10^{6}$ 时,$n = 7$;当 $Re > 3.2 \times 10^{6}$ 时,$n = 10$。因此,图 3.8 和图 3.9 中理论速度剖面线按 1/7 幂律计算。平均速度计算式为

$$U = \frac{1}{\pi R^{2}}\int_{0}^{R}\left(1 - \frac{r}{R}\right)^{1/n} 2\pi r \mathrm{d}r \tag{3.14}$$

当 $n = 7$ 时,式(3.14)积分可得 $U = 0.817 u_{\max}$,而 U 可通过式(3.8)中的设计流量与管道直径计算得出,从而 $u_{\max}$ 和理论速度 u 的剖面线均可获得。这里的理论速度是坐标系下三个速度方向的合速度。

针对炮座出口断面的主流速度存在不均匀性和不对称性的现象(如图 3.10 所示,这里主流速度指与管轴线一致的流动速度),为了更加准确地比较三种回转结构炮座的优劣,定量、精准地评价炮座出口处的流场特性,引入主流速度不均匀度的概念,作为评价炮座出口流场速度分布的一个重要指标。同时,引入几个表征参数,来表征炮座出口断面的主流速度不均匀度。表征参数主要包括:主流速度重心的偏心程度(偏心度、偏心半径、偏心惯量)、主流速度的平均偏差率、主流速度的绝对偏差量、主流速度偏差率重心的偏心程度(偏心度、偏心半径、偏心惯量)。

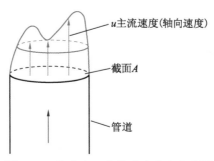

图 3.10　炮座出口主流速度分布示意图

结合这些表征指标的分析和比较，可以从定量的角度，对炮座出口断面主流速度的不均匀度做出客观评价，进而提出相关消防炮产品炮座结构设计的指导原则。该评价方法同样可以应用于第4章中不同整流器降低主流速度不均匀度方面的整流效果的客观评价。

主流速度不均匀度及其表征参数有关的公式、术语、符号，以及具体的研究方法和假设如下：

① 在炮座出口断面设定三个矢量方向的立体坐标系，原点为轴心，主流速度方向为 x 坐标轴方向，断面上的平面坐标系为 y 和 z 坐标轴方向，如图 3.11 所示。由图可以看出，主流速度就是 u_x。

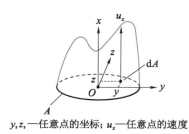

y, z ——任意点的坐标；u_x ——任意点的速度

图 3.11　炮座出口断面三维坐标系示意图

② 将主流方向的理论平均流速设为 $\overline{u_x}$，理论流量设为 Q_x，$\overline{u_x}$ 和 Q_x 的值可以分别通过式（3.15）和式（3.16）计算得出。

平均流速
$$\overline{u_x} = \frac{1}{A}\iint\limits_{A} u_x \, \mathrm{d}A \tag{3.15}$$

流量
$$Q_x = \iint\limits_{A} u_x \, \mathrm{d}A \tag{3.16}$$

③ 将炮座出口断面上每一个微单元处的瞬时单位流量（微单元速度与其截面积的乘积）与其 y 坐标的乘积进行积分，然后除以预先设定的流量，得出主流速度重心的 y 坐标 $\overline{Y_u}$，如式（3.17）所示。用同样的方法，可以得出主流速度重心的 z 坐标 $\overline{Z_u}$。$(\overline{Y_u}, \overline{Z_u})$ 即为主流速度重心的坐标，从这个坐标可以看出其偏离圆心的程度，即主流速度重心偏心度。

$$\begin{cases} \overline{Y_u} = \dfrac{1}{Q_x}\iint\limits_{A} y u_x \, \mathrm{d}A \\[2mm] \overline{Z_u} = \dfrac{1}{Q_x}\iint\limits_{A} u_x \, \mathrm{d}A \end{cases} \tag{3.17}$$

④ 通过主流速度重心的坐标 $(\overline{Y_u}, \overline{Z_u})$，可以计算出主流速度重心偏离断

面圆心的距离,即主流速度重心的偏心半径 r_u。

⑤ 将主流速度重心偏心半径 r_u 与断面平均速度 $\overline{u_x}$ 相乘,即可得出炮座出口断面主流速度重心偏心惯量 I_u,如式(3.18)所示。需要额外说明的是,此处只是借用了惯量的概念来表征,并非真正的惯量。主要借助这个类似惯量的值来直观比较、评价不同回转结构炮座的出口主流速度不均匀程度。

$$I_u = r_u \cdot \overline{u_x} \tag{3.18}$$

⑥ 结合前面的分析,管道内的流动速度分布符合幂次律函数(即理论值),其理论速度分布形式如式(3.19)所示,与式(3.13)类似,但速度指代不同。

$$\frac{\tilde{u}}{u_{\max}} = \left(1 - \frac{r}{R}\right)^{1/n} \tag{3.19}$$

式中:$\tilde{u}$——主流理论速度;

$u_{\max}$——理论速度最大值;

r——微单元的当前半径;

R——管道半径。

$\tilde{u}$ 和 $u_{\max}$ 满足

$$\frac{\overline{u_x}}{u_{\max}} = \frac{\int_0^R u_x 2\pi r \, dr}{\pi r^2 u_{\max}} = 2\int_0^1 \left(1 - \frac{r}{R}\right)^{\frac{1}{n}} \cdot \frac{r}{R} \, d\left(\frac{r}{R}\right) = \frac{2n^2}{(n+1)(2n+1)} \tag{3.20}$$

即

$$u_{\max} = \frac{(n+1)(2n+1)}{2n^2} \overline{u_x} \tag{3.21}$$

代入式(3.19)得

$$\tilde{u} = \frac{(n+1)(2n+1)}{2n^2} \cdot \left(1 - \frac{r}{R}\right)^{\frac{1}{n}} \cdot \overline{u_x}$$

$$= \frac{(n+1)(2n+1)}{2n^2} \cdot \left(1 - \frac{\sqrt{y^2 + z^2}}{R}\right)^{\frac{1}{n}} \cdot \overline{u_x} \tag{3.22}$$

式(3.22)建立了 $\tilde{u}$ 与当前坐标的联系,变为已知量。

⑦ 以每个点的理论速度 $\tilde{u}$ 作为基准值,结合每个点的实际速度值 u_x,可以计算出每个点的实际速度对理论速度的偏差率(偏离幂律分布值的百分比),并以 k_i 表示,计算公式如下:

$$k_i = \left| \frac{u_x - \tilde{u}}{\tilde{u}} \right| \times 100\% \tag{3.23}$$

式中:k_i——从1到 N 的离散值;

u_x——当前点的数值计算速度;

$\tilde{u}$——当前点的理论速度。

定义 k 为主流速度的偏差率。将式(3.17)中的 u_x 换成 k，由此得到

$$\begin{cases} \overline{Y_k} = \dfrac{1}{kA} \iint\limits_A y k_i \, \mathrm{d}A \\[3mm] \overline{Z_k} = \dfrac{1}{kA} \iint\limits_A z k_i \, \mathrm{d}A \end{cases} \tag{3.24}$$

由式(3.24)得到坐标值 $(\overline{Y_k}, \overline{Z_k})$，该坐标可以反映出主流速度偏差率的重心位置，即主流速度偏差率重心的偏心度。

⑧ 与主流速度重心的偏心半径、偏心惯量计算和处理方法相同，可以得出主流速度偏差率重心的偏心半径 r_k 及偏心惯量 I_k，$I_k = r_k \cdot \bar{k}$。

定义 $\bar{k}$ 为主流速度平均偏差率(类似平均粗糙度)，则 $\bar{k}$ 值可以通过式(3.25)得出。

$$\bar{k} = \frac{1}{N} \sum_{i=1}^{N} k_i \tag{3.25}$$

结合每一点的主流速度偏差率 k_i，还可以求和得出炮座出口断面上的主流速度总体偏差率 k_{total}。主流速度偏差率的分布示意图如图3.12所示。

$$k_{\text{total}} = \sum_{i=1}^{N} k_i \tag{3.26}$$

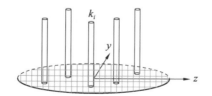

图 3.12　主流速度偏差率的分布示意图

⑨ 对于炮座出口断面上各点的主流速度 u_x 偏离理论速度 $\tilde{u}$ 的程度，也可以用绝对偏差量 u_{rms} 来表示，该参数是主流速度 u_x 偏离理论速度 $\tilde{u}$ 的均方根。

$$u_{\text{rms}} = \left[\frac{\sum\limits_{i=1}^{N} (u_{xi} - \tilde{u})^2}{N} \right]^{\frac{1}{2}} \tag{3.27}$$

u_{rms} 的量纲为 m/s，始终为正值，它反映的是速度偏离理论值的绝对偏差数值，是在整个横断面上的统计值。u_{rms} 的概念类似于主流速度平均偏差率 $\bar{k}$，只是 $\bar{k}$ 为相对偏差率，是一个百分比数值，而 u_{rms} 为绝对偏差量，是一个绝

对数值。

　　针对以上主流速度不均匀度及其相关表征参数的一些定义、假设,以及建立的一系列的计算式和表达式,结合数值模拟的结果,利用 Matlab 软件编程,计算出了流体经过三种不同回转结构炮座之后,主流速度重心、平均偏差率、绝对偏差量、偏差率重心等参数,如表 3.6 所示。

表 3.6　三种结构炮座出口断面主流速度不均匀度分析参数

计算得到的参数	参数定义	计算公式	传统回转结构炮座出口	半回转结构炮座出口	大回转结构炮座出口
$\overline{u_x}/(\mathrm{m \cdot s^{-1}})$	理论平均速度	式(3.15)	6.418	6.350	6.330
$Q_x/(\mathrm{m^3 \cdot s^{-1}})$	理论流量	式(3.16)	0.163 3	0.161 6	0.161 1
$\overline{Y_u}/\mathrm{m}$	主流速度重心偏心度(y 坐标)	式(3.17)	0.008 4	7.97×10^{-4}	0.001 5
$\overline{Z_u}/\mathrm{m}$	主流速度重心偏心度(z 坐标)	式(3.17)	−0.002 4	0.004 9	−0.002 6
R_u/mm	主流速度重心偏心半径		8.7	5.0	3.0
I_u	主流速度重心偏心惯量	式(3.18)	56.1	31.5	19.0
$u_{\max}/(\mathrm{m \cdot s^{-1}})$	理论速度最大值	式(3.21)	7.672	7.590	7.567
$k_{\min}/\%$	主流速度的最小偏差率	式(3.23)	4.7×10^{-4}	0.007 2	0.010 9
$k_{\max}/\%$	主流速度的最大偏差率	式(3.23)	73.51	40.63	31.51
$\overline{k}/\%$	主流速度的平均偏差率	式(3.25)	22.26	13.65	12.85
$\overline{Y_k}/\mathrm{m}$	主流速度偏差率重心的偏心度(Y 坐标)	式(3.24)	0.010 7	0.016 6	−0.002 3
$\overline{Z_k}/\mathrm{m}$	主流速度偏差率重心的偏心度(Z 坐标)	式(3.24)	-6.29×10^{-5}	0.019 4	−0.013 9
R_k/mm	主流速度偏差率重心的偏心半径		10.7	25.5	14.1
I_k	主流速度偏差率重心偏心惯量		16.0(242)	24.9(348)	12.5(181)
$u_{\mathrm{rms}}/(\mathrm{m \cdot s^{-1}})$	主流速度的绝对偏差量	式(3.27)	1.498	0.974	0.885

从表 3.6 中数据可以得出以下结论：

① 在主流速度重心的偏心程度方面，传统回转结构、半回转结构、大回转结构三种结构炮座出口主流速度重心的偏心半径分别为 8.7 mm，5.0 mm，3.0 mm，偏心惯量分别为 56.1，31.5，19.0，表明大回转结构是三种结构中主流速度重心偏心程度最低、最优的，其次是半回转结构，最差的是传统回转结构，三种结构的主流速度重心偏心惯量比值为：传统回转结构：半回转结构：大回转结构＝3：1.7：1。

② 在主流速度平均偏差率 $\bar{k}$ 和最大偏差率方面，传统回转结构、半回转结构、大回转结构三种结构炮座主流速度最大偏差率分别为 73.51%，40.63%，31.51%，平均偏差率分别为 22.26%，13.65%，12.85%，都呈现出大回转结构优于半回转结构、半回转结构优于传统回转结构。在平均偏差率方面，传统回转结构是大回转结构的 1.7 倍、半回转结构的 1.6 倍。三种回转结构的优劣排序与速度重心偏心程度一样，三种结构主流速度平均偏差率比值为：传统回转结构：半回转结构：大回转结构＝1.7：1.1：1。

③ 在主流速度偏差率重心的偏心程度方面，传统回转结构、半回转结构、大回转结构三种结构炮座的偏心半径分别为 10.7 mm，25.5 mm，14.1 mm，偏心惯量分别为 16.0，24.9，12.5，三种结构的偏心半径虽然出现传统回转结构最小，但是，最终的偏心惯量仍然是大回转结构的最小，其次是传统回转结构，最差的是半回转结构，三种结构的主流速度偏差率重心的偏心惯量比值为：传统回转结构：半回转结构：大回转结构＝1.3：2：1。

④ 在主流速度的绝对偏差量方面，传统回转结构、半回转结构、大回转结构三种结构炮座分别为 1.498，0.974，0.885，仍然是大回转结构最优，半回转结构次之，传统回转结构相对最差。三种结构主流速度的绝对偏差量比值为：传统回转结构：半回转结构：大回转结构＝1.7：1.1：1。

综上，对于传统回转结构、半回转结构、大回转结构三种结构炮座，其出口断面主流速度不均匀度的四项表征参数（主流速度重心偏心惯量、主流速度平均偏差率、主流速度偏差率重心偏心惯量、主流速度绝对偏差量）一致反映出，大回转结构炮座最优，半回转结构炮座次之，传统回转结构炮座最差。

（5）炮座内部流场及出口断面涡流（横向环流）研究

炮座主流道内的最大流速区域偏向管壁的现象与管道内的二次流有关。研究表明，对于常规的 90° 单个弯管而言，流体沿管道轴向流动时，由于弯曲管道的离心力作用，沿管外侧压强大于弯曲内侧，而内壁处的水流速度要高于外侧壁处。在内外壁之间横向压力差的作用下，弯管截面上沿侧壁出现与主流轴线方向垂直的次生流动，水流由内壁向外壁横流，同时，水流自内壁脱离形成涡流区。由于它的存在,缩小了水流断面,加剧了流速的不均匀分布。这种涡流区如果从弯管一直持续到炮管的整流器,会产生延续性的不利影响,上述不均匀水流将沿着整流器的格栅分布,这样,在整流器的出口处流速分布仍然不均匀,致使喷嘴出口处水流的紊动程度增加,使射程降低[25]。弯管内的水流运动情况如图 3.13 所示。流体流过 90°弯管后,断面出现两个对称的反向涡,称为迪恩(Dean)涡,这已成为研究定论,迪恩涡的强度和形态反映了流体旋转和局部损失,其也被应用于二次流强化传热的性能研究[63]。

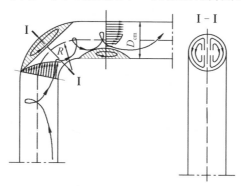

图 3.13　90°弯管内的水流运动示意图[25]

对于消防炮座这样的 90°下弯管后接多个角度不同的弯管构成的连续弯管组合体,且组合体结构整体表现为立体回转形式,在现阶段,国内外对其内部轴线沿程二次流状态的研究和掌握尚不够详细。本节主要对连续多弯管组成的消防炮炮座的三种回转结构下出口断面的涡流状态进行对比分析。

图 3.14 对比了不同曲率时两种回转结构出口的流线图。图中以流体流向出口为视角,即顺着主流方向。图 3.14a 中传统回转结构在 $R/d=1.4$ 时出口断面仅有 1 个顺时针的基本涡;图 3.14b 中半回转结构出口有 3 个明显的涡存在,2 个顺时针及 1 个逆时针方向;图 3.14c 中大回转结构在 $R/d=2.2$ 时出口有 3 个涡,管中心区域存在顺时针方向的 2 个主要涡,管壁附近存在逆时针小涡;图 3.14d 中所示大回转结构在 $R/d=1.4$ 时涡的形态与图 3.14a 中所示一致。

常采用无因次准则数迪恩数来衡量弯管内离心力、惯性力、黏性力的作用,计算式为

$$De = Re \cdot (r/R_c)^{\frac{1}{2}} \tag{3.28}$$

式中:Re——雷诺数,在各对比方案中雷诺数相同;

　　r——弯管半径,此处取 90 mm;

　　R_c——弯管曲率半径。

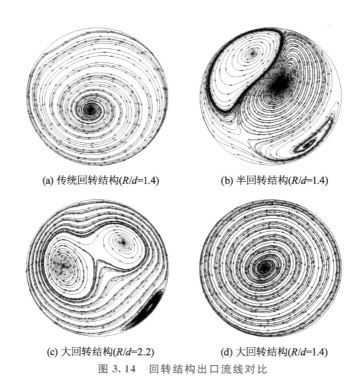

(a) 传统回转结构(R/d=1.4)   (b) 半回转结构(R/d=1.4)

(c) 大回转结构(R/d=2.2)   (d) 大回转结构(R/d=1.4)

图 3.14 回转结构出口流线对比

由式(3.28)看出,在雷诺数相同的情况下,迪恩数与几何尺寸曲率相关。90°弯管之后出现的一对反向涡在随后的弯管、直管内发展,新的涡出现及消失等,需要结合炮座绕转结构及临界迪恩数开展分析。

涡量是指单位面积上的速度环量。它是一个矢量,涡量(Vorticity)定义为

$$\boldsymbol{\Omega} = \nabla \times \boldsymbol{v} \tag{3.29}$$

式中:∇——哈密顿算子;

$\boldsymbol{v}$——速度。

流体断面的旋混度(涡旋运动程度)一般由断面旋涡强度来表征,而速度环量和涡通量都能表征旋涡强度。其中,速度环量是线积分,被积函数是速度本身;涡通量是面积分,被积函数是速度的偏导数。在某些情况下,利用速度环量来表征研究涡旋运动有很多方便之处。在专业计算流体力学软件Fluent,Flow3D,CFX 等出现之后,利用涡通量来表征研究涡旋运动就更为方便、直观了。本研究主要以涡通量来表征和研究消防炮内部流动的旋涡强度。

J 为涡通量即旋涡强度,对应有限面积,经过该面积的涡通量为

$$J = \iint_A \boldsymbol{\Omega} \cdot \mathrm{d}A = 2 \iint_A \omega_n \mathrm{d}A \tag{3.30}$$

式中：ω_n——角速度在曲面法线方向的分量。

选取曲面为计算模型的出口面，法线方向垂直于出口面，对图 3.14 中的出口旋涡涡量积分后得到涡通量，设定法线方向为坐标 x 轴，式（3.30）积分也就是对 ω_x 积分，并采用求取绝对值的方法，获得断面的绝对涡通量，来表征炮座出口断面的旋涡强度。图 3.14a，b，c，d 的计算结果分别为 1.706，0.670 8，0.692，0.719 7 m^2/s，由此可以得出：三种结构的出口流场的旋涡强度都较大，其中传统回转结构的出口旋涡强度最大，半回转结构与大回转结构的大致相同，大约只是传统回转结构出口断面旋涡强度的 40%。换句话说，在研究设定的同等条件下，传统回转结构出口断面旋涡强度是半回转结构和大回转结构的 2.5 倍。

以上分析了不同炮座结构出口断面的绝对涡通量，并以此作为一种判据，对三种回转结构炮座的优劣进行了比较和评价。但是，尽管这样，仍然无法知道这些涡量的具体偏心程度和偏心强度。为此，此处借鉴上节对炮座出口断面主流速度不均匀度的研究和评价方法，结合涡量、绝对涡量、绝对涡通量等既有参数和概念，同时把出口断面上的正向涡和反向涡分开研究，引入正向涡涡通量、反向涡涡通量、总涡通量、绝对涡量重心偏心度、绝对涡量重心偏心半径、绝对涡量重心偏心惯量等新的参数和概念，结合数值模拟计算的结果，借助 Matlab 软件，进行进一步的计算和数据挖掘分析，最终从炮座出口断面涡量重心的具体偏心程度和偏心强度等方面，对三种回转结构炮座的优劣程度进行定量化、精准化的比较和分析。

计算模型中设定了 x 轴为出口法线方向，因此涉及二次流强度的参数为涡量 Ω_x、绝对涡量 $|\Omega_x|$（如图 3-15 所示）、断面内总体涡通量 $|J|$。

$$\Omega_x = \frac{\partial u_z}{\partial y} - \frac{\partial u_y}{\partial z} \tag{3.31}$$

$$|\Omega_x| = \left| \frac{\partial u_z}{\partial y} - \frac{\partial u_y}{\partial z} \right| \tag{3.32}$$

$$|J| = \iint_A |\Omega_x| \, \mathrm{d}A \tag{3.33}$$

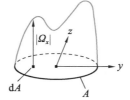

图 3.15 绝对涡量偏心示意图

绝对涡量重心的偏心度,即偏心坐标为

$$
\begin{cases}
\bar{Y}_{\Omega\_\text{total}} = \dfrac{1}{|J|} \iint\limits_{A} y \, |\Omega_x| \, \mathrm{d}A \\[2mm]
\bar{Z}_{\Omega\_\text{total}} = \dfrac{1}{|J|} \iint\limits_{A} z \, |\Omega_x| \, \mathrm{d}A
\end{cases}
\tag{3.34}
$$

对于总体涡通量、正向涡涡通量、反向涡涡通量的计算,采取分别提取正向涡和反向涡进行积分的方法(其中,正向涡 $\Omega_x > 0$,反向涡 $\Omega_x < 0$),得到 J_{positive} 和 J_{negative},总体涡通量 J 为正、反向涡涡通量的绝对值之和。

$$
J_{\text{positive}} = \iint\limits_{A} \Omega_x \mathrm{d}A
\tag{3.35}
$$

$$
J_{\text{negative}} = \iint\limits_{A} \Omega_x \mathrm{d}A
\tag{3.36}
$$

$$
J = |J_{\text{positive}}| + |J_{\text{negative}}| = J_{\text{positive}} - J_{\text{negative}}
\tag{3.37}
$$

正向涡涡通量重心和反向涡涡通量重心的位置坐标分别以式(3.38)和式(3.39)计算。

$$
\begin{cases}
\bar{Y}_{\Omega\_\text{positive}} = \dfrac{1}{J_{\text{positive}}} \iint\limits_{A} y\Omega_x \mathrm{d}A \\[2mm]
\bar{Z}_{\Omega\_\text{positive}} = \dfrac{1}{J_{\text{positive}}} \iint\limits_{A} z\Omega_x \mathrm{d}A
\end{cases}
\tag{3.38}
$$

$$
\begin{cases}
\bar{Y}_{\Omega\_\text{negative}} = \dfrac{1}{J_{\text{negative}}} \iint\limits_{A} y\Omega_x \mathrm{d}A \\[2mm]
\bar{Z}_{\Omega\_\text{negative}} = \dfrac{1}{J_{\text{negative}}} \iint\limits_{A} z\Omega_x \mathrm{d}A
\end{cases}
\tag{3.39}
$$

总体涡通量重心的位置坐标及三组位置坐标下的偏心半径 r_{Ω_total},$r_{\Omega\_\text{positive}}$,$r_{\Omega\_\text{negative}}$,以及偏心惯量 I_{Ω_total},$I_{\Omega\_\text{positive}}$,$I_{\Omega\_\text{negative}}$ 的计算方法,与主流速度不均匀度的算法一致。

针对以上旋涡强度及其相关表征参数的一些定义、假设,以及建立的一系列的计算式和表达式,结合数值模拟的结果,利用 Matlab 软件编程,计算出了流体经过三种不同回转结构炮座之后,涡通量重心坐标、正反向涡通量重心的偏心半径和偏心惯量等参数,如表 3.7 和表 3.8 所示。

从表 3.7 和表 3.8 可以看出:

① 在总涡通量方面,半回转结构最小,大回转结构次之,但两者相差不大,传统回转结构最大,是大回转结构和半回转结构的 2.5～2.6 倍。

② 在总涡通量重心的偏心惯量方面,半回转结构与大回转结构基本相同,半回转结构比大回转结构略大,但是传统回转结构的炮座,其偏心惯量也是大

回转结构的 2.6 倍。

表 3.7　三种回转结构炮座出口断面的涡通量及其坐标值

计算得到的参数	含义	计算公式	传统回转结构	半回转结构	大回转结构
$J/(\mathrm{m}^2 \cdot \mathrm{s}^{-1})$	总涡通量	式(3.37)	2.394 9	0.896 3	0.925 4
$J_{\text{positive}}/$ $(\mathrm{m}^2 \cdot \mathrm{s}^{-1})$	正涡通量	式(3.35)	1.347 0	0.560 6	0.537 1
$J_{\text{negative}}/$ $(\mathrm{m}^2 \cdot \mathrm{s}^{-1})$	反涡通量	式(3.36)	−1.048 0	−0.335 7	−0.388 4
$\overline{Y}_{\Omega\_\text{total}}/\mathrm{m}$	总涡通量 y 坐标	式(3.34)	0.003 5	0.006 2	−0.005 5
$\overline{Y}_{\Omega\_\text{positive}}/\mathrm{m}$	正涡通量 y 坐标	式(3.38)	5.62×10^{-4}	0.025 8	−0.014 1
$\overline{Y}_{\Omega\_\text{negative}}/\mathrm{m}$	反涡通量 y 坐标	式(3.39)	−0.008 8	0.026 4	−0.006 5
$\overline{Z}_{\Omega\_\text{total}}/\mathrm{m}$	总涡通量 z 坐标	式(3.34)	0.008 5	0.006 1	−0.007 2
$\overline{Z}_{\Omega\_\text{positive}}/\mathrm{m}$	正涡通量 z 坐标	式(3.38)	0.002 5	0.004 0	−0.001 7
$\overline{Z}_{\Omega\_\text{negative}}/\mathrm{m}$	反涡通量 z 坐标	式(3.39)	−0.016 4	−0.009 8	0.014 8

表 3.8　三种回转结构炮座出口断面的涡通量、重心偏心半径及偏心惯量

计算参数	含义	传统回转结构	半回转结构	大回转结构
$J/(\mathrm{m}^2 \cdot \mathrm{s}^{-1})$	总涡通量	2.394 9	0.896 3	0.925 4
$J/J_{\text{大}}$	与大回转之比	259%	97%	100%
$J_{\text{positive}}/(\mathrm{m}^2 \cdot \mathrm{s}^{-1})$	正涡通量	1.347 0	0.560 6	0.537 1
$J_{\text{negative}}/(\mathrm{m}^2 \cdot \mathrm{s}^{-1})$	反涡通量	−1.048 0	−0.335 7	−0.388 4
$\overline{Y}_{\Omega\_\text{total}}/\mathrm{m}$	总涡通量偏心半径	0.009 2	0.008 7	0.009 1
$\overline{r}_{\Omega\_\text{positive}}/\mathrm{m}$	正涡通量偏心半径	0.002 6	0.026 1	0.014 2
$\overline{Z}_{\Omega\_\text{negative}}/\mathrm{m}$	反涡通量偏心半径	0.018 6	0.028 2	0.016 2
I_{Ω_t}	总涡通量偏心惯量	220.3	78.0	84.0
$I_{\Omega\_t}/I_{\text{大}}$	与大回转结构之比	262%	93%	100%
I_{Ω_p}	正涡通量偏心惯量	35.0	146.3	76.3
I_{Ω_n}	反涡通量偏心惯量	−194.9	−94.7	−62.9
$I_{\Omega\_p}+I_{\Omega\_n}$	正涡惯量(正值)+反涡惯量(负值)偏心惯量	−159.9	51.6	13.4

计算参数	含义	传统回转结构	半回转结构	大回转结构
$I_{\Omega\_p} - I_{\Omega\_n}$	正涡惯量（正值）＋反涡惯量（绝对值）偏心惯量	230	241	139
$(I_{\Omega\_p} - I_{\Omega\_n})/$ $(I_{\Omega\_p} - I_{\Omega\_n})_大$	与大回转结构之比	165%	173%	100%

（6）炮座段内速度高速区分布规律

炮座过流管道内部的流场及流动差异可通过高流速区域来对比。选择 $R/d=1.4$ 的情况，作炮座主流道内部流速大于某值的等值面图，如图 3.16 所示。

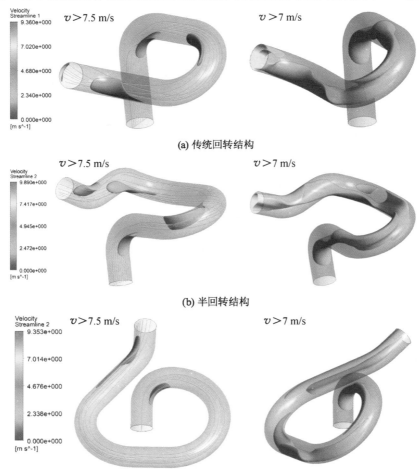

(a) 传统回转结构

(b) 半回转结构

(c) 大回转结构

图 3.16　三种回转体内部流速等值面图

从图 3.16 中速度颜色标尺可读取全局计算域中速度最大值,三种回转结构中,半回转结构的速度最大值最大,达到 9.89 m/s,大回转结构的速度最大值为 9.35 m/s。虽然进口流速赋值相同且转弯处 R/d 相同,但绕转结构的不同带来内部流动中速度最大值的差异。在靠近管壁附近流速较低,壁面上速度为 0,当选取大于 7.5 m/s 作为分辨值时,高流速区域在流道中已明显可分辨,高速区主要集中在各个转弯部分的内侧。当进一步增大流速分辨值时,更高的流速仍分布在图 3.16 所示黄色区域内。因此连续弯管的设计需要考虑固有尺寸结构带来的高速区域分布,这些区域的存在使内部流场流动不均匀。造成弯管内侧存在高流速区域的原因是弯管处的流体微元需要由压力差来产生离心力,离心力指向弯管内侧圆心方向,因此弯管外侧的流体压力高于内侧,由断面内的流动守恒分析,压能较小,动能则较大,所以流速较大。

从图 3.16 可以清晰地看出,对于连续多弯管的消防炮座,由于回转结构的绕转,带来弯管内侧的绕转,进而带来流场高速区在流道内的绕转迁徙,从而造成炮座内不同部位的断面二次流方向不断发生变化和旋转,出口断面流场存在不均匀、不对称的横向环流且主流速度分布出现显著不均匀性。而且,这种横向环流的不均匀性、不对称度,以及主流速度的不均匀度,会随着炮座回转结构的绕转情况、弯管曲率系数的不同等,出现不同的结果。

为进一步分析弯管处的流动情况,对图 3.16a 和图 3.16c 的第一个转弯地方切取平面,作流动矢量图,如图 3.17 所示。

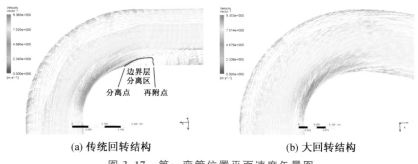

(a) 传统回转结构　　　　　　　　(b) 大回转结构

图 3.17　第一弯管位置平面速度矢量图

图 3.17 中矢量颜色采用了速度大小渲染,可见高流速区与图 3.16 所示一致,在弯管内侧结束位置出现低流速区域,速度矢量方向出现与流动方向相反的情况,Shiraishi 等[64]认为属于边界层分离区。Prasun 等[22]研究 10^5 量级雷诺数和曲率比对弯管内单相湍流的影响,认为该低速流区域的大小与曲率比 R/d 值相关,比值越小,该区域面积越大。他们设定了相同雷诺数

（$Re=1\times10^5$）下 5 个不同曲率比的 90°弯管（$R_c/d=1,2,3,4,5$）中的流体，得出了其从入口至出口速度的标准化平均速度曲线，如图 3.18 所示。在弯管出口处（$\alpha=90°$），可以观察到流体的反向流动，这是由于弯管出口处的不利压力梯度，其动量低于自由流附近的动量，从而导致近壁速度减小，边界层变厚。他们研究发现，具有低曲率比的弯管（$R_c/d=1$）中流体流速的加速度更高；在具有高曲率比（$R_c/d=5$）的弯管下方，内芯处流体流速加快以恢复完全发展形状的趋势很明显。因此认为，高曲率比的弯管中流体更具克服紊乱、复杂流动模式的能力。同时，研究表明，对于较高的雷诺数值，管道曲率效应减小。

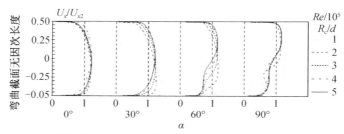

图 3.18　不同曲率比时整个弯管内不同位置流体的标准化速度曲线[22]

对图 3.16b 所示的半回转结构，同样作第一个 90°弯管的平面速度矢量图，得到与图 3.17a 类似的边界层分离区，这是由于 90°弯管后面连接了一定长度的直管段，而对大回转结构的第一弯管位置平面速度矢量图如图 3.17b 所示，则无分离区出现，因此该结构流动顺滑，一定程度上减少了二次流流动带来的损失。本研究在管道流雷诺数为 1.17×10^6 时得出的规律与 Prasun 等在雷诺数为 1×10^5 时研究得出的规律是基本一致的。

上述研究对三种消防炮座回转结构开展数值模拟，获得各弯管水力损失的大小，出口流态采用湍动能、速度分布曲线和迪恩涡进行对比，反映出内部流动性能的不同。对计算精度和计算结果的讨论如下：单相流数值模拟方法逐渐成熟，模拟准确度较高，是复杂试验的替代方案，计算结果和获得的规律可作为参考。本书采用了标准 $k-\varepsilon$ 湍流模型模拟，模型中的常系数适用于完全发展的湍流，但对于炮座绕转结构，流动特点是有旋转，受二次流影响，因此可与带旋流修正的 $k-\varepsilon$ 模型、雷诺应力模型（RSM）计算的结果进行对比。

由于采用了面积加权平均，出口湍动能的平均值与出口面的网格划分疏密有关，在 O 形网格划分时采用了一样的节点数布置，可减小对比误差。在开展网格量对计算结果无关性验证时，k 值变化量达到 28%，方向沿固壁指向圆心,边界层厚度极小,湍动能变化梯度大,在固壁边界附近统计的湍动能值误差较大。

对比三种结构的水力损失,半回转结构在各曲率半径下的水力损失都较大,是因为该结构接近出口段含有两个波浪形式连接的45°弯管,给流体顺直流动带来阻力。大回转结构设计中为了避免出口段与进口段相交,R/d较大,该结构特点是为了充分借用离心力的作用,流体以进口管轴线为基准,回旋后流出,这种方案的流动损失比传统回转结构的流动损失大,分析其原因,是因为该结构中沿程损失是主要的损失,管道的弯曲使管外侧壁面压力大于内侧,大回转结构中具有较高壁面压力的区域大于传统回转结构,而传统回转结构中以由二次流引起的局部损失为主要损失。

出口旋涡强度的大小反映出回转结构形式的优劣,在相同$R/d=1.4$的工况下,传统回转和大回转结构的出口处得到了相似的单一顺时针方向涡形态,但大回转结构旋涡强度较小,分析原因是大回转结构出口段35°的弯管前具有一段长直段,该直段具有一定的整流功能,去除出口段35°的弯管是否有助于减小流动损失,进一步降低旋涡强度有待分析。炮座的出口流动有旋说明内部导流片的安装很有必要,此外,水体的旋转也将会在炮管内的整流器中得到进一步消除。炮座弯管内侧的高速流动区域是由离心力引起的,大回转结构第一个90°弯管后连接连续的弯管,消除了边界层分离现象,该结构对流动有利。

此外,也有个别的大流量消防炮产品在炮座中采用了"导流片+整流器"的复合消旋整流方式,效果很不错,其结构如图3.19所示。鉴于炮座段整体的水力损失占比较小,同时,在后续炮管直管段中还会对主流进行专门消旋整流,因此,本节没有对此方式做进一步的深入比较研究。不过,今后如果对大流量消防炮的炮座结构紧凑性要求较高,在尺寸设计上,消防炮出口将不允许安装炮管直

图3.19　炮座主流道采用的"导流片+整流器"复合结构

管整流段,同时因为大流量消防炮内径较大,存在设置(焊接或铸造)"导流片+整流器"复合结构的可能性,也可以选择这种消旋整流模式。

3.3.2 大回转结构炮座内流场的二次流分析及内部流动

（1）大回转结构炮座内流场的二次流演变过程分析

二次流指产生了平行于边界的偏移，是叠加于主流之上的流动，其形成的条件是流场中有离心力场存在，或有剪切应力梯度存在[65]。二次流现象可在摇动泡有茶叶的茶水杯中观测到，也可在浴缸、洗手池中观测到。水体表面产生旋流，可在自然界中观测到，例如，龙卷风和弯曲河道，工业产品中弯曲的叶片流道、螺旋管等也存在二次流。在弯管中与主流轴线方向垂直截面中的流动为管内二次流，由于弯管内流体流动时受离心力影响，离心力方向指向管道外侧，因而微元流体沿管道轴线流动时，也将向弯曲管道外侧流动，引起外侧压力高于内侧压力，形成管内、外侧压力差以平衡离心力。管道轴心线附近流体速度较大，离心力大，而受管壁边界条件约束的影响，靠近内外侧管壁面附近流体速度小，离心力小，因此用于平衡离心力的流体压力将推动微元流体再流向管道轴线方向，从而形成附加流动，附加旋流与主流叠加，形成螺旋状的流动。二次流的能量来源于主流，也将因为流体黏性作用而耗散，因此在弯管内流体除了有摩擦损失、分离流动损失，还有二次流引起的损失。工业中也利用二次流现象增强换热、传质能力[66]。图 3.20 为径向欧拉方程示意图，用于解释压力径向梯度变化与离心力的关系，也可以解释图 3.16 中弯管内侧流速较高形成的原因。

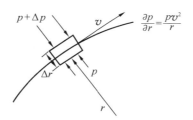

图 3.20　径向欧拉方程示意图

对大回转结构截取断面位置，如图 3.21 所示，从进口到出口之间的管路截取 13 个断面，断面 1 至断面 3 为 90°弯管，断面 4 至断面 7 为 180°弯管，断面 8 至断面 10 为 125°弯管，断面 12 至断面 13 为 35°弯管。

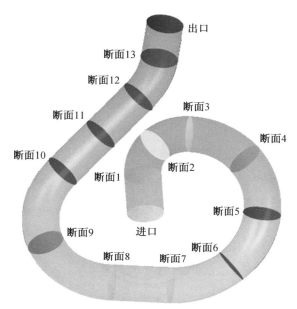

图 3.21　大回转结构分析断面位置图

在设计流量为 $600\ \mathrm{m^3/h}$，大回转结构炮座主体 R_c 为 $324\ \mathrm{mm}(R/d=1.8)$时，计算的雷诺数为 1.18×10^6，迪恩数为 6.22×10^5，各断面内的二次流动状况如图 3.22 所示。

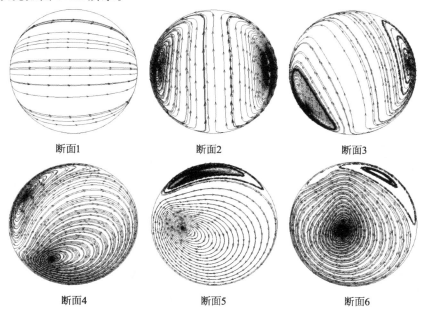

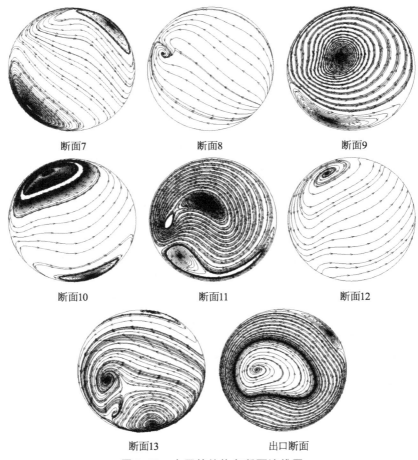

断面7　　　　　　　　断面8　　　　　　　　断面9

断面10　　　　　　　断面11　　　　　　　断面12

断面13　　　　　　　　　　出口断面

图 3.22　大回转结构各断面流线图

　　图 3.22 中观察视角是从出口沿管路向着入口方向,即与主流方向相反。流体从进口至断面 1,属于直管流动,断面内流线方向一致,无涡旋流线,流线流入的方向为 90°弯管的内壁侧;断面 2 位于 90°弯管中部,已出现方向相反的旋涡,为经典的迪恩涡,至断面 3 的 2 个反向涡核心位置发生偏移。断面 4,5,6 位于 180°弯管内且均匀间隔 45°的位置,此时 2 个涡发展为顺时针方向的基本涡和逆时针方向的小涡,这 3 个断面图的左边为 180°弯管内侧,右边为 180°弯管外侧,从图中看出逆时针小涡的涡核位置在管壁上部。断面 7 与断面 3 相对应是 180°弯管的起始与结束位置,这两断面对比,图中成对的迪恩涡核心位置大致相同,但流线显示涡的旋转方向已反转。断面 7,8 之间为直管段,在断面 8 内流线方向趋于一致,可看到从断面 7 形成的一对反向涡在经历

直管段后,有合并消失的趋势。断面 9 位于 125°弯管中部,和 180°弯管内部的断面 4,5,6 类似,断面流线形式为基本涡和小涡,但不同之处是基本涡为逆时针方向,小涡为顺时针方向且位于管壁下部。断面 10,11,12 位于直管段,断面 10 中的一对反向涡发展到断面 11 直管段中部时,逆时针涡分离为两个,其中小的逆时针涡与小顺时针涡合并后,在断面 12 直管段末端位置可以看出顺时针涡消失。断面 13 为经历了 35°弯管后的情况,流线为逆时针的两个大涡和管上部的顺时针小涡,在出口位置,2 个逆时针涡合并为基本涡,顺时针小涡仍然存在。

从上述断面 1 至出口的二次流流动分析看出,经过第一个弯管后(断面 2),形成接近对称的一对反向迪恩涡,在之后的连续多弯管流道中,涡一直处于发生发展的变化状态,以图 3.21 中进口立管为分界,炮座右边弯管内顺时针涡占主导,发展为基本涡,而炮座左侧的管路内,逆时针涡逐渐发展为基本涡,直至出口。这其中包括了在断面 10 至断面 12 直管段中,逆时针基本涡分离出一个逆时针小涡与顺时针小涡相互作用的现象,这实质上也解释了二次流流动损失的产生原理。

上述分析的是大回转结构炮座主体在 $R/d=1.8$ 的工况时内部流动的二次流演变情况。当 R/d 为 1.4 和 2.2 时,由式(3.28)计算迪恩数分别为 $7.05×10^5$ 和 $4.76×10^5$,由于主流的雷诺数是相同的,回转结构也都一样,仅仅是曲率系数不一样,因此,R/d 分别为 1.4,1.8 和 2.2 时内部二次流流动的演变状况是相似的,仅在出口涡的形态图不同,可对比图 3.14 和图 3.22 所示出口流线。在较高的雷诺数和迪恩数情况时,由于惯性力的作用大于离心力,占主导作用,因而初始形成的接近对称的迪恩涡在后续发展过程中极不稳定。

(2)大回转结构炮座内流场二次流带来的摩擦损失分析

二次流带来的摩擦损失与流动损失不同,摩擦损失主要源于流体与壁面的相互作用,壁面切应力云图如图 3.23 所示。

图 3.23　壁面切应力云图

从图 3.23 中看出,大回转结构壁面切应力大小范围为 4～250 Pa,切应力较大的区域主要集中在 90°弯管内侧和 35°弯管转弯处,而壁面切应力最小区域在 125°弯管之后的管路内侧。壁面切应力与速度梯度成比例,反映离开壁面一定距离时速度大小的变化,在 125°弯管外侧切应力大于内侧,可反映出水体绕转施加的离心力作用。不同 R/d 时以面积加权平均得到的壁面切应力大小:$R/d=1.4$ 时,$\bar{\tau}_{wall}=117$ Pa;$R/d=1.8$ 时,$\bar{\tau}_{wall}=110.9$ Pa;$R/d=2.2$ 时,$\bar{\tau}_{wall}=106.8$ Pa。随炮座弯管半径的增大,壁面切应力平均值是减小的,与水力损失减小规律一致。

（3）大回转结构炮座不同断面中心点流速分析

大回转结构在 R/d 分别为 1.4,1.8,2.2 的工况下,在图 3.21 所示的断面位置上,提取各断面中心点的流速数据,如图 3.24 所示。

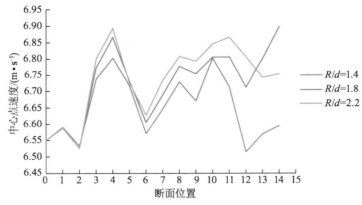

图 3.24　大回转结构各断面上中心点流速

图 3.24 中横坐标为断面位置编号,纵坐标为断面中心点的流速大小,数值计算采用的是速度入口边界条件,大回转各个断面上的平均速度近似等于入口设置速度 6.55 m/s。从图中看出断面中心点的流速都高出平均流速,但最大值仅高于平均值约 5.2%,这也可参考图 3.8 和图 3.9 中出口径向速度曲线,说明管道中心点区域流速相对于平均流速偏差较小,这也与相关文献[22]对 90°单弯管中主流速度规律研究时反映出的基本规律是一致的,如图 3.25 所示。

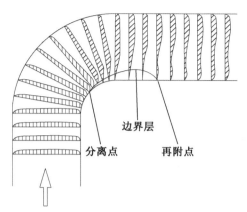

图 3.25　90°标准弯管(曲率比为 1)中主流速度的分布示意图(Prasun 等[22])

在图 3.24 中对比不同曲率比 R/d,在断面 1 至断面 6 时中心点的流速是相似的,随后的断面的中心点速度出现差异,且呈现出随着流经弯管数量越多中心点流速差异性越大的趋势。在断面 4 位置均出现峰值,该空间位置上流体已发生转弯向下流动,至 180°弯管结束位置的断面 6,中心点流速出现小的波谷值。总体上,较大的 R/d 时,断面中心点流速较高。断面的中心点位于管路轴线上,图 3.25 反映了管轴线上速度的变化趋势。

通过图 3.24、图 3.25 及上述分析研究表明:在经济管径条件下,对于同一种回转结构的消防炮炮座,曲率系数(曲率比)越大,中心点的速度越大;流经的连续弯管越多,不同曲率系数下中心点区域的主流速度差异越大;中心点区域流速基本都高于平均流速;在炮座全流段上,与其他区域相比,中心点区域流速相对于平均流速的偏差最小。

3.4　炮座内导流片对流场参数的影响

炮座内安放导流片,目的在于减小弯管流动带来的水体旋转,导流片形式、安放位置是重点研究内容。据学振[67]认为炮座导流片影响到消防水炮工作的稳定性,弯管内流体的流动状态改变使管道形成较大振动,在对 90°弯管的流道优化时,采用黄金分割方法布置了两层导流片,将 90°弯管设计为三个流道并对比分析了流场速度和压力分布。袁丹青[24]数值计算了五种不同曲率半径的 180°U 形流道,讨论导流片布置的位置和数量,结果表明导流片靠近弯管内侧一定距离的效果较好,与布置两个导流片对比,炮座设计时建议采用单导流片。上述研究的主体结构相对简单,并未考虑炮座空间的绕转,仅为平面内90°弯管或U形弯管,在分析导流片效果时未考虑管内二次流的改变情况。

对于设计流量为 600 m³/h、炮座管内径 180 mm,大回转结构 $R/d=2.2$ 的情况,设计了两种导流片设置方案进行比较研究。方案一是在 35°,125°和 180°弯管内中心线上依次增加布置导流片,对比回转体内安装的导流片长度因素对流场的影响。方案二是在偏移中心线一定距离的位置设置导流片,寻找合适的安放位置。所采用的评价指标包括出口湍流、出口旋涡强度、出口最大速度,以及流动损失等。两种方案的导流片厚度设为固定值,均为 4 mm。在弯管中心线上导流片布置如图 3.26 所示,偏移中心位置导流片布置如图 3.27 所示,图中 Δx 为偏移中心线的距离。

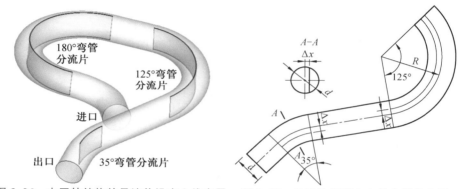

图 3.26　大回转结构的导流片沿中心线布置　图 3.27　导流片偏移中心线布置示意图

3.4.1　导流片长度影响

按方案一开展数值计算,出口湍动能 k、绝对出口旋涡强度 J 和炮座进出口总压差 Δp 的计算结果如表 3.9 所示。

表 3.9　大回转结构内导流片长度对流动的影响

导流片安装情况	$k/(\mathrm{m^2 \cdot s^{-2}})$	$J/(\mathrm{m^2 \cdot s^{-1}})$	$\Delta p/\mathrm{kPa}$
无导流片	0.411	0.692 0	12.11
仅 35°弯管导流片	0.282	0.982 8	12.99
35°和 125°弯管导流片	0.269	1.132 7	14.12
35°,125°,180°弯管导流片	0.308	0.978 4	17.21

由表 3.9 中数据看出,炮座在增加导流片后,出口湍动能 k 值明显减小,在 35°和 125°弯管安装导流片后计算得到最低的平均湍动能值,而当三个弯管处安装导流片后出口平均湍动能有增大的趋势。对出口横向流线中开展旋涡强度 J 的计算,可看出安装导流片后涡的强度减小,绝对旋涡强度并没有减小,反而增大了,说明在炮座主流道内,安装导流片对改善出口断面的绝对旋涡强度没有帮助,效果可能会相反。从总压差 Δp 反映的流动损失可以看出,不安装导流片时流动损失最小,随导流片长度的增加,流体与固壁的作用面积增大,流动损失增大。从上述数据看出,兼顾流动损失和出口湍动能的情况下,仅在 35°和 125°弯管内安装导流片是合适的。上述研究表明:炮座安装导流片之后,出口湍动能会减小,但是流动损失会增加,同时,出口旋涡强度也会明显增加,但总体都变化不大,属于弱影响因子。

上述计算结果并未考虑导流片厚度的影响,在已知的水炮设计流量下,导流片厚度越小,则占用流道过流面积越小,导流片厚度影响着流道内的平均流速,在导流片结构强度达到要求的情况下(不会焊接变形、不会被水流或管道杂物冲击变形),厚度越小越好。

为对比安装导流片的效果,将出口平面内流线进行对比,如图 3.28 所示。

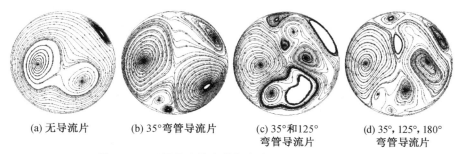

(a) 无导流片　　(b) 35°弯管导流片　　(c) 35°和125°　　(d) 35°, 125°, 180°
　　　　　　　　　　　　　　　　　　弯管导流片　　　弯管导流片

图 3.28　不同导流片安装长度出口平面内流线对比

图 3.28 为大回转结构炮体在 $R/d=2.2$ 时的计算结果,导流片依次增加,在各弯管内安装,图中视角采用从出口向内观察,35°弯管导流片末端在出口圆截面上的投影在垂直中线上,参考图 3.26 所示。对应于图 3.28a 无导流片的出口流线情况如图 3.14c 所示。由于流进、流出的视角不同,图 3.28a 中的 2 个大涡的旋转方向与图 3.14c 对比方向相反。加装导流片后,图 3.28b、c、d 以垂直中线分界可发现在左侧都存在逆时针大涡。该大涡区域往 35°弯管内方向延伸,对应 35°弯管外侧区域,说明管道内导流片对靠近转弯外侧流体的影响小于转弯内侧,图 3.28 圆形出口右侧形成了较多的小涡也说明了这

种现象。随着导流片长度的加长,右侧小涡的数量增多,可以解释为导流片与弯管转弯内侧的曲面变化较大,对流体流动的影响大,图 3.16c 已显示此处弯管内侧为高流速分布区域。在图 3.28a 无导流片时右上角区域存在顺时针小涡,在各加长导流片情况的数值模拟结果中,该位置仍然存在顺时针小涡,说明该小涡是由炮座绕转自身结构带来的,导流片的安装对其影响小。各出口的计算结果显示,总体上出口逆时针涡占主导。

3.4.2　导流片偏移位置影响

导流片位置尺寸的改变引起流场参数的变化需要较高的计算精度来捕捉,流场计算中仍采用标准 k-ε 湍流模型,结合网格密度相关性验证,速度、压力、湍动能等各变量的迭代收敛残差为 10^{-4} 量级,获得的各模型之间的计算结果相对误差较小,因此可以对比出导流片位置改变带来的流场参数变化,而流动的实际误差在内部流场 PIV 试验中进行验证对比。

在导流片长度、厚度参数固定的情况下,研究导流片安装位置的影响需要考虑炮座管内径 d、弯曲半径 R、弯曲角度 θ、设计流量及入口来流状态等因素,在不同的 R/d 和不同雷诺数 Re 下,最优的导流片位置有所不同。对于流场对比参数,文献中一般采用出口湍动能的减小情况作为导流效果的判断依据,该方法不够全面,本节提出出口的流动均匀性判断的方法,并采用壁面摩擦系数来判别导流片的合适位置。

为对比分析位置改变带来的流动参数变化,而非获得最优偏移位置,仅对弯管的半径 R/d=2.2,弯曲角度为 125°时结合弯曲角度为 35°的情况展开分析,导流片移动位置参考图 3.27 所示,图中 d=180 mm,偏移距离 Δx=0时导流片安装在管中心线上,Δx 按 10 mm 间隔平行移动至 ±30 mm,选取弯管内侧方向为移动方向正向,弯管外侧为负值方向,图 3.27 中含有反向的两个弯管各自选定内外方向,即两个导流片同时向各自的内、外侧偏移。数值计算各模型获得出口处的结果如表 3.10 所示。

表 3.10　导流片不同偏移位置对出口流场的影响

Δx/mm	k_{min}/ $(m^2 \cdot s^{-2})$	k_{max}/ $(m^2 \cdot s^{-2})$	v_{max}/ $(m \cdot s^{-1})$	Δp/kPa	J/$(m^2 \cdot s^{-1})$
−30	0.014 1	0.405 2	8.160	14.170	1.090 5
−20	0.010 7	0.378 9	8.115	13.856	1.151 2
−10	0.013 5	0.404 3	8.185	14.405	1.004 0
0	0.013 2	0.408 1	8.252	14.120	0.982 8
10	0.015 3	0.404 5	8.149	14.269	1.021 4

续表

$\Delta x/\text{mm}$	$k_{\min}/$ $(\text{m}^2 \cdot \text{s}^{-2})$	$k_{\max}/$ $(\text{m}^2 \cdot \text{s}^{-2})$	$v_{\max}/$ $(\text{m} \cdot \text{s}^{-1})$	$\Delta p/\text{kPa}$	$J/(\text{m}^2 \cdot \text{s}^{-1})$
20	0.016 2	0.420 5	8.300	14.158	0.866 5
30	0.014 4	0.441 3	8.320	14.105	0.865 3

注:导流片向中心线内侧偏移为正。

表 3.10 中数据给出了导流片的移动范围为 $-30 \sim 30$ mm 时,流场参数包括出口湍动能最小值 $k_{\min}$ 和最大值 $k_{\max}$、总水力损失 Δp、出口最大流速 $v_{\max}$、绝对出口旋涡强度 J 的值。根据表中的 $k_{\max}$,Δp,$v_{\max}$ 数据看出,导流片移动位置在 -20 mm 处具有最小值,表明向弯管外侧偏移的位置具有特殊性。分析 Δp 总水力损失数值的大小,各模型计算结果相差较小,说明导流片在设计的移动范围内引起的局部流动损失差别不大。出口最大流速 $v_{\max}$ 反映了均匀性,最大值越小说明出口流速与理论平均值(6.55 m/s)的偏差越小。同样,出口湍动能的最大值 $k_{\max}$ 越小不仅反映了湍动能的均匀性,也反映了导流片降低湍动能的程度。从表 3.10 还可看出,最大湍动能和最大出口流速在 -20 mm 外侧向30 mm 内侧移动过程中,其值都呈增大的趋势。出口旋涡强度值总体上呈现出导流片向弯管内侧偏移效果要优于向外侧偏移的规律。同时说明,导流片安装在中心线位置对消除旋涡强度而言并不是最优位置,在图 3.28c 中已显示35°弯管外侧对应至出口区域存在一个大涡,35°弯管内侧区域流至出口处存在较多旋转相反的小涡,导流片偏移至外侧可影响出口大涡的区域,有效降低旋涡强度。上述研究表明:导流片安装位置向内侧高速区偏移,对于提高炮座出口流动的均匀性、稳定性要优于在中心线位置,更优于向外侧偏移。

为进一步对比导流片对出口速度均匀性的影响,选取 ± 20 mm 偏移位置和中心安放位置的出口状态,截取出口速度大于 7.5 m/s 的速度分布如图 3.29 所示。

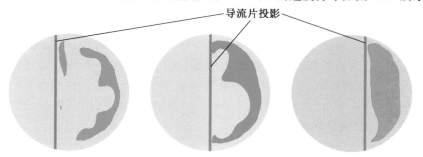

导流片投影

(a) 导流片向弯管外侧偏移20 mm   (b) 导流片居中   (c) 导流片向弯管内侧偏移20 mm

图 3.29 在出口位置流速大于 7.5 m/s 的速度分布

图 3.29 中竖线为导流片在出口处的投影。红色区域为出口流速大于 7.5 m/s 的范围,导流片将转弯流道分为 2 个流道,图中可见高流速范围集中在弯管转弯内侧。当导流片向转弯外侧移动后,增加了转弯内侧的流道面积,此时代表高流速的红色区域的面积是减小的,具体数据如图 3.30 所示。高流速区域集中在弯管内侧表明,如将导流片继续向内侧移动,将增大最大流速 v_{max},如表 3.10 所示规律,因此将造成出口处流速分布不均匀。为对比各速度量级占出口圆截面面积的大小,将导流片偏移±20 mm 的情况做对比,如图 3.30 所示。

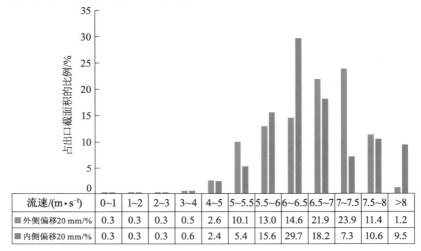

流速/(m·s⁻¹)	0~1	1~2	2~3	3~4	4~5	5~5.5	5.5~6	6~6.5	6.5~7	7~7.5	7.5~8	>8
外侧偏移20 mm/%	0.3	0.3	0.3	0.5	2.6	10.1	13.0	14.6	21.9	23.9	11.4	1.2
内侧偏移20 mm/%	0.3	0.3	0.3	0.6	2.4	5.4	15.6	29.7	18.2	7.3	10.6	9.5

图 3.30　不同速度量级占出口面积的比例

图 3.30 中横坐标为出口流速的分级范围,出口流速小于 5 m/s 所占出口面积的比例很小,受固壁边界的影响小,速度分布在管壁附近。图中最明显的对比是出口流速大于 8 m/s 占出口面积的比例,当导流片向弯管内侧偏移 20 mm 时达到 9.5%,导流片向弯管外侧偏移 20 mm 时仅为 1.2%,这与图 3.29 所示的现象吻合。图 3.30 中两个导流片位置对比,导流片位于弯管外侧,增大了出口流速在5~5.5 m/s 和 6.5~8 m/s 所占出口面积的比例,其中以 7~7.5 m/s 面积比例增大得最为明显,说明导流片位置的不同对出口流速的分布有显著影响。导流片向弯管内侧偏移 20 mm 时,在出口面积中占比最大的为 6~6.5 m/s 的流速范围,而向弯管外侧偏移后,面积占比最大的为 7~7.5 m/s 的流速范围。

为了对比导流片位置变化对壁面切应力的影响,在图 3.27 所示的 35°弯管位置获取内侧、外侧管壁的切应力参数,其中管壁圆弧顺时针方向起始点为图 3.31 所示横坐标原点。

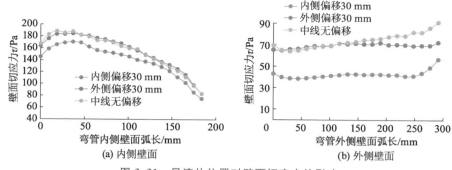

图 3.31　导流片位置对壁面切应力的影响

图 3.31 显示弯管内侧切应力约为弯管外侧的 2 倍,这与图 3.23 整体显示的壁面切应力分布现象一致。当导流片安装于弯管中心线和弯管外侧 30 mm 的位置时,弯管内、外壁面上的切应力数值大小相近似;而当导流片安装在内侧 30 mm 的位置时,弯管内、外壁面切应力都减小,但并不能说明流动损失减小了,在表 3.10 中已显示了导流片向内、外侧偏移后炮座的总损失 Δp 改变量很小,其原因是,壁面切应力和速度梯度的乘积正比于流动阻力,弯管内侧流速高,相对于壁面速度梯度大。导流片向弯管内侧偏移后,能直接减小内外侧壁面的切应力,从而带来摩擦损失的减小。当然,由于炮座段总体流动损失在该消防炮中占比很小,因而这也属于弱影响因子。当然,这都是在经济管径的前提下研究比较的结果,如果超出经济管径,可能其影响会按前面分析的损失改变比例变化。

以上研究分析表明:导流片安装位置推荐向弯管内侧方向适当偏移,会使出口断面旋涡强度减小,同时也会使管道壁面切应力和摩擦损失减小。对于消防炮座内安放导流片的研究仍需要结合其他因素一起考虑,例如,不同管径、不同弯管曲率、不同绕转结构形式等。国内外产品中导流片的布局形式多样,包括全流道一分为二式和导流片分开且十字交错式等。本书仅针对大回转结构研究导流片的偏移方向。今后可深入研究的方向有:以水炮主体出口的流动均匀性为主要考核指标,湍动能及流动损失为次要指标,结合多目标优化理论进行导流片布局研究。

3.5　炮座的 PIV 试验及与数值模拟对比

利用 PIV 试验台对炮座部分流动进行试验分析,目的是验证上述数值计算的准确性。

试验台按大回转结构水炮的缩小比例搭建,模型消防炮炮座的通径为66 mm,弯管的曲率比仍按等比例值设计,保证了尺寸相似,弯管选用工程塑料材质。调试使水炮在流量为 14.3 m³/h 的稳定运行状态下开展试验。因为整体炮座绕转结构全局流动区域较大,选取大回转结构中 180°弯管与 125°弯管之间的连接直段,选用透明有机玻璃材料加工,在这一段区间进行验证。

图 3.32 所示为 PIV 测量流场示踪粒子云图分布。

图 3.32　流场示踪粒子云图分布

试验中,激光器产生的光束以片光源的形式入射到待测区域,CCD 相机与光源垂直拍摄,利用示踪粒子对光的散射作用,得到相邻两次脉冲激光曝光时待测流场区域的粒子图像。为了尽可能得到流速分布的细节情况,需要流场中的示踪粒子的粒径足够小,数量足够多,使得 CCD 相机拍摄到的图像包含有充足的流场信息。但这同时也就导致很难从两幅图像中辨别出同一示踪粒子,无法得到所需的位移矢量。为了解决这一问题,需要利用互相关分析理论。

互相关分析是 PIV 图像处理软件对拍摄到的粒子图像进行处理,从而得到流场速度场的一种常用方法,这种方法主要是用来对单帧/多曝光 PIV 图像进行处理。一张粒子图像中包含有很多示踪粒子,每相邻的两张粒子图像表现为两束激光脉冲时间间隔 Δt 内的位置变化情况。根据示踪粒子数量和所测流场大小,将图像分割成若干查问区,一般查问区大小设定为 16 像素×16 像素或 32 像素×32 像素,具体要根据每个查问区中包含的粒子数量及相邻一个激光脉冲间隔时间 Δt 内粒子在该查问区移动的距离设定。结合试验的具体情况,本研究选用 32 像素×32 像素。同时为了保证待测区域有足够大的空间分辨率,相邻的查问区需要有合适的重叠率,一般使用 50% 的重叠。

从相邻的两张粒子图像中提取相对应的查问区,其灰度值分布函数分别为 $f(x,y)$ 和 $g(x,y)$,其互相关函数为

$$R(\Delta x,\Delta y)=\iint f(x,y)g(x+\Delta x,y+\Delta y)\mathrm{d}x\mathrm{d}y \qquad (3.40)$$

式中:Δx——粒子在水平方向上的位移;

Δy——粒子在垂直方向上的位移。

互相关计算时相似的像素会出现一个峰值信号,即可识别出查问区内粒子的平均位移。而激光脉冲间隔时间 Δt 是通过计算得到的已知参量,故该区域流体的水平方向速度为 $\overline{V}(x_0,y_0)=\Delta\overline{r}/\Delta t$,其中 $\Delta\overline{r}=(\Delta x,\Delta y)$。这个速度是激光脉冲间隔时间 Δt 内的平均速度,也是查问区内的空间平均速度,当查问区足够小时就可以认为查问区的速度就是示踪粒子的速度。将所有查问区的速度信息组合起来就可以把示踪粒子的图像信息转化成速度场信息。

试验获得直段位置截面的速度分布图和以标准 $k\text{-}\varepsilon$ 湍流模型模拟的速度云图如图 3.33 所示。

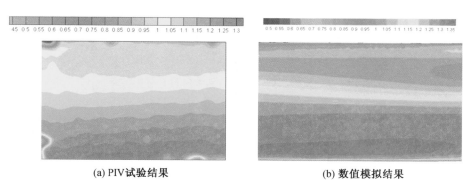

(a) PIV试验结果   (b) 数值模拟结果

图 3.33 直段位置截面速度分布云图试验值与模拟值对比

在图 3.33 所示的流动区域中,流体流动方向为从右到左,数值模拟的速度分布与试验测量结果趋势一致,亦即管截面上方速度明显低于下方的速度值,此处为 180°弯管结束位置。根据上述炮座内部流动分析的结果,弯管内侧的流速大于外侧,180°弯管内侧高流速流体经过该直管段时,管底部与高速区对应,管上部与外侧绕流流体对应,因此呈现该速度分布形式。为对比具体速度值的大小,提取管轴心线速度对比,如图 3.34 所示。

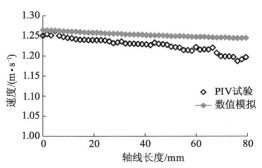

图 3.34　直管段轴心线速度试验值与模拟值对比

　　从图 3.34 中可以看出,在中心线附近位置试验值与模拟值一致,管中心线上流速略有增大趋势,在右侧观测区域入流位置误差较大,约为 5%,表明数值模拟与 PIV 试验符合得较好。距中轴线分别为 15 mm,40 mm,70 mm 的位置,截取径向线上的速度分布进行对比,如图 3.35 所示。

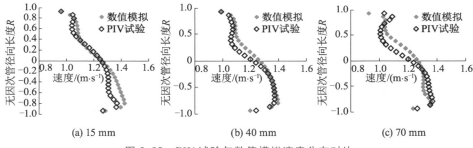

(a) 15 mm　　　　　(b) 40 mm　　　　　(c) 70 mm

图 3.35　PIV 试验与数值模拟速度分布对比

　　由图 3.35 可知,径向速度分布试验值与模拟值符合得较好,同样可见上半管道流速分布低于下半管道,速度在管壁附近的位置误差较大,这由三方面因素引起:一是受壁面影响流体速度变化量较大,存在较多紊动流动误差;二是所采用透明观测材料壁面附近反光光线影响测量值;三是所采用的标准湍流模型计算也会存在一定误差。为深入研究,可探讨适合于连续弯管内二次流、具有逆压梯度、高雷诺数的湍流模型,例如,带旋流修正的 k-ε 模型、雷诺应力模型(Reynolds Stress Models)、SST(Shear Stress Transport) k-ω 模型等进行验证。

　　上述分析表明:本研究采用的数值模拟方法及湍流模型在管内部流速符合得较好,小模型的流场观测证明实际水炮的模拟计算具有较好的精度。

　　本章重点对炮座结构及内部流动进行了研究分析,采用数值模拟的方法比较研究了三种主体绕转结构,重点对炮座的经济管径(经济流速极限值)进行了讨论。同时,对不同回转结构下的炮座内部流动进行了系统分析,包括:炮座段弯管曲率系数对水力损失的影响、炮座段整体水力损失影响、出口湍动能、出口断面涡流、出口断面主流流速分布的均匀度、内部流场的二次流演变过程、二次流带来的摩擦损失、导流片的长度影响、导流片的设置位置影响等。最后,通过模型消防炮试验台开展了 PIV 试验,验证了炮座直段位置的流动情况。研究得出以下结论:

　　① 得出的平均流速(管径)与流动损失的幂函数关系式可直接应用于消防炮炮座最优管径和平均流速的选择。研究表明:设计消防炮炮座时,可将内部流速设定为 7 m/s 左右,作为炮座主通径设计时的经济流速上限值,进而结合设定的流量参数,计算出消防炮炮座的经济管径。结合我国标准管材通径的优选系列数,进行适当调整和取整,在保证科学合理性的同时,兼顾整体的经济性和附配件(如管材、法兰、O 形圈、弯头、收缩管等)的通用性,在条件许可的前提下,通径取整、靠标的原则一般以就近或向大取整为宜。研究同时给出了国内外常用的各种消防炮流量系列下的经济管径推荐值(见表 3.3)。

　　② 消防炮的主通径是消防炮性能的强影响因子。选择合适的管径对于有效控制炮座带来的阻力损失至关重要,管径的改变会给水力损失带来显著变化。其中,沿程阻力损失与管径变化比值的五次方成反比,局部阻力损失与管径变化比值的四次方成反比。

　　③ 在经济管径下,不同回转结构的炮座水力损失基本相同;同一回转结构在不同曲率系数 R/d 时的总损失也基本相同;三种回转结构都呈现出随着弯管曲率 R/d 的增大,出口湍动能、流动损失及单位长度的水力损失减小的现象;炮座流动损失占整个水炮流道总损失的比例较小(经济管径下仅 $12\sim15$ kPa),R/d 的选择变化属于弱影响因子。实际产品设计选型时,可以根据具体的应用需求自由选择,即:车载消防炮可以选用 R/d 值小的紧凑型;工程及船用的固定消防炮可以选用 R/d 值大的宽松型;移动消防炮可以根据流量不同选择,手提便携式小流量移动炮选用紧凑型,大流量拖车炮选用宽松型。

　　④ 对整个消防炮射程的影响因子而言,在已经选取了合理经济管径的前提下,炮座段的水力损失属于弱影响因子。

⑤ 对三种回转结构炮座而言,大回转结构在出口端动能强度及分布均匀性方面优于传统回转和半回转结构。

⑥ 三种回转结构炮座的出口端旋转强度都较大。其中,传统回转结构炮座的出口断面的旋涡强度(绝对涡通量)最大,半回转与大回转结构炮座大致相同(半回转略优于大回转),大约只是传统回转结构的40%。换句话说,在研究设定的同等条件下,传统回转结构出口断面绝对涡通量是半回转和大回转结构的2.5倍。在总涡通量重心的偏心惯量方面,半回转与大回转结构也基本相同(半回转略优于大回转),传统回转结构炮座的涡通量重心偏心惯量是大回转和半回转结构的2.6倍。

⑦ 对于连续多弯管的消防炮座,由于回转结构的绕转,带来弯管内侧的绕转,进而带来流场高速区在流道内的绕转迁徙,从而造成炮座内不同部位的断面二次流方向不断发生变化和旋转,出口断面流场存在不均匀、不对称的横向环流,主流速度分布出现显著不均匀性。而且,这种横向环流的不均匀性、不对称度,以及主流速度的不均匀度,会随着炮座回转结构的绕转情况、弯管曲率系数的不同等,出现不同的结果。

⑧ 对于传统回转结构、半回转结构、大回转结构三种炮座,其出口断面主流速度不均匀度的4项表征参数(主流速度重心偏心惯量、主流速度平均偏差率、主流速度偏差率重心偏心惯量、主流速度绝对偏差量等)一致反映出,大回转结构炮座最优,半回转结构炮座次之,传统回转结构炮座最差。其中,三种结构炮座的主流速度重心偏心惯量比值:传统回转结构:半回转结构:大回转结构=3:1.7:1;主流速度平均偏差率比值:传统回转结构:半回转结构:大回转结构=1.7:1.1:1;主流速度偏差率重心偏心惯量比值:传统回转结构:半回转结构:大回转结构=1.3:2:1;主流速度绝对偏差量比值:传统回转结构:半回转结构:大回转结构=1.7:1.1:1。

⑨ 随炮座弯管半径的增大,壁面切应力平均值是减小的,与水力损失减小规律一致。

⑩ 在经济管径条件下,对于同一种回转结构的消防炮座,中心点区域流速基本都高于平均流速;曲率系数(曲率比)越大,中心点的速度越大;流经的连续弯管越多,不同曲率系数下中心点区域的主流速度差异越大;在炮座全流段上,与其他区域相比,中心点区域流速相对于平均流速的偏差最小。

⑪ 炮座安装导流片之后，出口湍动能会减小，但是流动损失会稍有增大，同时，出口旋涡强度会明显增加，但总体变化量都不大，属于弱影响因子。

⑫ 炮座内导流片的安装位置向弯管内侧高速区偏移，对于提高炮座出口流动的均匀性、稳定性要优于在中心线位置，更优于向弯管外侧偏移。

⑬ 本研究采用的数值模拟方法和湍流模型很适用于管内部流速的数值计算。通过对模型水炮的流场观测证明实际水炮的数值模拟计算具有较好的精度，管轴线上的流速误差在5％以内。

④

消防炮炮管段整流性能

在消防炮炮管部分，一般会设置整流器，对炮座出口存在湍动能、涡流和速度不均匀度的来流进行整流。整流器的科学设计与合理设置，可对流体实现较好的消旋、整流，有效增大水炮射程。但当整流器设计及安装不恰当时，与无整流器情况相比，反而可能会导致流动阻力增加、消旋效果差、射程减小等不利情况。整流器对主流湍动能的影响、旋涡强度的改变、主流速度不均匀性的降低、水力损失的改变、流动特征的影响等，是本章重点研究的问题。本章首先开展几种形式的整流器效果分析，以及影响整流器性能的各个因素分析，然后对整流器开展正交试验分析。此外，鉴于消防泵出口一般存在自身结构带来的压力脉动，本章在给定水炮入口压力脉动的情况下，通过数值模拟研究分析整流器对压力脉动的影响。

4.1 炮管整流器设计

大流量消防炮具有上下俯仰、左右转动的功能，因此在水炮结构中一般有两个回转机构。水从炮体进口流入，经历多次转弯流动后，再从喷嘴加速喷出，因此内部水流随着管路的绕转产生了剧烈旋转，内部流动状态对水炮的射程影响较大，在炮管内安装整流器降低水流涡旋、减少主流速度的不均匀分布就成为必要。本章主要以数值模拟的方法研究内部流动，设计了多种整流器形式，并安装在炮管直管段的不同位置，展开对比研究，从内部流动参数的对比中选出合适的整流器形式，以满足设计流量为 600 m^3/h 的消防水炮的要求。

消防炮的炮管一般由进口收缩段和直管段两部分组成。对于中、大流量消防炮，因其炮座主通径一般较大，炮管直管段部位一般会先进行一次收缩，以免造成后续连接的喷嘴进口部位管径急剧收缩，收缩角过大，流速系数会减小。因此,对于中、大流量消防炮,炮管进口部位会设置一个过渡的收缩管(段),联接炮座和炮管直管段。对于小流量的消防炮,因其炮座主通径不太大,故对喷嘴收缩管角度及喷嘴流量系数的影响不太大,有时其炮管就不再设置收缩段,全部采用与炮座等通径的直管段设计。整流器一般安装在炮管直管段的进口段或中间段。

根据第 2 章的设计,炮管直管段通径为 130 mm,炮管收缩段的进口通径与炮座一致,为 180 mm,出口通径为 130 mm。第 3 章水炮炮座对比分析中选择大回转结构形式,因此本章在分析整流器时,在给出初步的喷嘴尺寸的基础上分析整流器的影响,而关于水炮喷嘴的具体分析,则在第 5 章详细叙述。图 4.1 所示为设计的大回转结构水炮整体,其中断面 A,B 之间为水炮炮管,整流器安装在其内部。

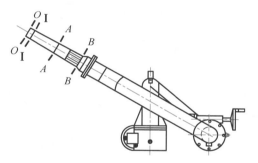

图 4.1　大回转结构水炮整体示意图

总体上整流器的设计需要考虑占过流断面面积、整流器长度、整流器表面积、分割流道区间数量和整流器安放位置等因素。为对比各结构形式的整流器对流动的影响,所设计的整流器断面面积应大致相等,如图 4.2 所示,六种整流器断面形式分别以网格形、内翼形、弹尾形、同心圆形、十字形、星形命名。

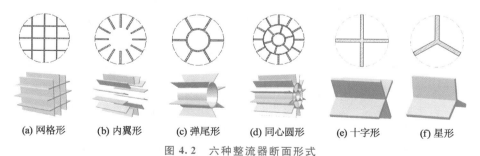

(a) 网格形　　(b) 内翼形　　(c) 弹尾形　　(d) 同心圆形　　(e) 十字形　　(f) 星形

图 4.2　六种整流器断面形式

图中网格形整流器由筋板横竖均匀分布,分割圆形流道为正方形及在边界上分割为近似三角形,总计 16 个区域,其中所有筋板厚度设计为 3 mm,所计算的截面积占流道总面积的比例为 15.45%,以该参数为基准,其他几种整流器设计时适当调整厚度尺寸,保证占流道面积接近一致。图中内翼形整流器由 12 片厚度为 5 mm 的筋板均匀分布在圆管内,中心区域未分割,计算时按 12 个分隔区域统计;弹尾形整流器由中心圆管与筋板组成,中心圆管段长度小于筋板长度,筋板具有倒角过渡段,将过流断面分割为 7 个区域,由于分割区域少,因此筋板的厚度设计为 6 mm;同心圆形整流器由大小两圆管同轴布置,采用筋板分割圆管之间的区间,整体上将流道分割为 19 个区域,外圆 12 片筋板与内圆 6 片筋板交错布置,筋板厚度为 3 mm;十字形筋板厚度为 8.14 mm;星形筋板厚度为 10.68 mm,均按照同样的方式进行设计。需要额外说明的是,为拓宽研究范围,弹尾形整流器的进口部位做了内凹的燕尾形倒角。

整流器长度尺寸和安放位置需要单独分析,为了对比图 4.2 中不同结构对流场的影响,本节按水炮炮管 1 倍直径 $d=130$ mm 的长度设计。上述六种整流器的尺寸数据如表 4.1 所示。

表 4.1　六种整流器尺寸对比

整流器形式	网格形	内翼形	弹尾形	同心圆形	十字形	星形
截面占炮管截面积/%	15.45	15.44	15.47	15.52	15.45	15.45
表面积与炮管截面积比	12.81	8.62	5.63	14.36	3.82	4.79
湿润周长与炮管直径比	10.37	6.77	5.64	11.26	3.74	2.85
分割流道数量/个	16	12	7	19	4	3

从表 4.1 中可看出,因为整流器长度值设定为一固定值,截面占炮管截面积又近似一致,说明设计的四种整流器的体积近似相等。表中整流器湿润周长越长表明整流器表面积越大,与第二行数据大小一致。在做整流器对水炮流场的影响分析时,为了对比出整流器表面积的影响程度,把网格形整流器的尺寸固定不变,以第二行表面积与炮管截面积比的数据为倍数因子,换算其他形式的整流器的长度,使上述类型整流器具有相同表面积,因此数值模拟的对比验证方案除了表 4.1 中六种截面占比近似相等的情况外,还包括整流器长度,网格形为 $1d$、内翼形为 $1.48d$、弹尾形为 $2.27d$、同心圆形为 $0.89d$、十字形为 $2.67d$、星形为 $3.35d$ 的六种方案(见表 4.6),加上无整流器情况的对比,总计为 13 种情况的模拟,其中消防水炮工作时具有各个俯仰射流角度,射流仰角主要按常见的 30° 做计算。

上述整流器的设计中并未考虑国标中管材、型材的尺寸规定,仅探讨合适结构形式及对水炮流场的影响。

4.2 整流器整流性能分析和对比

4.2.1 炮管整流性能研究的数学模型、边界条件及比较方案

对于三维模型利用 ICEM 软件划分水炮流道的网格,全局采用了混合网格形式,对于第 3 章中已分析的水炮炮座采用结构网格,设定水炮炮座中未加入导流片,目的是凸显整流器对流场的影响和改变效果,将不利的流态进行整流,可反映出不同整流器结构带来的流动差异。对于出口处的喷嘴同样采用了结构网格。由于整流器布置的地方流道复杂,采用了非结构网格,且采用加密处理,管壁壁面同样采用表 3.2 中已对比出的第一层网格选择高度,总体网格节点数约为 160 万,生成的网格质量系数超过 0.3,为减小数值模拟结果的对比误差,各模型的结构网格设置相同,非结构网格数量大致相同。采用商业软件 Fluent 开展数值模拟,求解连续方程、动量方程和紊流方程,其中紊流模型仍选择标准 k-ε 模型,壁面采用无滑移假设、标准壁面函数处理,壁面粗糙度设置选用高度为 4.6×10^{-5} m。进口边界条件采用速度进口(通过水炮设计流量换算获得的进口平均流速)。出口边界条件采用压力出口,设置为环境大气压力。压力场和速度场的耦合求解方法采用 SIMPLE 算法,迭代松弛因子采用软件默认值。参数的残差达到设定值 10^{-4} 后流场计算收敛。

在上述数值模拟方案条件下,通过以下几种方案,对整流器在不同形式、体积、长度、过流表面积、安放位置、倒角、喷射仰角等条件时,对流场的影响和整流的效果进行研究和对比:

方案 1:在整流器体积相同的条件下(截面积近似相等;长度相等,均为 1 倍管径长),整流器安装在炮管直管段的进口端时,对比研究不同整流器对流场的影响和整流的效果。

方案 2:整流器过流表面积相同(以方案 1 中的网格形整流器为参照基准),截面积也相同,整流器安装在炮管直管段的中段时,对比研究不同整流器对流场的影响和整流的效果。

方案 3:整流器形式与长度同方案 1,筋板采用等壁厚,整流器安装在炮管直管段的进口端时,对比研究不同整流器对流场的影响和整流的效果。

方案 4:同一种整流器在不同长度时的整流性能研究,以确定整流器的经济长度值。

方案 5:对比研究同一种整流器安放在炮管不同部位时,对流场的影响和整流的效果,以确定整流器的最优安放位置。

方案 6:对比研究同一种整流器在不同喷射仰角时,对流场的影响和整流的效果。

方案 7:对比研究对同一种整流器进行进出口不同的倒角处理时,对流场的影响和整流的效果。

方案 8:对比研究将整流器拆分成短段后分开安放时,对流场的影响和整流的效果。

所对比的流动参数主要包括:进出口断面的总压差 Δp、出口断面湍动能 k、出口断面旋涡强度(绝对涡通量)J、出口最大速度 $v_{\max}$、平均速度 $\bar{v}_{\mathrm{out}}$ 和水炮的流速系数 c 等,截取的断面还包括图 4.1 中所示 A,B 两个断面,A,B 断面之间即为安装整流器的区域。

4.2.2 整流器体积相同时的整流性能对比

当整流器体积相同时(截面积近似相等;长度相等,均为 1 倍管径长),将整流器设置在炮管直管段的进口段,计算获得的各整流器下流动参数对比如表 4.2 所示,其中数据的平均方法均采用面积加权平均。

表 4.2 整流器截面积及长度相同时的整流性能对比

参数	无整流器	与网格形整流器体积相同的整流器					
		星形	十字形	内翼形	弹尾形(入口有内凹燕尾形倒角)	同心圆形	网格形
L/d	0	1	1	1	1	1	1
$\Delta p/\mathrm{kPa}$	79.28	98.62	99.77	104.65	94.8	114.29	108.2
$k/(\mathrm{m}^2 \cdot \mathrm{s}^{-2})$	4.883 9	3.377 7	3.161 4	2.743 0	2.741 0	2.541 4	2.645 7
$(1-k_i/k_{\mathrm{无}})/\%$	0	30.84	35.27	43.84	43.88	47.96	45.83
$\Delta p_{AB}/\mathrm{kPa}$	6.41	29.75	31.18	37.01	23.16	43.52	38.53
$\Delta v_{AB}/(\mathrm{m} \cdot \mathrm{s}^{-1})$	0.131	0.73	0.62	0.46	0.184	0.276	0.332
$\bar{v}_{\mathrm{out}}/(\mathrm{m} \cdot \mathrm{s}^{-1})$	45.921	45.897	45.896	45.916	45.917	45.916	45.916
$c/\%$	97.92	97.19	97.14	96.8	97.25	96.47	96.69
$J_{\mathrm{out}}/(\mathrm{m}^2 \cdot \mathrm{s}^{-1})$	0.386 4	0.146 7	0.125 7	0.089 3	0.217	0.070	0.113 2

参数	无整流器	与网格形整流器体积相同的整流器					
		星形	十字形	内翼形	弹尾形（入口有内凹燕尾形倒角）	同心圆形	网格形
$J_A/(m^2 \cdot s^{-1})$	0.617 6	0.435	0.417 5	0.313 1	0.359	0.261 2	0.268
$J_B/(m^2 \cdot s^{-1})$	1.302 3	2.325 5	2.451 5	2.466 2	1.383 2	2.546 3	2.155 7
$(1-J_A/J_B)/\%$	52.58	81.29	82.97	87.30	74.05	89.74	87.57
$(1-J_{out}/J_B)/\%$	70.33	93.69	94.87	96.38	84.31	97.25	94.75

注：① 表中下标 A 代表断面 A 位置，B 代表整流器进口 B 断面位置，AB 代表 AB 之间的区段，后表同。

② 表中 J_{out} 表示喷嘴直管段出口处断面的涡通量，J_A 表示 A 断面处的涡通量，J_B 表示 B 断面处的涡通量，后表同。

③ 表中的涡通量均是涡量绝对值的积分，是将反向涡进行正向化处理后的涡量积分值，是绝对涡通量，后文同。

④ 表中 L/d 为整流器长度与水炮炮管直径比值。Δp 为水炮进口和喷嘴出口之间的总压差，总压为流体的静压和动压之和，表示水炮总水力损失。

（1）整流器对水力损失的影响分析

从表 4.2 中可以看出，在安装各类型整流器后，水力损失在 95～114 kPa 范围内，而无整流器时水力损失最小约为 79 kPa，说明整流器挤占流道空间，减小了整流器位置的过流面积，整流器表面增大了与流体的接触面积，从而增大了流体摩擦产生的水力损失。因此为了改善水炮出口流态，必然消耗水炮的部分输入能量，在设计整流器时，以水力损失最小为优化目标之一。同时，在设计水炮工作压力时，需要为整流器带来的损失考虑一定的裕量。数值模拟方案中并未考虑导流片，因此水炮总流动损失略大于表中数据。表中无整流器情况下总损失数据与第 2 章理论估算值 88.5 kPa 近似相等。

研究表明：当整流器占流道内部空间体积相等时（$1d$ 长度），总损失从小到大的排序为弹尾形、星形、十字形、内翼形、网格形、同心圆形。该顺序与表 4.1 中整流器过流表面积从小到大的顺序完全一致（弹尾形除外，原因后面说明），说明整流器同体积时流动损失与比表面积大小是呈正相关关系的。表 4.2 中 AB 区段流动损失 Δp_{AB} 的大小及与之一致的排序规律也证明了这一点。同体积不同表面积的整流器带来的损失差异最大约 19.5 kPa（94.8～114.29 kPa）。炮管直管段 AB 断面之间无整流器时，该区间的水力损失为 6.41 kPa，约占总损失 Δp 的 8%，安装各类型整流器后，该区间的损失占总损失的 24%～38%，因此整流器的合理选型和设计对水炮性能具有较大影响。

表 4.2 中水炮流速系数 c 是通过进口的静压压力数值模拟的计算值换算得到的，反映了水炮整体流道性能，规律与总水力损失 Δp 相对应，总水力损失越大，则流速系数 c 越小。各整流器情况下换算的系数 c 约为 0.96 附近，

系数越接近 1 表明过流能力越好，与第 2 章设计给出的系数 c 预估值 0.946 3 对比较大，说明设计时对水炮流动损失的预测值大于数值模拟值，设计时留有余量。

（2）整流器对平均速度的影响分析

表 4.2 中炮管直管段 AB 断面平均速度差 $\Delta\bar{v}_{AB}$ 反映了该区段的动压损失，数据结果显示，不同整流器 AB 断面平均速度差差异较为明显，无整流器情况下速度差最小。因为无整流器时流体流过水炮炮管，仅与管壁摩擦产生动水压降低，加装整流器后，整流器断面形状与来流撞击，产生动水压压降。不同断面形状的整流器形成的动压损失不同，总体上呈现分割区域越少，流速损失越大的规律。不过，这应该跟前面关于等截面积的初始假设条件有关，为了达到截面积相同，分割区域越少则筋板壁厚越大，导致动力损失越大。因此，此处的比较分析结果意义不大。

需要额外解释的是，弹尾形整流器速度差 $\Delta\bar{v}_{AB}$ 仅为 0.184，在一系列整流器中与上述的规律不一致，主要是因为该类型整流器的筋板入口处设计了内凹的燕尾形倒角，否则，其平均速度差 $\Delta\bar{v}_{AB}$ 理应介于 0.46～0.62 之间。由此可见，对整流器进口处设计内凹的燕尾形倒角，将会显著改善整流带来的动力损失和总的水力损失（这从表 4.2 中 Δp_{AB} 值的同类异变规律上也完全可以看出，表中水力损失为 23.16 kPa，按照规律应该介于 31.18～37.01 kPa 之间），从表中数据可以得出，平均速度差的下降能减小为倒角前的 1/3，总水力损失可减少约 1/3。

（3）整流器对喷嘴出口直管段流场的影响分析

① 对喷嘴出口平均流速的影响

表 4.2 中分析了部分水炮喷嘴出口流态参数，喷嘴出口流态的好坏反映了整流器的性能。其中出口平均流速 $\bar{v}_{out}$ 为水炮射程估算的重要参数，有整流器时喷嘴出口平均速度默认相等，无整流器时出口平均速度略微增大，该值与第 2 章水炮喷嘴设计时所计算的平均速度 45.89 m/s 十分接近。由此可见，本研究所采用的数值模拟的精确度很高。

② 对喷嘴出口直段轴线上流动特性的影响

图 4.3 至图 4.5 给出了在不同整流器下，水炮喷嘴出口位置管轴线上速度、湍动能、断面旋涡强度等的变化趋势。图中坐标原点为出口位置，流体在 x 轴上从右向左流动。图 4.4 和图 4.5 所取的出口轴线长度为 0.05 m，为水炮喷嘴出口直段的长度。

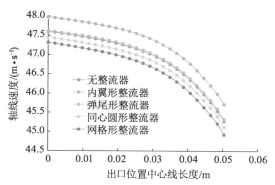

图 4.3　水炮喷嘴出口轴线速度变化比较

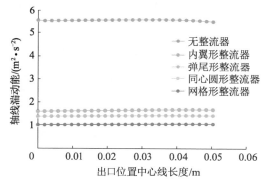

图 4.4　水炮喷嘴出口轴线上湍动能比较图

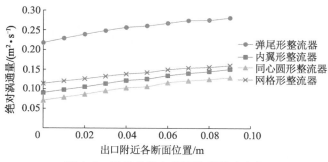

图 4.5　出口位置各断面旋涡强度变化

从图 4.3 中可以看出,在喷嘴出口位置流体轴线速度加速增大,至出口位置达到最大。增大的原因是流体经过了喷嘴的收缩段,过流面积减小,流体加速,流至喷嘴直段位置后在惯性力和压差的作用下,仍有加速趋势,其中内翼形整流器增大幅度最大,在喷嘴出口处轴线速度最大;网格形整流器上升最低,弹尾形整流器、同心圆形整流器和无整流器的轴线速度上升曲线介于网格形整流器和内翼形整流器两者之间。轴线上的速度仅反映局部流动趋势,显示出不同整流器和无整流器情况下的差异,但并不能代表整体喷嘴出口直段的速度状态。

从图 4.4 中可以看出,在喷嘴出口直段的轴线上,湍动能值曲线基本平直,沿轴线方向湍动能变化量很小;无整流器时喷嘴出口轴线上的湍动能值比设置整流器后大 3.5~5 倍;不同整流器对喷嘴出口处湍动能大小的影响程度基本相同。

从图 4.5 中可以看出,在喷嘴出口直段区域,各断面的旋涡强度总体都比较小,而且沿轴线方向基本变化不大。其中弹尾形整流器整流后的各断面旋涡强度值相对较大,大约是网格形、内翼形、同心圆形三种整流器的 2 倍,究其原因,主要是本研究中弹尾形整流器进口处带有内凹的燕尾形倒角,减小了有效整流长度,同时筋板片数较少,分割区域较少的缘故。网格形、内翼形、同心圆形三种整流器对出口段旋涡强度的改善效果都较好,相互间的差异基本不大。

(4) 整流器对降低湍流动能的整流效果分析

湍流动能又叫湍动能,是湍流速度涨落方差与流体质量乘积的 1/2,已在第 3 章中给出计算式,其与湍流强度关系的计算式为

$$k = \frac{3}{2}(U \cdot I)^2 \tag{4.1}$$

式中:U——平均速度;

I——湍流强度。

湍流强度简称湍流度或湍强,是描述速度随时间和空间变化的程度。湍流强度等于湍流脉动速度与平均速度的比值,也等于按水力直径计算得到的雷诺数的负八分之一次方的 0.16 倍。湍流强度反映脉动速度的相对强度,是描述流体湍流运动特性的最重要的特征量。其计算公式为

$$I = 0.16Re^{-1/8} \tag{4.2}$$

一般来说,$I < 1\%$ 为低湍流强度,$I > 10\%$ 为高湍流强度。根据式(4.2)可以计算出本研究的消防炮($Re = 1\ 170\ 000$)湍流强度为 2.79%,接近低湍流强度。因此,本研究的消防炮从总体上讲,其湍流强度并不大。

从表 4.2 可以得出以下结论:一是设置整流器后,出口湍动能明显减小。二是设置整流器后,湍动能的减小与整流器分割的区域数呈正相关关系,分割区域数越多,湍动能减小幅度越大。其中,简单分割的星形和十字形整流

器,使湍动能减小达 33% 左右;分割区域数较多的内翼形、弹尾形、同心圆形、网格形整流器,使湍动能减小达 46% 左右。后四种整流器对湍动能的减小效果比前两种好,当然,这也与前两种整流器筋板壁厚大,扰流效应强于后四种整流器有一定的关系。如果将其筋板壁厚减小,预计也会与后四种整流器对湍动能的减小效果大致相同。

（5）整流器对减小横向旋涡强度的整流效果分析

从表 4.2 中 B 断面处的涡通量 J_B、A 断面处的涡通量 J_A、喷嘴出口处的涡通量 J_{out} 等的数值可以看出以下几个规律:一是设置整流器后,消旋效果极为明显,整流器出口末端及喷嘴出口的旋涡强度比无整流器时显著下降。其中,对整流器出口,断面绝对涡通量减小 81%～87%;对喷嘴出口,断面绝对涡通量减小 94%～97%。二是不同形式整流器消旋效果的绝对差异并不大,最大差异在 8% 以内。三是整流器的消旋效果与分割区域呈正相关关系,分隔越密,消旋整流效果越明显。

参照第 3 章中对炮座出口断面旋涡强度的定量化研究和评价方法,也引入涡通量重心、重心偏心半径、重心偏心惯量等参数,以对炮管段整流器的消旋整流效果进一步做定量化、精准性的评估,相关的名词、术语、符号、定义、公式均与第 3 章相同。经计算得到在六种不同整流器整流下,炮管出口处的总涡通量、总涡通量重心坐标、总涡通量重心偏心半径、总涡通量重心偏心惯量等参数,如表 4.3 所示。

表 4.3 六种整流器下的炮管出口断面参数

整流器	总涡通量 $J/(\text{m}^2 \cdot \text{s}^{-1})$	总涡通量重心 $\overline{Y}_{\Omega\_total}/\text{m}$	总涡通量重心 $\overline{Z}_{\Omega\_total}/\text{m}$	总涡通量重心偏心半径 $\overline{r}_{\Omega\_total}/10^3 \text{ m}$	总涡通量重心偏心惯量 I_{Ω_t}
星形	0.435	0.010 1	−0.007 5	12.6	5.5
十字形	0.417 5	0.001 5	−0.002 2	13.8	5.8
内翼形	0.313 1	-8.94×10^{-7}	−0.001 3	1.3	0.41
弹尾形	0.359	−0.001	-2.48×10^{-4}	1.1	0.39
同心圆形	0.261 2	-5.06×10^{-4}	−0.001 1	1.2	0.31
网格形	0.268	0.011	−0.008 3	2.7	0.72

从表 4.3 中的数据可以看出,经过六种整流器后,虽然剩余的总涡通量与进口端时的 1.302 3 m²/s 相比,都出现明显减小,量值上也都大致差不多,但是,比较涡通量重心的偏心惯量,还是可以进一步定量化、精准化地分出相互

间的优劣差异。数据表明,中间无阻隔的内翼形、弹尾形、同心圆形三种整流器消旋整流效果最好,为第一梯队;网格形整流器效果次之,为第二梯队;分割区域最少的星形整流器和十字形整流器效果最差,为第三梯队。从涡通量重心的偏心惯量方面看,第一、第二、第三梯队间的比值大约为 1 : 1.8 : 14。

（6）整流器对降低主流速度不均匀度的整流效果分析

从第 3 章分析结果看,炮座出口除了存在湍动能和旋涡强度,同时主流速度还存在明显的不均匀度,偏心比较厉害,尤其是高速区和低速区基本都分布在单侧壁面处。本节将采用与第 3 章中对炮座出口断面上主流速度不均匀性研究分析同样的方法,引入整流器出口及喷嘴出口主流速度不均匀度的概念,作为评价流场速度分布好坏的一个重要指标,来评价各类型整流器的整流性能优劣。同样,引入类似的几个表征参数来表征整流器出口和喷嘴出口断面的主流速度不均匀度,包括主流速度重心的偏心程度（偏心半径、偏心惯量）、主流速度的平均偏差率、主流速度的绝对偏差量、主流速度偏差率重心的偏心程度（偏心半径、偏心惯量）。

结合数值模拟的结果,利用 Matlab 软件,对流体经过不同整流器整流之后,主流速度不均匀度的改善情况进行计算和积分,并对计算结果进行系统的分析和差异性比较,分析比较流体在不同整流器的出口处、喷嘴出口处这两个关键断面处几个典型参数的差异,从定量的角度对不同整流器对降低主流速度不均匀度的整流效果做出精准评价,并推荐出相关的产品设计原则。

经计算得到不同整流器下炮管出口、喷嘴出口的主流速度的重心、平均偏差率、绝对偏差量、偏差量重心等参数,分别如表 4.4 和表 4.5 所示。

表 4.4　不同整流器下炮管出口的主流速度不均匀度表征参数汇总

符号	符号含义	无整流器	同心圆形	星三角形	十字形	网格形	弹尾形	内翼形
$\bar{U}/(\mathrm{m \cdot s^{-1}})$	理论平均速度	12.003	12.047	11.513	11.551	11.832	12.044	11.942
$Q/(\mathrm{m^3 \cdot s^{-1}})$	理论流量	0.159 3	0.159 9	0.152 8	0.153 3	0.157	0.159 9	0.158 5
$\bar{Y}/\mathrm{m}$	主流速度重心偏心度（Y 坐标）	-2.82×10^{-4}	1.69×10^{-4}	-5.28×10^{-6}	-3.59×10^{-4}	2.38×10^{-4}	1.02×10^{-4}	-1.02×10^{-5}
$\bar{Z}/\mathrm{m}$	主流速度重心偏心度（Z 坐标）	-5.27×10^{-4}	-6.70×10^{-4}	5.79×10^{-4}	7.33×10^{-4}	-2.94×10^{-4}	-5.58×10^{-4}	-1.67×10^{-4}
R_u	主流速度重心偏心半径	0.6	0.69	0.58	0.82	0.38	0.57	0.17
I_u	主流速度重心偏心惯量	7.174 3	8.324 3	6.666 3	9.427 8	4.475 6	6.831 9	1.998 0
$1 - I_i/I_内$	I_u 与内翼比	3.59	4.17	3.34	4.72	2.24	3.42	1
$k_{\max}/\%$	主流速度的最大偏差率	29.03	33.44	31.96	36.05	30.24	29.59	33.55

符号	符号含义	无整流器	同心圆形	星三角形	十字形	网格形	弹尾形	内翼形
$\bar{k}/\%$	主流速度的平均偏差率	6.01	9.49	12.62	13.19	10.53	9.57	7.33
$1-\bar{k}_i/\bar{k}_内$	$\bar{k}$ 与内翼比	0.82	1.29	1.72	1.8	1.44	1.31	1
$U_{rms}/$ $(m \cdot s^{-1})$	主流速度的绝对偏差量	0.781	1.321	1.63	1.707	1.386	1.278	0.995
$1-U_i/U_内$	U_{rms} 与内翼比	0.88	1.33	1.64	1.72	1.39	1.28	1
$\bar{Y}_k/m$	主流速度偏差率重心（Y坐标）	−0.003 8	0.001 5	−0.001 6	−0.003	4.94×10^{-4}	0.001	0.001 6
$\bar{Z}_k/m$	主流速度偏差率重心（Z坐标）	−0.005 6	−0.002 4	0.005 3	0.002 6	−0.002 9	−0.002 1	4.79×10^{-4}
R_k	主流速度偏差率重心偏心半径	6.767 6	2.830 2	5.536 2	3.969 9	2.941 8	2.325 9	1.670 2
I_k	主流速度偏差率重心偏心惯量	5.285 5	3.738 7	9.024 1	6.776 6	4.077 3	2.972 6	1.661 8
$1-I_i/I_内$	I_k 与内翼比	3.18	2.25	5.43	4.08	2.45	1.79	1

表 4.5 不同整流器下喷嘴出口的主流速度不均匀度表征参数

（喷嘴出口断面 68 mm）

符号	符号含义	无整流器	网格形出口	十字形出口	内翼形出口
$\bar{U}/(m \cdot s^{-1})$	理论平均速度	45.236	45.228	42.833	45.218
$Q/(m^3 \cdot s^{-1})$	理论流量	0.164 3	0.164 3	0.155 6	0.164 2
$\bar{Y}/mm$	主流速度重心（Y坐标）	−0.033 1	0.035 6	0.002 15	−0.005 09
$\bar{Z}/mm$	主流速度重心（Z坐标）	−0.017 7	−0.010 8	−0.015 3	0.002 18
R_u/mm	主流速度重心偏心半径	0.037 5	0.037 2	0.015 4	0.005 53
I_u	主流速度重心偏心惯量	1.697 9	1.682 6	0.661 8	0.250 4
$1-I_i/I_内$	I_u 与内翼比	6.78	6.72	2.64	1
$k_{max}/\%$	主流速度的最大偏差率	54.071	54.062	51.199	54.05
$\bar{k}/\%$	主流速度的平均偏差率	0.008 8	0.013 7	0.002 6	0.002 3

符号	符号含义	无整流器	网格形出口	十字形出口	内翼形出口
$1-\bar{k}_i/\bar{k}_{内}$	$\bar{k}$ 与内翼比	3.83	5.96	1.13	1
$U_{rms}/$ $(\text{m} \cdot \text{s}^{-1})$	主流速度的绝对偏差量	3.682	3.774	4.921	3.532
$1-U_i/U_{内}$	U_{rms} 与内翼比	1.04	1.07	1.39	1
$\bar{Y}_k/\text{m}$	主流速度偏差率重心(Y坐标)	$-3.11\times$ 10^{-4}	$1.57\times$ 10^{-5}	$-1.79\times$ 10^{-5}	$-3.62\times$ 10^{-5}
$\bar{Z}_k/\text{m}$	主流速度偏差率重心(Z坐标)	$-1.06\times$ 10^{-4}	$-5.54\times$ 10^{-5}	$-1.38\times$ 10^{-4}	$4.68\times$ 10^{-5}
R_k/mm	主流速度偏差率重心偏心半径	0.328 6	0.057 6	0.139 2	0.059 2
I_k	主流速度偏差率重心偏心惯量	1.209 8	0.217 3	0.684 8	0.209 0
$1-I_i/I_{内}$	I_k 与内翼比	5.79	1.04	3.28	1

从表 4.4 和表 4.5 中数据可以得出以下结论：

① 从炮管出口断面的主流速度重心偏心惯量、主流速度偏差率重心偏心惯量来看,同心圆形、星形、十字形、网格形、弹尾形、内翼形六种整流器都一致呈现出内翼形整流器最好,弹尾形和同心圆形整流器次优,十字形和星形整流器较差。

② 在减缓主流速度的不均匀度方面,也一致性地反映出有整流器远比没有整流器要好。对于炮管出口断面,没有整流器时的主流速度会比有内翼形整流器时大3～4倍。对于喷嘴出口,没有整流器时的主流速度会比有内翼形整流器时大近 6 倍。

③ 从炮管出口的主流速度平均偏差率和绝对偏差量来看,一致性地呈现出内翼形整流器最优,弹尾形和同心圆形整流器次优,十字形和星形整流器较差。这也反映出内翼形整流器属于第一梯队,弹尾形与同心圆形整流器属于第二梯队,网格形整流器属于第三梯队,十字形和星形整流器属于第四梯队。第一、第二、第三、第四梯队的主流速度平均偏差率和绝对偏差量的比值均大致为 1∶1.3∶1.4∶1.7。

4.2.3　整流器过流表面积相同时的整流性能对比

当整流器过流表面积相同时,将整流器设置在炮管直管段的进口段,计算获得的各整流器下流动参数对比如表 4.6 所示，其中数据的平均方法均采用面积加权平均，整流器截面积相同。

表 4.6　整流器过流表面积相同时的整流性能对比

参数	无整流器	与网格形整流器过流表面积相同的整流器					
		星形	十字形	内翼形	弹尾形（入口有内凹燕尾形倒角）	同心圆形	网格形
L/d	0	3.35	2.67	1.48	2.27	0.89	1
$\Delta p/\mathrm{kPa}$	79.28	—	103.13	106.81	99.12	112.06	108.2
$k/(\mathrm{m}^2 \cdot \mathrm{s}^{-2})$	4.883 9	—	2.636	2.662 3	2.439 5	2.545 1	2.645 7
$(1-k_i/k_{\mathrm{无}})/\%$	0	—	46.03	45.49	50.05	47.89	45.83
$\Delta p_{AB}/\mathrm{kPa}$	6.41	—	40.85	40.05	29.23	42.24	38.53
$\Delta v_{AB}/(\mathrm{m} \cdot \mathrm{s}^{-1})$	0.131	—	0.59	0.457	0.18	0.278	0.332
$\bar{v}_{\mathrm{out}}/(\mathrm{m} \cdot \mathrm{s}^{-1})$	45.921	—	45.897	45.917	45.918	45.916	45.916
$c/\%$	97.92		96.73	97.06	96.52	96.69	
$J_{\mathrm{out}}/(\mathrm{m}^2 \cdot \mathrm{s}^{-1})$	0.386 4	—	0.205 6	0.137 6	0.308 7	0.065 5	0.113 2
$J_A/(\mathrm{m}^2 \cdot \mathrm{s}^{-1})$	0.617 6	—	0.854 7	0.329 2	0.454	0.252 2	0.268
$J_B/(\mathrm{m}^2 \cdot \mathrm{s}^{-1})$	1.302 3	—	2.375 1	2.396 6	1.387	2.534 1	2.155 7
$(1-J_A/J_B)/\%$	52.58	—	64.01	86.26	67.27	90.05	87.55
$(1-J_{\mathrm{out}}/J_B)/\%$	70.33	—	91.34	94.26	77.74	97.42	94.75

注：因星形整流器的长度为 $3.35d$，超出了炮管直管段长度 $3d$，故没有进行计算。

对比表 4.2 和表 4.6 的结果，可以明确看出，同样在进口段部位设置等过流面积的各类型整流器后，所带来的水力损失、湍流动能、炮管直管段平均速度、喷嘴出口的平均流速、炮管末端旋涡强度、喷嘴出口端旋涡强度等的影响幅度、分布规律，与等体积整流器时基本完全一致。其中，各整流器带来的总流动损失 Δp 差异最大约 12.9 kPa，小于上述等体积对比方案的 19.5 kPa，说明以流动损失为考核指标时，主次顺序依次为整流器截面占比、湿周周长、整流器长度。

通过对表 4.2 和表 4.6 的分析比较可以得出，有无整流器对水力损失、湍流动能、平均速度、旋涡强度等的影响有较大差异，从等体积改变为等过流面积时，其自身形状、长度、筋板厚度等变化带来的差异很小，几乎可以忽略。当然，这一结论也是基于整流器在结构、长度基本都正常的情况下得出的，对于整流器形状和尺寸异常的情况，这一规律可能会出现变化。

对于十字形和星形整流器，为了保证等截面积，从而使得其筋板壁厚假设异于正常，因此，其对湍动能和旋涡强度的影响略有差异，也属正常，但总体都符合规律。

4.2.4　整流器设置在炮管直管段中段时的整流性能对比

将等体积(截面积相同,占流道截面积的 15.45%,长度均为 $1d$)的三种整流器设置在炮管直管段的中段(与直管段进口端和末端的距离均为 $1d$),整流性能及比较情况如表 4.7 所示。

表 4.7　等体积的整流器设置在炮管直管段中段时的整流性能

名称	无整流器	内翼形	同心圆形	网格形
水炮总压差 $\Delta p/\mathrm{kPa}$(等体积、中段)	79.28	101.87	111.6	108.9
出口湍动能 $k/(\mathrm{m^2 \cdot s^{-2}})$(等体积、中段)	4.883 9	2.471 2	2.326 0	2.404 6
$(1-k_i/k_无)/\%$(等体积、中段)	0	49.40	52.37	50.76
$(1-k_i/k_无)/\%$(等体积、进口段)	0	43.84	47.96	45.83
$(1-k_i/k_无)/\%$(等面积、进口段)	0	45.49	47.89	45.83
断面水力损失 $\Delta p_{AB}/\mathrm{kPa}$(等体积、中段)	6.41	35.22	43.02	41.34
出口旋涡强度 $J_{\mathrm{out}}/(\mathrm{m^2 \cdot s^{-1}})$(等体积、中段)	0.386 4	0.192 6	0.144 2	0.167 4
$J_A/(\mathrm{m^2 \cdot s^{-1}})$(等体积、中段)	0.617 6	0.415 4	0.362 9	0.408 2
$J_B/(\mathrm{m^2 \cdot s^{-1}})$(等体积、中段)	1.302 3	1.54	1.552	1.537 1
$(1-J_A/J_B)/\%$(等体积、中段)	52.58	73.03	76.62	73.44
$(1-J_A/J_B)/\%$(等体积、进口段)	52.58	87.30	89.74	87.57
$(1-J_A/J_B)/\%$(等面积、进口段)	52.58	86.26	90.05	87.55
$(1-J_{\mathrm{out}}/J_B)/\%$(等体积、中段)	70.33	87.49	90.71	89.11
$(1-J_{\mathrm{out}}/J_B)/\%$(等体积、进口段)	70.33	96.38	97.25	94.75
$(1-J_{\mathrm{out}}/J_B)/\%$(等面积、进口段)	70.33	94.26	97.42	94.75

从表 4.7 可以看出:

①　当等体积的整流器设置于炮管直管段的中段时,不同形式的整流器对主流的整流性能规律与设置在进口段是完全一致的。

②　在减小主流湍动能方面,设置于中段的整流器绝对效果比设置在进口段提高约 5%(合 1/20),相对效果提高约 11.1%(合 1/9)。

③　在降低炮管段旋涡强度方面,设置于中段的整流器绝对效果比设置在进口段降低约 14%(合 1/7),相对效果降低约 16%(合 1/6)。

④　在降低喷嘴出口处旋涡强度方面,设置于中段的整流器绝对效果比设置在进口段降低约 7%(合 1/14),相对效果降低约 7%(合 1/14)。

⑤　从前面的分析可以知道,本研究的消防炮湍动强度仅为 2.79%,属于

低湍动强度,其对消防炮流动性能及射程的影响属于弱影响因子。因此,在同等条件下,整流器宜设置在炮管的进口段。

4.2.5 整流器等筋板壁厚的整流性能对比

前面比较分析了不同形式的等体积整流器(等截面积、等长度 $1d$)、等过流表面积整流器(等截面积、不同长度)设置于进口段,以及等体积整流器(等截面积、等长度 $1d$)设置于中段时的整流性能,本节将不同形式的整流器筋板壁厚全部设计为 3 mm,并将其设置在进口段,对其整流性能进行研究分析,如表 4.8 和表 4.9 所示。

表 4.8 筋板壁厚统一为 3 mm 时各类整流器的尺寸对比

整流器形式	内翼形		弹尾形筋板 24.4 mm	同心圆形	网格形	星形	十字形
	筋板 22.8 mm	筋板 34.2 mm					
截面与流道截面积比/%	6.18	9.28	8.86	17.81	15.45	4.27	5.81
过流表面积与截面积比/%	5.71	8.39	6.14	14.75	12.81	3.82	4.98
湿润周长与流道直径比/%	4.49	6.59	5.89	11.59	10.37	2.98	3.91
分割流道数量	12	12	7	19	16	3	4

注:表中"筋板 22.8 mm",是指单个筋板的径向长度尺寸为 22.8 mm。

表 4.9 筋板壁厚统一为 3 mm 时各类整流器的整流性能对比

性能参数	无整流器	内翼形		弹尾形筋板 24.4 mm,带内凹燕尾形倒角	同心圆形	网格形	星形	十字形
		筋板 22.8 mm	筋板 34.2 mm					
湍动能 k/($m^2 \cdot s^{-2}$)	4.883 9	2.888 7	2.366 0	2.597 8	2.442 3	2.645 7	2.661 6	2.527 7
$(1-k_i/k_{无})$/%	0	40.85	51.56	46.81	49.99	45.83	45.5	48.24
等体积时 $(1-k_i/k_{无})$/%	0	—	43.84	43.88	47.96	45.83	30.84	35.27
总压差 Δp/kPa	79.28	83.473 2	90.325 5	88.560 8	114.55	108.2	82.287 2	84.658 9
$(\Delta p_i/\Delta p_{无})$/%	0	105.3	113.9	111.7	144.5	136.5	103.8	106.8

性能参数	无整流器	内翼形		弹尾形筋板 24.4 mm，带内凹燕尾形倒角	同心圆形	网格形	星形	十字形
		筋板 22.8 mm	筋板 34.2 mm					
等体积时总压差 Δp/kPa	79.28	—	104.65	94.8	114.29	108.2	98.62	99.77
$(\Delta p_i/\Delta p_无)$/%	0		132	120	144.2	136.5	124.4	125.8
涡通量 J_{out}/$(m^2 \cdot s^{-1})$	0.386 4	0.199 7	0.131 8	0.164	0.085 4	0.113 2	0.213	0.133 4
$(1-J_i/J_无)$/%	0	48.08	65.73	57.36	77.8	70.57	44.62	65.31
等体积时涡通量 J_{out}/$(m^2 \cdot s^{-1})$	0.386 4	—	0.089 3	0.217	0.07	0.113 2	0.146 7	0.125 7
$(1-J_i/J_无)$/%	0	—	76.89	43.84	81.88	70.57	62.03	67.47

从表 4.9 可以看出：

① 在降低主流湍动能方面，当筋板壁厚统一为 3 mm 时的效果更好，筋板片数越少的，壁厚减小幅度越大，对湍动能的改善效果越明显，比原来的降低效果最大的能提高 15%（星形整流器）。这也从侧面证明，之前为了顾及等体积、等截面积的假设条件，对于那些分割区域少的星形、十字形、内翼形等整流器，确实存在筋板壁厚过厚的情况。

② 在减小总压差方面，当筋板壁厚统一为 3 mm 时，造成的总压差增加的副作用会降低，同样，原来筋板片数越少的，壁厚减小幅度越大，造成压差损失的副作用越小，比原来的降幅差异最大的能减少 20%（约达 16.5 kPa）（星形整流器）。

③ 在降低出口断面旋涡强度方面，当筋板壁厚统一为 3 mm 时，造成的涡通量降低效果都比原先弱一些（降低 2%～10%），即壁厚减弱反而对旋涡强度的改善性能会降低，其原因应该是筋板壁厚变薄时，流道管径增大，反而向不利于涡流整流的方向发展。当然，此处的涡通量参考值是以喷嘴出口断面的涡通量为对象，本来这个出口处的涡通量绝对值就比较小，如果是以炮管直管段进口端的涡通量 J_B 为基准值，这个影响效应会明显弱化，基本会降为现有比例的 30%（即 $J_{out}/J_B = 0.386\ 4/1.302\ 3 = 29.7\%$）。

结合以上分析可以发现，对于炮管内整流器的设计，应该选取合适的筋板壁厚，原则上壁厚越薄越好，当然，也要考虑焊接变形、耐受水流及管道垃圾冲击等必需的强度和刚度适当选取。实际产品中小流量消防炮以壁厚 1～1.5 mm 为宜，大流量消防炮在 1.5～3 mm 范围内合适。至于本节中涉及的因筋板壁厚降低导致涡通量改善效果下降的问题,相对炮管进口段而言,绝对改善量也就下降了 0.7%～3%,同时,通过增加筋板片数、筋板径向长度等方法,可以明显提高对断面涡流的整流效果,如表 4.10 和表 4.11 所示。

表 4.10　内翼型整流器(筋板长 22.8 mm)在不同筋板片数时的整流性能对比

筋板数量/片	湍动能 k/(m² · s⁻²)	总压差 Δp/kPa	涡通量 $J_{out短}$/(m² · s⁻¹)
2	3.802 2	78.217 4	0.385 0
4	3.498 5	79.047 1	0.292 7
6	3.318 2	79.634 1	0.277 7
12	2.888 7	83.473 2	0.199 7

表 4.11　内翼型整流器(筋板长 34.2 mm)在不同筋板片数时的整流性能对比

筋板数量/片	湍动能 k/(m² · s⁻²)	总压差 Δp/kPa	涡通量 $J_{out长}$/(m² · s⁻¹)	$(1-J_{out长}/J_{out短})$/%
2	3.462 3	78.467 0	0.249 6	35.0
4	2.949 5	80.014 1	0.153 3	47.6
6	2.647 9	81.804 4	0.149 6	46.1
12	2.366 0	90.325 5	0.131 8	34.0

从表 4.10 和表 4.11 可以看出:

① 对内翼形整流器,筋板径向尺寸从 22.8 mm 增加到 34.2 mm,增长了 50%,绝对涡通量减小了 35%～45%,效果非常明显。由此可以看出,同等筋板片数条件下,径向尺寸增加,对涡流的整流效果会提高,是正向关系。

② 对内翼形整流器,筋板片数越多,即分隔区域越多,涡通量减小越多,消旋效果越好。但随着筋板片数的不断增加,水力损失及对平均速度的影响也会增大,因此要适度增加筋板片数。

针对上述初步结论,以表 4.11 中的筋板片数与出口涡通量数值拟出关系曲线如图 4.6 所示。

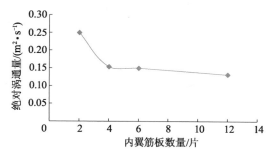

图 4.6　内翼形整流器筋板片数与涡通量的关系曲线(筋板径向长 34.2 mm)

从图 4.6 可以看出,随着筋板片数的增加,出口断面的涡通量减小,达到 6 片之后,涡通量减少的趋势基本放缓,曲线趋平。因此,有理由认为,内翼形整流器的筋板片数为 6 片比较经济。

4.2.6　整流器的经济长度

前面关于整流器对减小湍动能、减少断面涡流的作用已经进行了系统分析,分析中发现,整流器的长度不同,对整流、消旋会产生一定的影响,究竟整流器的长度选择多少比较科学、合理,本节将就此对整流器的经济长度进行系统分析。

本研究以内翼形和同心圆形整流器为对象,设计了长度为 $0.25d$,$0.5d$, $1d$,$1.5d$,$2d$,$2.5d$ 等不同炮管直径倍数的整流器,并设置在进口段,按照同等条件和模拟方案进行整流性能的数值模拟,结果如表 4.12 和表 4.13 所示,并据此作出相关的曲线,分别如图 4.7 和图 4.8 所示。

表 4.12　同心圆形整流器不同长度下的整流性能比较

L/d	$k/(\mathrm{m^2 \cdot s^{-2}})$	$\Delta p/\mathrm{kPa}$	$J_{\mathrm{out}}/(10^3 \cdot \mathrm{m^2 \cdot s^{-1}})$	$(1-J_{\mathrm{i}}/J_{\mathrm{out}})/\%$
0	4.883 9	79.28	0.386 4	0
0.25	2.534 4	105.44	0.070 3	82
0.5	2.470 0	108.88	0.064 1	83
1	2.541 4	114.29	0.070 0	82
1.5	2.375 6	119.59	0.112 2	71
2	2.320 1	124.53	0.142 1	63
2.5	2.249 0	129.27	0.191 1	51

表 4.13　内翼形整流器不同长度下的整流性能比较

L/d	$k/(\mathrm{m^2 \cdot s^{-2}})$	$\Delta p/\mathrm{kPa}$	$J_{\mathrm{out}}/(10^3 \cdot \mathrm{m^2 \cdot s^{-1}})$	$(1-J_{\mathrm{i}}/J_{\mathrm{out}})/\%$
0	4.883 9	79.28	0.386 4	0
0.25	2.804 0	97.73	0.151 6	61
0.5	2.719 0	99.087	0.140 1	64
1	2.730 0		0.089 3	77
1.5	2.465 0	104.579	0.164 2	58
2	2.422 0	106.502	0.125 2	68
2.5	2.326 0	108.484	0.181 5	53

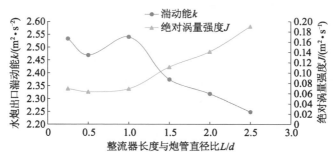

图 4.7　同心圆形整流器不同长度下的整流性能比较

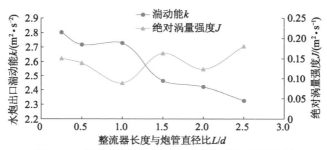

图 4.8　内翼形整流器不同长度下的整流性能比较

　　从表 4.12 及图 4.7 可以看出,同心圆形整流器在 $1d$ 及以下长度时,出口涡通量基本不变,超过 $1d$ 之后,涡通量开始明显增加。出口涡通量的增加曲线与湍动能的下降曲线在 $1.25d$ 附近出现相交。

　　从表 4.13 及图 4.8 可以看出,内翼形整流器在$(0\sim1)d$ 时,出口涡通量一直呈现减小趋势,在 $1d$ 处达到最小,然后随着整流器长度的增加,出口涡通量呈明显增加趋势。涡通量的增加曲线与湍动能的下降曲线也基本在 $1.25d$ 附近发生交叉。

　　综上可以得出,整流器的长度为 $1d$(即 1 倍管径)时,出口涡通量最小,对断面涡流的消旋整流效果最好。在 $1.25d$ 附近涡通量的增加曲线与湍动能的下降曲线出现交叉,可以将整流器的长度选为$(1\sim1.25)d$。

　　当然,因为本研究涉及的消防炮湍流强度仅为 2.79%,属于低湍流强度,湍动能是对射程影响不大的弱影响因子,而出口涡通量及主流速度的均匀度是影响水炮射程的强影响因子。因此,实际选择中,倾向于选择 $1d$ 作为大流量消防炮炮管整流器的长度。

4.2.7　整流器对出口直段区流速的影响

　　在水炮出口直段区,流速大小的分布受各整流器形式的影响,大于某值的速度具有一定分布形状,也具有一定面积,该面积与出口圆面积的比值反映出大于该流速的区域的占比。图 4.9 所示为不同整流器在水炮出口位置的速度分级和面积比例。其中,红色区域所示为对应速度大于相应值的分布。

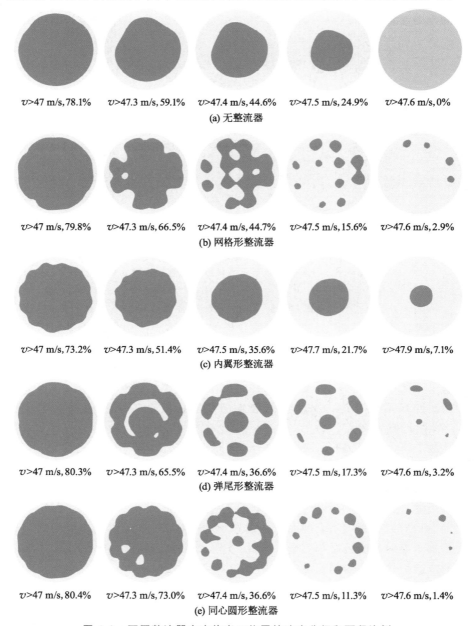

$v>47$ m/s,78.1%　　$v>47.3$ m/s,59.1%　　$v>47.4$ m/s,44.6%　　$v>47.5$ m/s,24.9%　　$v>47.6$ m/s,0%

(a) 无整流器

$v>47$ m/s,79.8%　　$v>47.3$ m/s,66.5%　　$v>47.4$ m/s,44.7%　　$v>47.5$ m/s,15.6%　　$v>47.6$ m/s,2.9%

(b) 网格形整流器

$v>47$ m/s,73.2%　　$v>47.3$ m/s,51.4%　　$v>47.5$ m/s,35.6%　　$v>47.7$ m/s,21.7%　　$v>47.9$ m/s,7.1%

(c) 内翼形整流器

$v>47$ m/s,80.3%　　$v>47.3$ m/s,65.5%　　$v>47.4$ m/s,36.6%　　$v>47.5$ m/s,17.3%　　$v>47.6$ m/s,3.2%

(d) 弹尾形整流器

$v>47$ m/s,80.4%　　$v>47.3$ m/s,73.0%　　$v>47.4$ m/s,36.6%　　$v>47.5$ m/s,11.3%　　$v>47.6$ m/s,1.4%

(e) 同心圆形整流器

图 4.9　不同整流器在水炮出口位置的速度分级和面积比例

图 4.10 所示为水炮炮管 A 断面处的流速分布。

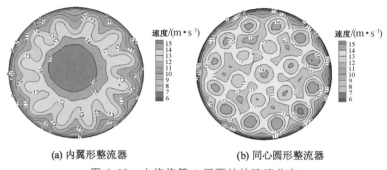

       (a) 内翼形整流器   **(b) 同心圆形整流器**

图 4.10   水炮炮管 A 断面处的流速分布

不同整流器时的喷嘴出口位置速度分级及面积占比如表 4.14 所示。

表 4.14   不同整流器时喷嘴出口位置速度分级及面积占比汇总

速度分级/ ($m \cdot s^{-1}$)	无整流器	网格形	内翼形 (进口安装)	内翼形 (中部安装)	弹尾形	同心圆形
>47.0	78.1%	79.8%	73.2%	68.5%	80.3%	80.4%
>47.3	59.1%	66.5%%	51.4%	32.8%	65.5%	73.0%
>47.4	44.6%	44.7%	43.2%	28.1%	36.6%	36.6%
>47.5	24.9%	15.6%	35.6%	24.2%	17.3%	11.3%
>47.6	0	2.9%	28.4%	20.8%	3.2%	1.4%
>47.7		0	21.7%	17.4%	0	0
>47.8			15.10%	13.7%		
>47.9			7.1%	9.2%		
>48.0			0	1.1%		

图 4.9 所示的内翼形整流器的出口流速与其他整流器的出口流速明显不同,在出口中心位置最大流速达到 48 m/s,而其他整流器最大流速为 47.6 m/s。内翼形流道中心区域并未设置肋片或圆管等阻隔物,因此中心区域流动顺畅,高流速区域集中在圆管轴线附近,这在图 4.3 所示轴心线速度图中已有显示。但是,该结构形式的出口处数据表明,流速大于 47 m/s 的面积占比最小,为 73.2%,小于同心圆形整流器的 80.4%,甚至小于无整流器情况,说明内翼形整流器结构减缓了出口固壁附近流速的增长,用于"补贴"中心区域流速的增长(基于表 4.2 各整流器情况下出口平均流速数值近似相等的计算结果),两种整流器的出口速度对比如图 4.11 所示。

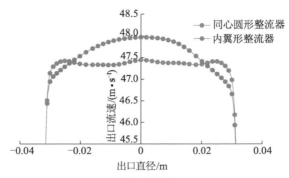

图 4.11　两种整流器出口速度对比

从图 4.9、图 4.10 和表 4.14 可以看出两点：一是当出口流速大于 47.4 m/s 时，喷嘴出口断面的速度分布与各整流器的截面形状基本近似，整流器截面中的过流流道在此时相对应位置具有较大流速，但水炮出口圆直径约为整流器位置所安放炮管内径的一半，表明流体离开整流器，在喷嘴内收缩加速后，流速分布仍然受断面形状的影响；二是对出口处的高速区阶段，主流速度超过 47.5 m/s 的部分，内翼形整流器的效果相对最好，约有 35% 的占比，远高于其他类型的整流器。

4.2.8　整流器在炮管内不同安放位置对整流性能的影响

上一小节水炮模型中炮管长度为 3 倍水炮炮管内径（3d），整流器长度与水炮炮管内径相同（1d）。为分析安放位置对流动的影响，将同心圆形整流器置于水炮炮管中部和末端，开展数值计算并对比结果，在图 4.1 所示炮管结构中，首部对应 B 断面位置，末端对应 A 断面位置，结果对比如表 4.15 所示。

表 4.15　同心圆形整流器 1d 长度不同位置计算结果

参数	首部（进口端）	中部	末端
$k/(m^2 \cdot s^{-2})$	2.541 4	2.365 8	2.272 1
$\Delta p/kPa$	114.29	115.79	115.5
$J/(10^3 \cdot m^2 \cdot s^{-1})$	70	144.2	281.3
$\Delta p_{AB}/kPa$	43.52	44.11	49.46

从表 4.15 中数据可以看出，水炮进出口总压差 Δp 总体的改变量很小，是因为整流器占水炮炮管流道体积及表面积均未发生改变，仅安放位置变

动,因此带来的总流动损失改变量很小。而对于炮管 AB 段而言,衡量整流器安装在炮管内流动损失 Δp_{AB} 发生的变化,安装在首部时 Δp_{AB} 最小,在中部略微增大,而安装在炮管末端增量较大,相对于设在进口端水力损失增加了 13.6%。

在改善断面旋涡强度方面,整流器的安放位置越靠近进口,改善效果越明显。研究表明,整流器设置在中部时,出口断面涡通量比设在末端时减小一半;设置在进口端时,比设置在中部又减小一半。这也再次证明即使是合适的整流器,其设置部位还是非常关键。由于内翼形、同心圆形、弹尾形等整流器在相同条件下消旋整流性能基本相同,可以认为这几种整流器都符合这一规律。对于本研究的消防炮,设置部位首部(进口端)最佳,中段次之,末端效果相对较差。

4.2.9　水炮出口仰角对整流性能的影响

针对水炮实际使用时仰角会根据灭火需要不断调整改变的情况,为分析整流器的消旋作用是否有改变,设计水炮仰角 $0°$ 平射和 $60°$ 仰射,与上述 $30°$ 射流仰角计算结果进行对比,整流器选用 $1d$ 长度,安装在水炮炮管进口端,对比结果如表 4.16 所示。

表 4.16　水炮在三种喷射仰角时的整流性能分析比较

仰角	$k/(\mathrm{m^2 \cdot s^{-2}})$	$\Delta p/\mathrm{kPa}$	$J/(10^3 \cdot \mathrm{m^2 \cdot s^{-1}})$	$\Delta p_{AB}/\mathrm{kPa}$
$0°$	2.417 7	114.70	118	44.77
$30°$	2.541 4	114.29	70	43.52
$60°$	2.429 1	114.90	6	45.34

从表 4.16 可以看出,整流器及安装位置相同,水炮射流角度的改变对水力损失的影响很小,可以认为是计算误差。

数据表明,出口断面的绝对涡通量随着角度的增大而减小。据分析,这个现象应该是喷射角度提升时重力作用所致,在流体沿水平方向流动时,重力加速度的方向与涡流速度矢量方向在同一个平面上,一定程度上会成为涡流的助力;当以一定的仰角喷射时,重力加速度的方向与断面垂直方向不再一致,一定程度上会成为涡流的阻力。从目前的趋势看,喷射角度越大,涡通量越小,降低断面涡流强度的效果越好。

4.2.10　整流器进出口倒角对整流性能的影响

理论上讲,对整流器的进口进行倒角,有利于减小流体撞击整流器的端面产生的水力损失和平均速度损失;对出口进行倒角,可能有利于消除整流器断面产生的尾涡。前面研究分析了弹尾形整流器进口采取内凹的燕尾形倒角后的整流效果,发现对减少平均速度损失效果比较明显,但是对消旋的效果反而降低了。本节进一步对整流器进出口设置倒角的效用开展专门研究和比较,取同心圆形整流器、$1d$ 长度,设计了两种倒角方案:方案一是进出口均内凹的燕尾形倒角;方案二是进口内凹、出口外凸的燕尾形倒角,倒角的端面扩张角为 139°,如图 4.12 所示。

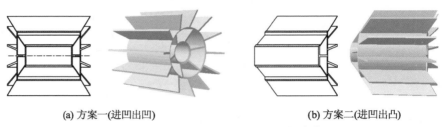

(a) 方案一(进凹出凹)　　　　　　　　　　(b) 方案二(进凹出凸)

图 4.12　同心圆形整流器两种倒角方案

将两种形式整流器置于水炮炮管首部,开展数值模拟计算后结果如表 4.17 所示。

从表 4.17 中数据对比可以看出:

① 在减小湍动能方面,采用倒角后,略微减小了水炮出口的湍动能,也稍微减少了一些流动损失,但总体影响不大。

② 在减少炮管段(AB 段)的平均速度损失 Δv_{ab} 方面,方案一和方案二在有倒角比没有倒角时分别减少 41.3% 和 48.2%,方案二略优于方案一。说明设置倒角有利于减少水流速度损失。

③ 在降低断面旋涡强度效果方面,方案一和方案二在有倒角比没有倒角时分别减弱 27.1% 和 61.4%,方案二要弱于方案一。说明在这种条件下,设置倒角不利于消旋整流。

④ 由于经过整流器后,断面的涡通量绝对值都已经很小(进整流器前同等单位下 J 值为 3 864 m²/s,已经被减弱掉 98%),绝对值的波动很小,因而,应以速度损失、水力损失作为优先考虑指标。鉴于此,推荐对整流器设置倒角,并优先采进口内凹、出口外凸的倒角形式。

本研究中整流器倒角的端面扩张角为 139°,对于改变倒角大小及将肋片采用弧形光滑过渡并未深入讨论。

表 4.17 同心圆形整流器两种倒角方案与无倒角性能对比

参数	无倒角	方案一倒角	方案二倒角
$k/(\mathrm{m^2 \cdot s^{-2}})$	2.541 4	2.411 7	2.390 9
$\Delta p/\mathrm{kPa}$	114.29	111.5	111.29
$\Delta v_{AB}/(\mathrm{m \cdot s^{-1}})$	0.276	0.162 1	0.141 9
$(1-\Delta v_{ABi}/\Delta v_{AB无})/\%$	0	41.3	48.2
$J/(10^3 \cdot \mathrm{m^2 \cdot s^{-1}})$	70	89	113
$(1-J_i/J_无)/\%$	0	-27.1	-61.4
$\Delta p_{AB}/\mathrm{kPa}$	43.52	40.6	39.7
$(1-\Delta p_{ABi}/\Delta p_{AB无})/\%$	0	6.7	8.8

4.2.11 多整流器对整流性能的影响

从前面的分析可以看出,只要炮管内设置有整流器,与不安装相比,湍动能都减小 1/2,出口断面旋涡强度减小 94%~97%。

因此,本节对多整流器方案下的整流效果做了进一步深入研究。考虑到同心圆形整流器在 $0.25d$,$0.5d$,$1d$ 三种长度下,在消旋方面的整流效果基本都差不多,本研究以同心圆形整流器为对象,设计了两块 $0.25d$ 长度的短整流器分开安装设置的方案进行研究分析,如图 4.13 所示。安装时,两块短整流器中间间隔 $0.5d$ 安装,即整体仍然按 $1d$ 长度装配,相当于将 $1d$ 长度的同心圆形整流器中间 $0.5d$ 长度部位抠除,减小了原 $1d$ 长度整流器的体积和表面积在炮管内的占比,与原 $1d$ 长度的整流器进行比较分析,也相当于将 $0.5d$ 长的整流器拆分安装后比较分析。此外,还另增加设计了一种对比方案,将短整流器长度由 $0.25d$ 缩短为 $0.125d$,仍然按全面的 $1d$ 长度方案设置,开展数值模拟,计算结果如表 4.18 所示。

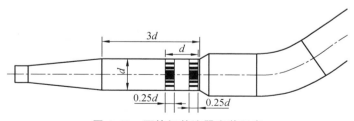

图 4.13 两块短整流器安装示意

表 4.18　安装两块短同心圆形整流器的数值模拟结果对比

整流器长度	$k/(\text{m}^2 \cdot \text{s}^{-2})$	$\Delta p/\text{kPa}$	$J/(\text{m}^2 \cdot \text{s}^{-1})$	$(1-J_i/J_{out})/\%$	$\Delta p_{AB}/\text{kPa}$
0	4.883 9	79.28	0.386 4	0	6.41
表 4.12 中 $1d$	2.541 4	114.29	0.070 0	82.0	43.52
表 4.12 中 $0.5d$	2.470 0	108.88	0.064 1	83.0	38.91
$(0.25+0.25)d$	2.741 0	123.8	0.056 1	85.5	53.50
表 4.12 中 $0.25d$	2.534 4	105.44	0.070 3	82.0	35.36
$(0.125+0.125)d$	2.738 9	121.6	0.073 5	81.0	51.80

由表 4.18 中衡量参数对比看出,在相同整流器实体长情况下,安装两块短同心圆形整流器后各衡量参数并没有很明显的变化,该方案并没有减少流动损失,出口湍动能没有减小反而增大,其中 AB 断面之间的总压压差接近于表 4.12 中 $2d$ 整流器长度的损失大小。分析原因,水流流过第一短块后流道面积增大,流体扩张,流体经过第二短块后又收缩,增加了流动的湍流脉动,同时流体两次撞击整流器端面,撞击损失远大于流体摩擦损失,因此流动损失较大。

由此看出,同一整流器拆分设置后,消旋性能和流动损失基本没变,湍动能会略有增大,总体上效果不如合起来设置,因此,不建议拆分设置。

对于该结构改变装配距离 $1d$ 等因素本书未做深入研究。

4.3　整流器整流性能影响因素的正交试验分析

正交试验设计(Orthogonal Experimental Design)是研究多因素多水平的一种设计方法。正交试验就是利用排列整齐的正交表,对试验进行整体设计、统计分析、综合比较,实现通过较少的试验次数找到较好的生产条件,以达到最好的生产工艺效果。这种试验设计法是从大量的试验点中挑选适量的具有代表性的点,利用已经制作好的表格来安排试验并进行数据分析的方法。正交表能够在因素变化范围内均衡抽样,使每次试验都具有较强的代表性。由于正交表具备均衡分散的特点,保证了全面试验的某些要求,这些试验往往能够较好或更好地达到试验的目的,是一种利用数理统计学与正交性原理的高效、经济、快速的方法。

消防水炮整流器的研究需要预先掌握一些尺寸的影响规律,并由设计经验选定影响因素及水平。上述分析了影响整流器整流性能的多种影响因素,但是在固定水炮炮管长度为 $3d$ 的情况下开展的计算分析。为了了解水炮炮管长度的影响,本节以内翼形整流器为例进行正交分析,采用整流器长度与炮管长度的比值作为因素之一,该因素将这两种长度因素一起考虑,视整流部分为一个整体部件,可为水炮整体伸出长度的优选奠定基础。正交分析还选用了其他一些主要因素:一是整流器筋板厚度,能改变影响整流器的体积,对水炮内部流动具有直接的影响;二是整流器安放位置,对水炮出口的湍动能、旋涡强度具有影响;三是水炮炮管长度。直管自身具有一定的消旋作用,因此水炮炮管长短直接影响消旋性能,以水炮炮管的内径 d 为参照,炮管长度是 d 的倍数。内翼形整流器其他影响因素,例如,整流器断面上肋片长度与炮管半径比值、肋片数量,在正交试验中未考虑。

本书对整流器正交分析选用的因素和水平值如表 4.19 所示。

表 4.19　整流器因素水平

序号	A 整流器筋板厚度/mm	B 整流器安放位置	C 水炮炮管长度	D 整流器长度与炮管长度比值
1	2	−1(首部)	$1.5d$	1/4
2	3	0(中部)	$3d$	2/4
3	4	1(末端)	$4.5d$	3/4

注:表中水炮炮管长度实际是指安装整流器部分的炮管直管段的长度。

表 4.19 列出的四个主要因素未考虑因素之间的交互作用,三个水平值的大小及范围是基于上节数值分析得到的结论和规律选取的,其中 A 整流器筋板厚度考虑了材料结构强度和型材标准,C 水炮炮管长度是基于已有文献中推荐的范围选取的,D 整流器长度范围是根据表 4.13 中计算结果选取的。整流器尺寸因素分析以水炮出口湍动能最小,水炮进出口总压压差最小,出口旋涡强度接近 0 为考察指标。

同样,对所开展的数值模拟计算需要减小计算误差,尤其是针对湍动能的计算结果,水炮在出口位置的雷诺数非常大,在采用标准壁面函数时需要满足相关条件。实际壁面边界层厚度未知,根据壁面第一层网格设置在充分发展的湍流的要求,选用某一试验方案验证水炮出口直段的壁面,计算平均 y^+ 值,如表 4.20 所示。

表 4.20　水炮出口第一层网格高度对计算结果的影响

第一层网格高度/mm	出口直段壁面平均 y^+ 值	出口平均湍动能 $k/(m^2 \cdot s^{-2})$	出口旋涡强度 $J/(m^2 \cdot s^{-1})$	进出口总压差 $\Delta p/kPa$
0.1	200	2.345 5	0.119 1	96.45
0.2	346	2.399 7	0.108 3	97.10
0.3	561	2.432 1	0.101 0	98.60

从表 4.20 中可知,当第一层网格高度从 0.1 mm 变为 0.3 mm 时,湍动能 k 值和进出口总压差改变量分别为 3.6% 和 2.2%,误差较小,旋涡强度 J 值相对变化量小,计算选取壁面第一层网格高度为 0.1 mm,同时,通过对比网格量大小对结果的影响,选取 200 万网格节点数,开展正交试验的数值模拟计算。

正交试验表选用 $L_9(3^4)$ 共 9 个试验方案,结果如表 4.21 所示。从表中可看出,各因素水平按一定规律变化,各因素出现次数相同,试验序号 1 ($A_1B_1C_1D_1$) 具有最小的流动损失,而试验序号 3 ($A_1B_3C_3D_3$) 具有最小的湍动能,试验序号 7 ($A_3B_1C_3D_2$) 具有最小的旋涡强度。极差分析可知最大影响程度的因素,如表 4.22 所示。

表 4.21　正交试验方案和结果

序号	A	B	C	D	$k/(m^2 \cdot s^{-2})$	$\Delta p/kPa$	$J/(m^2 \cdot s^{-1})$
1	1	1	1	1	2.345 5	86.45	0.119 1
2	1	2	2	2	2.120 7	98.73	0.192 3
3	1	3	3	3	2.035 5	119.71	0.232 0
4	2	1	2	3	2.223 5	111.81	0.198 7
5	2	2	3	1	2.345 9	104.15	0.126 9
6	2	3	1	2	2.305 9	98.19	0.270 6
7	3	1	3	2	2.539 0	124.32	0.071 4
8	3	2	1	3	2.416 5	108.43	0.220 9
9	3	3	2	1	2.371 2	105.52	0.281 8

表 4.22 试验结果极差分析

参数		A	B	C	D
出口湍动能 $k/(\mathrm{m}^2 \cdot \mathrm{s}^{-2})$	k_1	6.501 8	7.108 2	7.068 0	7.062 8
	k_2	6.875 3	6.883 1	6.715 5	6.965 7
	k_3	7.326 9	6.712 7	6.920 5	6.675 5
	$\bar{k}_1$	2.167 3	2.369 4	2.356 0	2.354 3
	$\bar{k}_2$	2.291 8	2.294 4	2.238 5	2.321 9
	$\bar{k}_3$	2.442 3	2.237 6	2.306 8	2.225 2
	R	0.275 0	0.131 8	0.117 5	0.129 1
总压差 $\Delta p/\mathrm{kPa}$	k_1	304.89	322.58	293.07	296.12
	k_2	314.15	311.31	316.06	321.24
	k_3	338.27	323.42	348.18	339.95
	$\bar{k}_1$	101.63	107.52	97.69	98.70
	$\bar{k}_2$	104.71	103.77	105.35	107.08
	$\bar{k}_3$	112.75	107.80	116.06	113.31
	R	11.120	4.036	18.370	14.610
出口旋涡 强度 $J/$ $(\mathrm{m}^2 \cdot \mathrm{s}^{-1})$	k_1	0.543	0.388	0.611	0.528
	k_2	0.595	0.540	0.672	0.534
	k_3	0.574	0.784	0.430	0.651
	$\bar{k}_1$	0.181	0.129	0.204	0.176
	$\bar{k}_2$	0.198	0.180	0.224	0.178
	$\bar{k}_3$	0.191	0.261	0.143	0.217
	R	0.017	0.132	0.081	0.041

表 4.22 中,k_i 代表某一因素正交试验后在水平 i 下的求和,$\bar{k}_i$ 为对应该 i 水平下的平均值,由表 4.21 所示的正交性,某一水平的 i 值在 9 组试验中均出现三次,利用正交设计的整齐可比性,当比较 k_1,k_2,k_3 的大小时,把它们之间的差异看成三个不同水平引起的。表中给出极差 R,是 k_i 中最大值减去最小值,反映了该因素选取的水平变化时对指标的影响大小。对于出口旋涡强度 J 值是采用绝对值处理后的绝对涡通量。

由获得的极差数据看出,对于水炮出口湍动能,因素 A 整流器筋板厚度的改变影响程度最大,其次为因素 B 整流器安放位置,影响的主次顺序为 ABDC。表中推荐出组合 $A_1B_3C_2D_3$ 能获得最小的湍动能 k 值;对于总压差,四个因素影响的主次顺序为 CDAB,即水炮炮管长度的改变对总流动损失影响最大,其次为整流器长度的比值,给出 $A_1B_2C_1D_1$ 组合能获得最小水力损失;对于出口旋涡强度,影响因素的主次顺序为 BCDA,认为安放位置对旋涡强度影响最大,最小旋涡强度值的合适组合为 $A_1B_1C_3D_1$。以上对于单一指标获得了较好的组合,但综合考虑三个指标,需要进一步分析各因素的显著性。

为直观可见,用水炮的因素作为横坐标,平均值作为纵坐标,作三个指标与因素的关系图,如图 4.14 至图 4.16 所示。

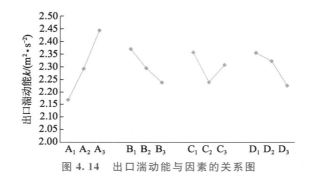

图 4.14　出口湍动能与因素的关系图

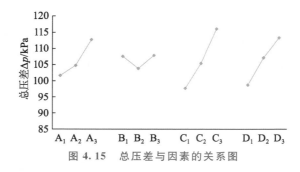

图 4.15　总压差与因素的关系图

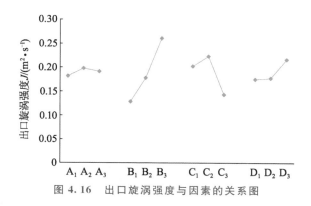

图 4.16　出口旋涡强度与因素的关系图

从上面的关系图看出,对于因素 A 整流器筋板厚度从 2 mm 变化到 4 mm,在出口湍动能图中呈现上升趋势,从上升程度上判断其为出口湍动能的最大影响因素,在总压压差图中也显示上升趋势,但在出口旋涡强度图中,整流器筋板厚度为 2 mm 时旋涡强度最低。随厚度的增大,整流器占流道体积增大,在保证整流器结构强度的情况下,筋板厚度的减小对减小损失有利。

对于因素 B,整流器安装在末端时湍动能减小,旋涡强度增大,这与上节内容中单因素分析整流器位置得到的结论一致。而对于总压压差,安装位置在中部时其值略微减小,但从总压的改变量来说很小,因此认为安装位置对流动损失的影响较小。

对于因素 C,随着水炮炮管长度的增大,出口湍动能先减小后增大,总压压差上升趋势明显,在总压损失的影响因素中其影响程度最大,而出口旋涡强度则是减小的情况。从水力损失考虑需要最小水炮炮管长度,但从另外两个衡量因素 k 值和 J 值考虑,需要合适的炮管长度。

对于因素 D 整流器长度,由于采用了和炮管长度的比值从 1/4,2/4 到 3/4 三水平变化,因此将整流器和炮管视为一个整体,从图 4.14 至图 4.16 中看出,三个指标的结果均近似呈现线性规律,对于出口湍动能为减小趋势,对于总压压差和旋涡强度为增大趋势,与前面单因素分析得出的规律一致。

极差分析不能将试验中由试验条件改变引起的数据波动与试验误差引起的数据波动区分开,难以估计试验误差的大小,各因素对试验结果的影响大小无法给以精确的数量估计,因此采用方差分析。

本书所采用的正交表的方差计算式为[68,69]

$$K = x_1 + x_2 + x_3 + \cdots + x_9 \tag{4.3}$$

$$P = K^2/9, \quad W = \sum_{i=1}^{9} x_i^2 \tag{4.4}$$

$$Q_A = \frac{1}{3} \sum_{i=1}^{3} (K_i^A)^2, \quad Q_B = \frac{1}{3} \sum_{i=1}^{3} (K_i^B)^2$$

$$Q_C = \frac{1}{3} \sum_{i=1}^{3} (K_i^C)^2, \quad Q_D = \frac{1}{3} \sum_{i=1}^{3} (K_i^D)^2 \tag{4.5}$$

$$S_A = Q_A - P, \quad S_B = Q_B - P, \quad S_C = Q_C - P, \quad S_D = Q_D - P \tag{4.6}$$

$$S_T = W - P = S_A + S_B + S_C + S_D \tag{4.7}$$

$$S_e = \min(S_A, S_B, S_C, S_D) \tag{4.8}$$

式中：x_i——试验数据；

$\quad\quad K$——试验数据总和；

$\quad\quad P$——数据总和平方的算术平均值；

$\quad\quad W$——数据平方和；

$\quad\quad Q_A \sim Q_D$——同水平数据总和的平方；

$\quad\quad S_A \sim S_D$——因素变差平方和；

$\quad\quad S_T$——总变差平方和；

$\quad\quad S_e$——误差平方和。

一般自由度 f 的计算方法为：总平方和自由度 f_T 为所有数据个数减 1；因素平方和自由度 $f_A \sim f_D$ 为因素水平数减 1；误差平方和自由度 f_e 与因素自由度之和为 f_T。

显著性检验是讨论因素对结果的影响是否显著，采用统计量 F 比值衡量，以因素 A 为例，F 比值的计算式为

$$F = \frac{S_A/f_A}{S_e/f_e} \tag{4.9}$$

当 F 比值大于临界值 F_α 时，表明因素的影响是显著的，不同显著性水平 $\alpha = 0.2$，$\alpha = 0.1$，$\alpha = 0.05$，其临界值可通过查询 F 临界值表获得。

试验结果方差分析见表 4.23。表 4.23 中显著程度由符号"＊"标出，当 $F < F_{0.2}$ 时，表明因素无影响；当 $F_{0.2} < F < F_{0.1}$ 时，表明因素有一定影响，用一个"＊"表示；当 $F_{0.1} < F < F_{0.05}$ 时，表明因素有影响，用两个"＊"表示；当 $F > F_{0.05}$ 时，表明因素影响显著，用三个"＊"表示。

表 4.23 试验结果方差分析

指标	方差来源	变差平方和	自由度	均方	F 比值	显著性
出口湍动能 $k/$ ($\mathrm{m^2 \cdot s^{-2}}$)	A	0.113 8	2	0.056 9	5.45	*
	B	0.026 2	2	0.013 1	1.26	
	C(误差)	0.020 9	2	0.010 4		
	D	0.027 1	2	0.013 6	1.3	
	总和	0.188 0	8			
总压差 $\Delta p/\mathrm{kPa}$	A	197.97	2	98.99	6.5	*
	B(误差)	30.49	2	15.2		
	C	510.82	2	255.4	16.77	* *
	D	322.46	2	161.3	10.6	* *
	总和	1061.73	8			
出口旋涡强度 $J/$ ($\mathrm{m^2 \cdot s^{-1}}$)	A(误差)	0.000 5	2	0.000 2		
	B	0.026 6	2	0.013 3	66.5	* * *
	C	0.010 5	2	0.005 3	26.5	* * *
	D	0.003 2	2	0.001 6	8.0	*
	总和	0.040 8	8			

注：临界值 $F_{0.05}(2,2)=19$；$F_{0.1}(2,2)=9$；$F_{0.2}(2,2)=4$。

表中最大置信度低于 95%，其中整流器筋板厚度对出口湍动能和总压压差有一定的影响，整流器安装位置对出口旋涡强度的影响程度十分显著，炮管长度和整流器长度对总压压差有影响，从方差分析表中看出正交试验精度可进一步提高。分析原因，其一，水炮出口湍动能值与网格密度、湍流模型的选择有关，因此湍动能值计算精度可进一步提高；其二，水炮炮管长度仍需要固定，针对整流器开展正交试验分析，表中显示出口湍动能以炮管长度为参考误差，分析得出炮管长度对湍动能的影响小，可固定炮管长度完善正交试验分析；其三，可考虑选择混合水平正交试验表或考虑炮管长度与整流器长度的交互作用，提高正交试验精度。表 4.23 中因素影响的显著性结论和结果对设计整流器也具有指导意义。

水炮最终衡量参数为射程，本书选取的三个衡量指标对射程的影响程度有待试验判断分析，因此，内翼形整流器的方案定型可在极差分析得出的较优因素水平组合基础上，考虑方差分析的结果进行调整。正交试验设计是不

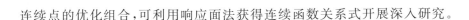

连续点的优化组合,可利用响应面法获得连续函数关系式开展深入研究。

4.4 整流器对压力脉动的效果分析

整流器在水炮内安装是否对消防水泵自身带来的压力脉动具有影响是本节讨论的问题。不同于上述模拟计算采用的稳态湍流流动,在考虑水炮入口压力脉动时,所模拟的流动状态为非稳态流动,所求解的流动模型也是基于 N-S 方程中的质量守恒,动量守恒仍选用标准 k-ε 湍流模型。计算的入口边界条件由速度入口条件改为压力入口条件,出口边界条件仍为相对大气压力为 0 的压力出口。采用商业软件开展模拟,压力入口直接定义变量函数赋初值。消防泵一般为离心泵,不同型号的消防泵有不同形式的出口压力脉动。文献也指出在偏离额定流量情况下,泵出口脉动程度也不同,为验证整流器对水炮出口脉动的影响,参考已有文献[34,35]的结论,设定水炮入口压力脉动的模式为:幅值按 8% 变化,频率为 100 Hz,正弦函数变化。本研究水炮设计工作压力为 1.2 MPa,因此入口压力脉动计算式为

$$p = 1.2 + 0.096 \times \sin(200\pi t) \tag{4.10}$$

通过数值模拟验证由式(4.10)计算的压力脉动时,水炮出口的状态在有无整流器情况下的差异。其中整流器选用网格型 1 倍炮管直径长度,计算域网格的相关性验证已在上一节内容中开展,因此所采用的网格相同,计算时采用稳态结果作为初始值,以 0.000 2 s 为时间步长,监测出口压力变化,结果如图 4.17 所示。

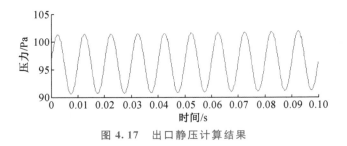

图 4.17 出口静压计算结果

图 4.17 中的数据通过傅里叶变换,将出口压力脉动转换为频域图,如图 4.18 所示。

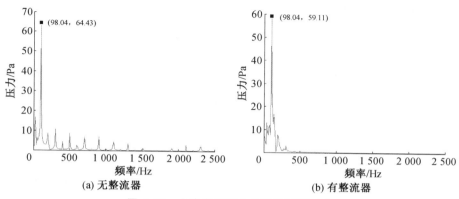

图 4.18　水炮出口压力脉动频域图对比

从图 4.18 中看出,有无整流器时水炮出口主频均约为 98 Hz,与输入的压力模型频率保持一致。图 4.18 显示的结果是出口面上中心点位置的静压,而选择出口面整体压力进行监测,或选择靠近出口的内部点进行监测,仍得到相同的脉动频率结果。这说明水炮入口的压力脉动流经整个流道到达出口,仍然保持一致的进口脉动频率,有无安装整流器对脉动的影响极小,原因是在水炮工作的 1.2 MPa 压力下,流体介质(水)可视为不可压缩流体,管道内数值模拟按连续性方程守恒性质计算,入口的脉动传递至出口。

水炮出口射流流态十分容易受微小扰动的影响,从而影响射流的稳定性,影响射流后面的破碎过程,因此在以出口射流流态为研究对象时,若考虑加载的压力脉动因素,则可直接加载消防水泵出口的压力脉动值。

本章重点对消防水炮炮管内安装不同整流器时的整流性能进行了系统分析,设计了等体积、等表面积、等筋板厚度等多种整流器方案进行对比,并通过流动损失、湍动能、绝对涡通量、主流速度不均匀度等多个性能参数进行评价,对弹尾形、星形、十字形、内翼形、网格形、同心圆形六种整流器的整流效果进行了分析与比较。最后选择整流效果最优的内翼形整流器开展了正交试验分析,同时进行了整流器对水炮进口压力脉动的影响分析,获得以下结论:

① 在水力损失影响方面,当炮管内的整流器处于等体积时(设定截面积均占炮管截面积的 15.45%,长度均为 1 倍炮管管径),水炮总损失与整流器的表面积呈正相关的关系,安装整流器后其过流区间水

力损失占总损失的 $24\%\sim38\%$（无整流器时，该区间的水力损失为 6.41 kPa，约占总损失的 8%）。这表明整流器的合理选型和设计对水炮性能具有较大影响。当炮管内的整流器处于等过流表面积时（截面积均与等体积时一样，但体积已不等），各整流器带来的总流动损失差异最大约为12.9 kPa，小于等体积对比方案时的 19.5 kPa，表明以流动损失为考核指标时，主次顺序依次为整流器截面占比、湿周周长、整流器长度。在将整流器筋板厚度统一设定为 3 mm 的对比方案中，该结论获得验证。

② 在降低湍动能的整流效果方面，本研究的消防炮水炮主体区域湍流强度约为 2.79%，接近低湍流强度，因此本研究的消防水炮内部流动的湍动能强度 I 总体并不大。炮管内主流的湍动能 k 受整流器的影响较为明显，设置整流器后，水炮出口位置的湍动能有明显减小。湍动能 k 的减小与整流器分割的区域数呈正相关关系，分割区域数越多，湍动能减小幅度越大。其中，简单分割的星形和十字形整流器，使湍动能减小达 33% 左右；分割区域数较多的内翼形、弹尾形、同心圆形、网格形整流器，在减小湍动能方面效果大致相同，使湍动能减小达 46% 左右。

③ 在减小断面旋涡强度的整流效果方面，设置整流器后，消旋效果极为明显，炮管末端及喷嘴出口的旋涡强度比无整流器时显著减小。其中，在炮管段，断面绝对涡通量减小 $81\%\sim87\%$；在喷嘴出口，断面绝对涡通量减小 $94\%\sim97\%$。不同形式的整流器消旋效果绝对差异并不大，最大差异在 8% 以内。整流器的消旋效果与分割区域呈正相关关系，分割越密，消旋整流效果越明显。从涡通量重心的偏心惯量来看，中间无阻隔的内翼形、弹尾形、同心圆形三种整流器消旋整流效果最好，为第一梯队；网格形整流器效果次之，为第二梯队；分割区域最少的星形整流器和十字形整流器效果最差，为第三梯队。第一、第二、第三梯队间涡通量的比值大约为 $1:1.8:14$。

④ 在降低主流速度不均匀度的整流效果方面，一致性地反映出有整流器远比没有整流器要好。从炮管出口断面的主流速度重心偏心惯量、主流速度偏差率重心偏心惯量这两个指标来看，同心圆形、星形、十字形、网格形、弹尾形、内翼形六种整流器都一致呈现出内翼形整流器最好，弹尾形和同心圆形整流器次优，十字形和星形整流器较差；在炮管段，没有整流器比设置内翼形整流器时的速度重心偏心惯量大 $3\sim4$ 倍；在喷嘴出口，没有整流器比设置内翼形整流器的速度重

心偏心惯量大近6倍。从炮管出口的主流速度平均偏差率和绝对偏差量两个指标来看,也一致性地呈现出内翼形整流器最优,弹尾形和同心圆形整流器次优,十字形和星形整流器较差。这进一步证明,在降低主流速度的不均匀度方面,内翼形整流器属于第一梯队,弹尾形与同心圆形整流器属于第二梯队,网格形整流器属于第三梯队,十字形和星形整流器属于第四梯队。第一、第二、第三、第四梯队的这两个指标比值均大致为1:1.3:1.4:1.7。

⑤ 在整流器的结构设计与安放位置方面,本章研究了水炮不同射流仰角,整流器的安放位置、倒角、拆分安装、筋板片数、筋板径向长度等因素的影响,也研究了合适整流器的经济长度。研究表明:整流器安装在炮管首部最佳;1倍炮管直径长度是整流器的经济长度,具有较好整流效果;整流器倒角对减小流动损失有明显好处,倒角方式推荐采用进口内凹、出口外凸的形式。研究表明,合理的倒角能使整流器造成的水力损失减小1/3;整流器整体安装优于截短拆分后的组合安装;内翼形整流器(对降低主流速度不均匀度效果最好的形式)的筋板片数在6片左右为最佳,筋板的径向长度越长消旋效果越好;应该选取合适的筋板壁厚,在满足焊接变形、耐受水流及管道垃圾冲击等必需的强度和刚度条件下,原则上筋板壁厚越薄越好。实际产品中小流量消防炮的筋板壁厚可选择1~1.5 mm,大流量消防炮的筋板壁厚可选择1.5~3 mm。

⑥ 在整流器整流效果的多影响因素综合分析方面,通过正交试验分析,获得了影响水炮出口湍动能、出口旋涡强度、水炮流动损失的各因素主次关系,分析结果可用于指导消防炮炮管段整流器的设计。通过对水泵自身带来的水炮进口压力脉动的分析可知,整流器对压力脉动的影响很小,因此在分析水炮出口压力脉动变化对射流流态的影响时,可直接采用泵出口的脉动模式。

5

消防炮喷嘴性能

消防炮喷嘴一般由进口直段、收缩段和出口直段组成。喷嘴的设计和性能的比较，主要涉及喷嘴形状的选择和设计、喷嘴出口的直径设计、喷嘴收缩段的收缩角确定，以及喷嘴出口直管段的长径比确定四个主要方面。本章将借助传统的流体计算公式、管道流的计算方法、国内外相关研究的既有成果和结论，以及大涡模拟的数学方法等，对消防炮喷嘴性能有关的设计选型及性能比较进行系统分析，为消防炮喷嘴的性能设计与评价提供理论支持。

需要特别指出的是，常用的消防炮喷嘴有导流式喷嘴和直流式喷嘴（也称瞄口式喷嘴）。本书研究的消防炮喷嘴是直流式喷嘴。导流式喷嘴的当量直径与直流式喷嘴之间存在换算关系。在射程计算方面，其主要差异在于取的水炮喷头型式系数不同，在产品设计中，一般直流式喷嘴取 0.95，导流式喷嘴取 1.0。

5.1 喷嘴的设计

5.1.1 喷嘴结构选型

消防炮的喷嘴起着能量转换的关键作用，其内部流道的轮廓线形状直接影响压力能转换为动能的效率，形状的选择和设计是喷嘴设计的首要关键步骤。

直流式水炮的喷嘴，其内流道的结构形式总体上可分圆锥形和流线形两种。其中，不同收缩角度的圆锥形喷嘴如图 5.1 所示。流线形喷嘴一般可分为内凸形喷嘴和内凹形喷嘴，如图 5.2 所示。

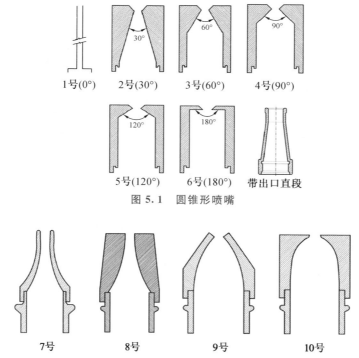

图 5.1　圆锥形喷嘴

图 5.2　流线形喷嘴(7 号、8 号为内凸形喷嘴;9 号、10 号为内凹形喷嘴)

　　对于喷嘴的设计选型和性能比较,国内外很多学者做过研究,包括喷灌用和消防用喷嘴的研究,获得过很多研究结论和成果。

　　吴海卫[19]采用轴对称湍流边界层积分方法,引用 Head 的输运积分关系式,同时采用精确的摩擦阻力系数公式,分析了七种喷嘴轮廓线对射流性能的影响,认为喷嘴出口边界层厚度对研究射流有较大的影响,出口边界层厚度越薄,则喷嘴的流量系数越大,出口速度越高,其射程就越远,因而出口处边界层厚度应尽量薄。

　　McCarthy 等[70]指出喷嘴内部表面光滑程度影响喷嘴的压力能向动能转换,分析了三种喷嘴结构形式,指出长度与喷嘴直径比 L/d 对出口断面速度的影响很大,并影响射流表面的形状(对射流一次破碎的影响)。

　　王乐勤等[71]采用数值模拟方法研究大流量喷嘴喷射性能,分析和研究了48 个模型喷嘴的收缩角、长径比、直径等结构参数对射流性能的影响,通过内部的速度场、压力场、轴线流速分布的计算结果对比,以获得较优的喷嘴结构形式。

Theobald 等[44]试验研究了出口当量直径为 12.7 mm(1 英寸)的多种喷嘴内轮廓线和收缩角对射流稳定性的影响,认为带有光滑收缩形式的内凹流线喷嘴具有较大的射程和射流稳定性,内凸的流线形喷嘴和收缩角为 30°的锥形喷嘴(罗斯喷嘴)性能良好。但该研究主要是针对小流量、小口径的喷嘴在低压下开展的,并且其中一种内凹的流线形喷嘴(高斯喷嘴)一般是作为一个部件与外部系统的导流叶片一起使用的,单独使用时射程并不理想。

研究表明,流线形喷嘴能够减少水力冲击损失,使水流更加平顺,苏联的维多辛斯基为流线形喷嘴的设计提供了计算式:

$$\left(r_*/r\right)^2 = 1 - \left(1 - \frac{1}{c}\right)\frac{\left[1 - (x/l)^2\right]^2}{\left[1 + (x/l)^2/3\right]^3} \tag{5.1}$$

式中: C——收缩比, $C = (r_0/r_*)^2$,其中, r_0 为进口半径; r_* 为出口半径。

维多辛斯基曲线如图 5.3 所示。

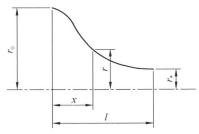

图 5.3　维多辛斯基曲线

小流量喷嘴的应用实验证明,对水流不是很平顺的喷头,采用流线形喷嘴,射程能增加 8%~12%;但对水流很平顺的喷头,采用流线形喷嘴,射程的增加很小[25]。

总的来说,圆锥形喷嘴具有结构简单、加工方便等特点,因此目前大多数喷嘴采用圆锥形喷嘴。流线形喷嘴具有流束平稳、损失小等特点,但其加工复杂、精度保证难度较大,适用于小流量、大批次,且采用塑料或金属压铸成型的喷嘴。

小流量的喷灌喷头一般采用出口不带直段的圆锥形喷嘴,大流量的水枪、水炮所采用的圆锥形喷嘴一般都在锥形收缩段之后带有一段出口直段,以更好地进行整流。

本书研究的大流量消防炮,其水流在经过炮座和炮管部位的导流、整流之后,进入喷嘴时的流场已经相对很平顺了。此外,对消防炮这类装备来说,因其流量总体较大,规格型号较多,很少出现大批量的加工,故推荐采用带有出口直段的圆锥形喷嘴。

5.1.2 喷嘴出口直径的设计

喷嘴出口直径反映喷嘴在一定的工作压力下通过水量的能力。压力相同和喷嘴直径在一定范围内，喷嘴直径越大，流量越大，射程越大。但同时，喷嘴直径的大小对射程、流量、雾化程度都有影响，根据这三个指标的衡量公式（$R=1.35\sqrt{dH}$，$Q=\dfrac{\pi}{4}ud^2\sqrt{2gH}$，$d_0=\dfrac{7.2d^{0.18}}{H^{0.8}}$）可以看出，直径增大，射程 R、流量 Q、雾化粒径 d_0 都会增大。

苏联的 Ш·И·伊利亚索夫总结出经验公式：

$$d_0=\frac{4\sigma_l}{\rho\cdot c\cdot v^2} \tag{5.2}$$

式中：d_0——水滴直径，mm；

　　　σ_l——水的表面张力系数，N/m；

　　　ρ——空气密度，kg/m³；

　　　c——空气阻止水滴运动的气体力学系数；

　　　v——水滴相对于空气的运动速度，m/s。

从式（5.2）可以定性地看出，射流雾化水滴的粒径与喷嘴直径成正比，与喷嘴的工作压力成反比，离喷嘴越远，水滴越大。另外，据研究表明，水滴的大小还与喷射仰角等因素有关。从这里可以看出，直径不能随意确定，它会关联到很多其他喷嘴参数和射流性能的变化。

喷嘴出口直径 d 是一个非常重要的数值。它直接影响到水炮外部射流的喷射质量，如射程、射高、射流的集中度、射流的稳定性等。它又与整个喷嘴的结构和水力性能有着极为密切的关系，如炮管通径、流量、射程、工作压力等。

关于喷嘴出口直径的计算方法，在第 2 章中已经进行过初步介绍，根据管道流及孔口出流等计算公式，同时参考多个工具书和设计手册，可用于喷嘴直径计算的常用公式有多种表达方式，主要原因如下：

一是因适用场所不同，导致引入的相关影响因子（系数）有所不同。如农用喷灌喷嘴，有雾化指标和喷洒形式要求；采煤、高压破岩等用途喷嘴，有很高的能量集中要求。

二是因实际应用要求不同，导致初始设定的设计参数不同。如有的输入的是流量、压力，有的是流量、速度；有的是出于节能或燃烧效率的要求规定流量系数；有的是出于能量转换的要求规定流速系数等；有的虽然采用相同公式,但因为用途不同,影响系数取值也会有差异,如对喷灌用喷嘴,一般最佳收缩锥角是 $40°\sim45°$,此时射程远,同时喷灌强度低,雾化效果好,流速系数较大,速度损失(孔口阻力损失)较小。而对射流泵或消防水枪,要求流量很大,工作效率高,喷嘴最佳锥角为 $13°\sim14°$,此时射流能量损失最小、流量系数最大。

三是根据行业的特点,精度不需要过于精确或者有些系数基于经验已经基本固定,会把影响系数综合设定为一个常数,将算法简化。如消防对于水枪的喷嘴,就只考虑流量和压力两个参数。

经归纳,常见的几种直径计算公式如下:

公式 1 当设定输入参数为流量、工作压力、流速系数时,采用计算公式(5.3)[即第 2 章中公式(2.3)],公式来自于《农业灌溉设备 旋转式喷头 第 1 部分:结构和运行要求》(GB/T 19795.1—2005)[57],即

$$d=2\times\sqrt{\frac{q}{\pi c\sqrt{0.2gp}}}\times\frac{1\,000}{60} \tag{5.3}$$

式中:d——喷嘴直径,mm;

q——喷嘴的出口流量,m^3/h;

c——喷嘴的流速系数(也有的工具书用 ψ 表示),一般取值 0.9;

g——重力加速度,取值 9.81 m/s^2;

p——工作压力,kPa。

公式 2 当设定输入参数为流量、工作压力、流量系数时,采用计算公式(5.4)[25],即

$$d=1\,000\sqrt{\frac{4Q}{\pi\mu\sqrt{2gH}}} \tag{5.4}$$

式中:d——喷嘴直径,mm;

Q——喷头流量,m^3/s;

π——圆周率;

μ——流量系数,一般取 0.945;

g——重力加速度,m/s^2;

H——工作水头,m。

公式 3 当仅设定输入参数为流量、工作压力时,采用的计算公式[72]如式(5.5)所示,即

$$d=\sqrt{\frac{Q}{0.66-\sqrt{p}}} \tag{5.5}$$

式中:d ——喷嘴直径,mm;

Q——流量,L/min;

p——工作压力,10^5 Pa。

公式 4 当设定输入参数为流量、流速时,采用的计算公式如式(5.6)所示,即

$$d = 1\,000\sqrt{\frac{4Q_{\mathrm{p}}}{\pi v}} \tag{5.6}$$

式中:d——喷嘴直径,mm;

Q_{p}——喷头流量,m^3/s;

v——喷头进口流速,m/s。

公式 5 当设定输入参数为流量、喷洒强度、雾化指标、喷洒形式时,采用的计算公式如式(5.7)所示[25]。这对喷灌喷头及消防用自动跟踪定位射流灭火系统中的喷洒型喷头有借鉴作用。

$$d = \frac{0.23\rho^2 p_{\mathrm{d}}}{c_{\mathrm{p}}^2} \tag{5.7}$$

式中:d——喷嘴直径,mm;

ρ——喷灌强度,mm/h;

p_{d}——选用的雾化指标,$p_{\mathrm{d}} = H/1\,000d$;

c_{p}——换算系数,与喷洒形式相关。

实际上,上述公式全部都是来源于水力学中的孔口出流计算公式,只是在后续的应用中因为条件、用途、要求等的改变,衍生了一系列的表达方式或经验公式,比如薄壁孔口变成带有一定厚度的出口直管段,进口带有不同角度的锥角,射流要求带有雾化指标要求,等等。

结合本研究涉及的消防炮,采用流量 10 000 L/min(600 m^3/h,167 L/s,0.167 m^3/s)、压力 1.2 MPa(1 200 kPa,120 m)、流速 46 m/s,对上述公式进行验证计算:

按公式 1 计算,$d = 69.73$ mm(流速系数取 0.9,若流速系数取 0.946 时,$d = 68.01$ mm)。

按公式 2 计算,$d = 68.6$ mm(流量系数取 0.945)。

按公式 3 计算,$d = 66.13$ mm(经验公式)。

按公式 4 计算,$d = 69.74$ mm(流速为 48 m/s 时,$d = 66.5$ mm)。

通过以上验证计算可以看出,如果输入条件不一样,或者用途不一样,采用的公式不一样或同一公式下相关经验系数不一样,计算结果会有一些小的差异。由此可见,对于精度要求高的使用场所或设计效率要求高的情况下,选择不同的喷嘴结构形式、收缩角、出口段长径比,确定不同的用途需求,都

会导致相关影响系数的不一样,进而影响到喷嘴直径的确定值。

5.1.3 喷嘴收缩段的收缩角

从前面的分析可以知道,喷嘴收缩段的收缩角,对于内部的流动、流场及喷嘴的综合性能,有着非常重要的影响。

根据动力学可知,射程远近与水流从喷嘴射出时的动能有关,此时,动能的表达式为

$$W = \frac{1}{2}mV^2 \tag{5.8}$$

$$m = \frac{rQ}{g}, V = \varphi\sqrt{2gH}, Q = A\mu\sqrt{2gH}$$

$$W = \frac{rQV^2}{2g} = \frac{r \cdot A \cdot \mu \cdot \sqrt{2gH}}{2g} \cdot \varphi^2 \cdot 2gH = r\mu\varphi^2 AH\sqrt{2gH} \tag{5.9}$$

式中:r——水的重度,N/m³;

μ——流量系数;

φ——流速系数;

A——喷嘴的横截面积;

H——喷嘴压力,Pa;

g——重力加速度,m/s²。

从式(5.9)可知,在压力、喷嘴直径一定的条件下,动能 W 与 $\mu \cdot \varphi^2$ 成正比,所以,喷嘴的适宜形式应该是流量系数(μ)和流速系数(φ)平方之积的最大值。根据实验资料,不同喷嘴形状对 $\mu \cdot \varphi^2$ 的影响如表5.1所示。

表5.1 不同喷嘴形状系数

喷嘴形状	μ	φ	$\mu \cdot \varphi^2$
圆柱形	0.82	0.82	0.551
圆锥扩散形	0.45	0.45	0.091
圆锥收敛形	0.95	0.97	0.894
流线形	0.97	0.97	0.913

从表5.1中的数据可以看出,流线形喷嘴的 $\mu \cdot \varphi^2$ 最大,因其水流运动时无撞击,但加工比较困难;其次是圆锥收敛形即锥形喷嘴。目前多采用圆锥形喷嘴,其次是圆锥收敛形即锥形喷嘴。为防止碰撞损坏喷嘴,一般出口做成倒角形式。圆形射流与空气接触面积最小,可以较长距离保持紧密状态,增加射程,所以喷嘴截面都做成圆形的。

喷嘴锥角是影响射程、流量和雾化指标的重要因素,为了确定最佳喷嘴的锥角,既要求喷嘴射流密实段长、射程远,又要求流量大、效率高,对于这些因素的要求相互矛盾,各国学者意见也不统一,因此,最佳锥角应该综合选取。

苏联学者为了研究喷嘴锥角 θ 与相对射程之间的关系做了一些试验,结果如图 5.4 所示,图中纵坐标表示喷嘴锥角 θ,横坐标表示相对射程(即射程 R 与收缩断面直径 d_c 之比)。

表 5.1 和图 5.4 的试验结果表明,喷嘴锥角是影响射程的主要因素,但是,射程随锥角变化的过程线只有一段能量损失最小,表 5.1 和图 5.4 的试验结果是相同的。对喷灌用喷嘴,一般喷嘴锥角最佳是 $40°\sim45°$,此时射程远,同时喷灌强度低,雾化效果好,流速系数较大,速度损失(孔口阻力损失)较小。而对射流泵或消防水枪炮,要求流量较大、工作效率高,喷嘴最佳锥角一般为 $13°\sim14°$,此时射流能量损失最小、流量系数最大。

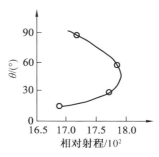

图 5.4　射程和锥角的关系曲线

水流由喷嘴射出,在喷嘴之外有收缩现象,根据流线的特性得知,它是一条光滑的曲线。采用高速摄影等手段观察可以看到射流在喷嘴之外的收缩断面 C-C,喷嘴锥角越大收缩越明显。如图 5.5 所示,设喷嘴收缩断面面积为 A_c,它比喷嘴面积更小,其比值为 $A_c/A=d_c^2/d^2=\varepsilon$,其中,$\varepsilon$ 为喷嘴射流的收缩系数。Г·欧列尔曾对锥形喷嘴射流收缩问题进行了研究,关于收缩断面的计算,他建议用公式(5.10)确定收缩断面的直径 d_c。

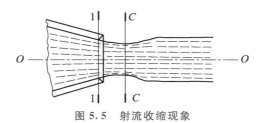

图 5.5　射流收缩现象

$$d_c=d\left(1-0.16\sin\frac{\theta}{2}\right) \tag{5.10}$$

式中:d_c——喷嘴收缩断面直径,mm;

　　　d——喷嘴直径,mm;

　　　θ——喷嘴锥角,(°)。

利用式(5.10)计算所得的收缩断面直径 d_C,进而计算出收缩系数 ε,与图 5.6 中对应的值较为近似,但一般计算的 ε 值稍大于图 5.6 中的 ε 值。

由图 5.5 可知,在喷嘴收缩断面上,由于流线是平行的,断面上各点的速度近似相等,根据上述条件,计算喷嘴的流速和流量。

取喷嘴内水流开始收缩处的断面 1-1 和喷嘴外射流收缩断面 $C-C$,列伯努利方程式:

$$z_1 + \frac{p_1}{r} + \frac{\alpha_1 v_1^2}{2g} = z_C + \frac{p_0}{r} + \frac{\alpha_C v_C^2}{2g} + \sum \zeta \frac{v_C^2}{2g} \tag{5.11}$$

式中:p_0——大气压。

因为断面 1-1 和 $C-C$ 都在 $O-O$ 水平面上,所以 $z_1 = z_C$。

$$\frac{p_1}{r} + \frac{\alpha_1 v_1^2}{2g} = \frac{\alpha_1 v_C^2}{2g} + \sum \zeta \frac{v_C^2}{2g} \tag{5.12}$$

$$H = \frac{p_1}{r} + \frac{\alpha_1 v_1^2}{2g}$$

式中:H——喷嘴前的总能头或工作压力。

$$H = \frac{\alpha_C v_C^2}{2g} + \sum \zeta \frac{v_C^2}{2g} = \left(\alpha_C + \sum \zeta\right) \frac{v_C^2}{2g}$$

$$v_C = \frac{1}{\sqrt{\left(\alpha_C + \sum \zeta\right)}} \sqrt{2gH} = \varphi \sqrt{2gH} \tag{5.13}$$

$$\varphi = \frac{1}{\sqrt{\alpha_C + \sum \zeta}} \tag{5.14}$$

取 $\alpha_C = 1$,由于断面 1-1 至断面 $C-C$ 之间的路程很短,因而其沿程能量损失可以忽略不计,则两个断面之间的能量损失就等于射流收缩时的能量损失,故 $\sum \zeta = \zeta_{收}$,喷嘴收缩的阻力系数,即

$$\zeta_{收} = \frac{1}{\varphi^2} - 1 \tag{5.15}$$

喷嘴流量可以通过所得的流速乘以收缩断面面积确定,即

$$Q = A_C v_C = \varepsilon \varphi A \sqrt{2gH} = \mu A \sqrt{2gH} \tag{5.16}$$

式中:μ——流量系数,$\mu = \varepsilon \varphi$。

收缩系数、流速系数和流量系数是影响流速和流量大小的重要因素,为了变换喷嘴锥角确定喷嘴的收缩系数、流速系数和流量系数的规律,国内外学者做了很多研究工作,现将不同锥角的喷嘴试验所取得的收缩系数、流量系数、流速系数列于表 5.2 中。它们随着锥角的变化规律如图 5.6 所示。

表 5.2　喷嘴锥角与收缩系数、流量系数、流速系数的关系

圆锥角 θ	收缩系数 ε	流量系数 μ	流速系数 φ
$0°00'$	1.000	0.829	0.829
$1°00'$	1.000	0.852	0.852
$2°00'$	1.000	0.873	0.873
$3°00'$	1.000	0.892	0.892
$4°00'$	1.000	0.909	0.909
$5°00'$	1.000	0.920	0.920
$6°00'$	1.000	0.925	0.925
$8°00'$	0.998	0.931	0.933
$10°00'$	0.987	0.937	0.949
$12°00'$	0.986	0.942	0.955
$13°00'$	0.983	0.945	0.961
$13°24'$	0.982	0.946	0.963
$14°00'$	0.977	0.943	0.965
$14°38'$	0.974	0.941	0.966
$15°00'$	0.968	0.938	0.969
$19°28'$	0.953	0.924	0.970
$23°00'$	0.938	0.914	0.974
$25°00'$	0.932	0.908	0.974
$35°00'$	0.904	0.883	0.977
$40°20'$	0.890	0.870	0.980
$45°00'$	0.873	0.857	0.983
$48°50'$	0.862	0.847	0.984

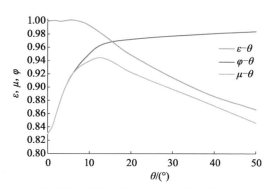

图 5.6　收缩系数、流量系数、流速系数随圆锥角的变化规律

从表 5.2 和图 5.6 可以看出：

① 收缩系数 ε 的变化规律是随着喷嘴锥角的增大，射流收缩越明显。一般当喷嘴锥角小于 7°时，射流没有收缩现象；当喷嘴锥角大于 7°时，射流开始收缩。

② 流速系数 φ 在喷嘴锥角由 0°增大至 15°时，φ 值由 0.829 增加至 0.969，在这个区间 φ 随着喷嘴锥角的加大梯度增长得非常明显，但喷嘴锥角大于 15°时，φ 值随着喷嘴锥角增大而缓慢地逐渐增大至以 1 为渐近线。

③ 流量系数 μ 随 θ 的变化曲线具有最大值，当 $\theta = 13°24'$时，流量系数达到最大值，此时喷嘴收缩的能量损失小；当 θ 继续增大时，射流收缩的能量损失又继续增大，流量系数 μ 随着 θ 的增大而减小。流量系数 μ 除与 θ 有关之外，还与喷嘴的加工精度密切相关，在同样的条件下，喷嘴内壁的光洁度高，流量系数就大，否则相反。

综合以上分析，消防炮喷嘴收缩段的收缩角宜为 13°~14°。实际产品设计中还可以结合炮管和喷嘴的总长度要求做适当的微调。

5.1.4　喷嘴出口直管段的长径比

喷嘴出口处通常都有一个圆柱形的直管段，直管段的直径就是喷嘴的直径。设置直管段的目的就是使水流离开喷嘴之后，不致过分收缩。根据国内实践，农用喷灌喷头的直管段长度在 0.15~0.5 mm 范围内，最大不超过 2 mm（其喷嘴直径一般仅为几到十几毫米），否则射程和流量系数均显著减小。在麦卡塞（McCarthy）和毛雷（Molly）关于喷嘴设计的研究中，试验的内凸流线形喷嘴的直管段长度为 28 mm，喷嘴直径为 13 mm，$L/d = 2.15$。庞生敏等[73]和杨国来等[74]在他们的论文中结合数值模拟结果，均推荐锥直形喷嘴的出口长径比为 2.4，但他们研究的喷嘴是工作压力为 20~100 MPa、喷嘴出口直径为 1 mm 的超高压小流量小喷嘴，出口流速达到 276 m/s 以上。

根据以往对多个系列的消防枪、消防炮实际产品的设计和试验经验，一般出口的长径比取 1.2 左右效果比较好。长径比过小，会导致锥形收缩段的来流还没有完全被整流为平直的圆柱形射流，压力能还没有完全转化为速度能，进而导致出口射流容易发散，容易雾化，射程缩短。长径比过大，会导致整流到位的圆柱形射流在直管内因高速产生过度的摩阻损失，造成出口流速的减小，进而带来射程的减小。但是，这只是多年产品设计和试验得出的经验值，尚缺乏理论上的验证和支持。后面将通过大涡模拟进行理论上的探索和验证。

总之，对于一个结构形式、收缩锥角、出口直径、长径比都设计好的喷嘴，存在一个合适的工作压力,超过该压力,虽然流量增加,但喷射效率降低。这里的喷射效率是指使更多的水达到射程末端区域,而压力的继续增大使相当一部分的水以雾化形式沿着喷射方向散落,水量并未在射程末端集中。当固定了喷嘴的流量这个设计参数,喷嘴的研究就集中在喷嘴轮廓线形式的选择上,圆锥形喷嘴(也有的文献称为锥直形喷嘴,以区分不带出口直段的圆锥形喷嘴,本研究设计的消防用锥形喷嘴,就是指带有出口直段的锥直形喷嘴)、内凸流线形喷嘴、内凹流线形喷嘴(分别见图 5.2 中 3 号、7 号、10 号喷嘴)等已被较多学者研究,并与一次射流破碎长度相关联,其与射流速度的关系曲线在文献中称为稳定性曲线。关于射流的稳定性将在下一章节进行分析。

对于远射程大流量消防水炮的喷嘴,由于其喷嘴内部流动属于单相流,可采用较为成熟的数值研究方法(例如大涡模拟),来探讨内部湍流形态、压力能向动能转换的机理,以及喷嘴轮廓线对内部流动的影响。

5.2 喷嘴内流场的大涡模拟

5.2.1 大涡模拟理论

(1) 滤波函数

在应用 LES 时,需要对涡的尺度大小进行区分和辨别。通过对 N-S 方程在波数空间或者物理空间进行过滤,可以过滤掉比计算中使用的网格空间或者过滤宽度小的涡旋,得到大涡的控制方程。过滤变量定义为[75]

$$\overline{\varphi}(x) = \int_D \varphi(x')G(x, x')\mathrm{d}x' \tag{5.17}$$

式中:D——流动区域;

x'——实际流动区域大尺度空间上的空间坐标;

x——滤波后的大尺度空间上的空间坐标;

G——决定所求解的涡的尺度的滤波函数,有多种可选用的表达式。

常见的滤波器有 Gauss 型滤波器、盒式(Box)方法滤波器、傅氏截断滤波器。

这三种滤波器中,盒式滤波器的滤波方法并不复杂,但缺点也很明显,其在进行傅里叶变换时某些区域会存在负值;由于滤波函数间断于单元边界上,因而也不适合微分运算。傅氏截断滤波器与盒式滤波器有些类似,可看作盒式滤波器在谱空间的另一种表达方式,其在傅里叶展开式中将所有波数绝对值高于 K_0 的分量截断。相比前两种滤波器,Gauss 滤波器在物理空间和谱空间的表现都比较优秀,可任意次微分,比前两种的综合性能都好,但是需要进行大量的计算。因此盒式滤波器和博氏滤波器的应用相对较广[76]。

(2) 大涡模拟的控制方程

采用计算网格作为过滤器属于一种隐式过滤,由此它能够自动过滤掉任何比网格小的尺度,所以在有限体积法的离散过程中本身就隐含了滤波这个功能。滤波器的宽度可以和数值计算中所采用的网格无关,但原则上网格尺寸应小于或等于滤波器宽度。为了简化计算,本书所使用的计算网格与滤波器尺寸相同,因此得到过滤函数:

$$G(x, x') = \begin{cases} 1/V, & x' \in v \\ 0, & x' \notin v \end{cases} \tag{5.18}$$

该滤波函数可认为是盒式滤波器的一种,其中 V 是计算控制体体积,v 为控制体所在的计算域。从而式(5.17)可写成

$$\overline{\varphi}(x) = \frac{1}{V} \int_v \varphi(x') \mathrm{d}x', x' \in v \tag{5.19}$$

大涡模拟目前在可压缩问题上并没有太多的应用,多数应用都在不可压缩流动问题上。本书所研究的流动也是不可压缩流动,因此这里涉及的理论都是针对不可压缩流动的大涡模拟方法。采用盒式滤波函数即式(5.18)处理瞬时不可压缩的 N-S 方程后,得到 LES 控制方程:

$$\frac{\partial \overline{u_i}}{\partial x_i} = 0 \tag{5.20}$$

$$\frac{\partial \overline{u_i}}{\partial t} + \frac{\partial \overline{u_i u_j}}{\partial x_j} = -\frac{1}{p} \frac{\partial p}{\partial x_i} + \frac{\partial}{\partial x_j} \left(v \frac{\partial \overline{u_i}}{\partial x_j} \right) - \frac{\partial \tau_{ij}}{\partial x_j} \tag{5.21}$$

其中,

$$\tau_{ij} = \overline{u_i u_j} - \overline{u_i} \cdot \overline{u_j} \tag{5.22}$$

τ_{ij} 被定义为亚格子尺度应力(SGS),体现了小尺度运动对大尺度运动的影响。上述方程在形式上和 RANS 方程比较相似,不同点在于两者的湍流应力表达式不一致,且大涡模拟中的变量是空间过滤后得到的部分变量,仍属于瞬时值;而 RANS 方程的变量则是时均量。

(3) SGS 模型

由于 LES 方程组中 SGS 项未确定,因而需要建立 SGS 模型使得控制方程封闭。因为 LES 依赖 N-S 方程组来捕获大部分的物理现象,所以建立 SGS 模型时必须保证 N-S 方程的物理意义。SGS 模型的主要作用是替代小涡产生的耗散,因此在 LES 方法中具有重要的作用。小尺度运动的普适性表明普适的 SGS 应力模型存在的可能性,因此构造出普适的 SGS 模型是湍流 LES 最主要的研究方向之一,然而,从目前的相关文献来看,普适的 SGS 模型

的构造仍需继续发展。

目前最为流行也最为简单的 SGS 模型是 Smagorinsky 模型[77]，它是其他多种改进版本的基础。Smagorinsky 模型是一种涡黏模型，形式为

$$\tau_{ij} - \frac{1}{3}\tau_{kk}\delta_{ij} = -2\mu_t \overline{S_{ij}} \tag{5.23}$$

式中：μ_t——亚格子湍动黏性系数；

$\overline{S_{ij}}$——求解尺度下的应变率张量，定义为 $\overline{S_{ij}} = \frac{1}{2}\left(\dfrac{\partial \overline{u_i}}{\partial x_j} + \dfrac{\overline{u_j}}{\partial x_i}\right)$。

Smagorinsky 模型是一种混合长度形式：

$$\mu_t = p(C_s\Delta)^2 |\overline{S}| \tag{5.24}$$

其中，$|\overline{S}| = (2\overline{S_{ij}S_{ij}})^{1/2}$，混合长度 $C_s\Delta$ 与网格尺寸成比例，对于有限体积网格，网格尺寸可以定义为 $\Delta = V^{1/3}$，V 是所计算控制体的体积，在笛卡尔坐标下 $\Delta = (\Delta x \Delta y \Delta z)^{1/3}$。$C_s$ 是 Smagorinsky 常数，与流动状况相关。

Lilly 对均匀各向同性湍流惯性子区进行分析，得到 $C_s = 0.18$。但是研究中发现，在平均剪切或者过渡流动中，该系数高估了大尺度涡旋的阻尼作用。也有文献认为，当假设过滤宽度等于网格尺度时，$C_s = 0.1$，模拟结果较准确。实际上，对于不同类型的流动，该系数常常需要做出相应改变。

在现有的 SGS 模型中，动态 Smagorinsky 模型（D-SGS）是除了 Smagorinsky 模型之外使用最多的 SGS 模型。但是 Smagorinsky 模型并不适用于近壁区和过渡区，因为在近壁区和过渡区 Smagorinsky 模型会造成过度耗散的情况，而且也不能体现出能量的局部反向传递特征。同时，C_s 的值如何确定也是该模型急需解决的一个潜在问题。针对 C_s 值的问题，Germano 提出了动态 SGS 模型的概念。该模型采用了一种新的方法使得 SGS 模型常数 C_s 能够根据所求解的运动尺度所提供的信息进行动态计算。在层流区 $C_s = 0$，因此亚格子黏性关闭；在靠近壁面时，$C_s \to 0$，黏性底层恢复。动态 SGS 模型同样具有涡黏模型的优点，并克服了一般涡黏模型（如 Smagorinsky 模型）耗散过大的缺点。但同时，相比于单纯涡黏模型，该模型动态系数的确定需要更为庞大的计算量来支撑。

除此之外，还有动态动能亚格子模型（Dynamic Kinetic Energy Subgrid-Scale Model，DKE）、壁面自适应局部涡黏模型（Wall-Adapting Local Eddy-Viscosity Model，WALE）和动态混合模型等，其中 WALE 模型设计的出发点是为了返回正确的壁面约束流动的壁面渐进特性，被认为能够获得和动态 SGS 模型相似的精度，且由于其不需要显式过滤，因此该模型比较适用于非结构网格[78-80]。

（4）LES 壁面处理

在数值模拟计算中，计算结果需要满足网格无关性。然而 LES 对于网格的要求却显得模糊，因为本质上亚格子模型是网格的显式函数，即网格相关。

湍流包含有不同时间和长度尺度的涡，最大尺度的涡通常具有平均流动的特征长度尺度，而最小尺度为 Komogrov 尺度，负责湍动能的耗散。DNS之所以代价很高，是因为需要求解耗散尺度的涡。但是如果不考虑耗散尺度的涡，而是以捕获含能的涡作为目标，那么网格尺寸就可以减少许多束缚，只需满足惯性区的要求即可，因而可以变得较粗。对于 LES，在一定意义上，可以认为其与 DNS 相同，只不过执行网格与后者相比粗糙很多，并且添加了额外模型用来体现那些小尺度的涡的耗散过程。同样地，DNS 有时也可被看作LES 网格无关的极致，但是该论述并不能用于指导网格的划分。实际上，LES的网格尺寸只需满足惯性区的要求，通常惯性子区网格尺寸满足 l_{DI}（耗散尺度）$<l<l_{EI}$（含能涡尺度），其中 $l_{EI} \approx \frac{1}{6} l_0$（湍流外尺度），是边界条件影响的非各项同性大涡与各项同性小涡之间的分界。因此，在远离边界的湍流大涡模拟计算中，只要网格宽度（约等于滤波宽度）小于 $\frac{1}{6} l_0$ 即可。

然而，湍流脉动尺度在近壁区的壁面过滤尺度较小，越靠近壁面越小，并且湍流雷诺数很小，这就对惯性子区和耗散区的分辨增加了难度，即很难区分出大涡和小涡。在实际高雷诺数 LES 中，要达到这种分辨率的计算量几乎和 DNS 相同。如此高的计算量使得 LES 在复杂工程问题中的应用受到了极大的限制，尽管动态 SGS 模型较 Smagorinsky 模型已大为改进，但是对近壁区上的问题仍无法起到显著的效果。

对于近壁区流动问题，LES 目前的解决办法除了减小近壁区网格尺寸到DNS 水平以求解近壁区外，主要的替代方法为壁面模化方法。该方法对外层进行求解，对近壁区进行模化。目前主要有三类广泛采用的壁面模化形式[81]：基于对数率的平衡应力模型（类似于 RANS 方法中的壁面函数法）、求解与外部流动弱耦合的边界层方程的分区模型，以及在壁面附近采用 RANS方法的 LES/RANS 分区混合模型，即 DES。

分区模型在一些由外层驱动内层的流动中具有良好的表现，但在扰动由壁面传向外层时的表现则不尽如人意，并且所需的求解边界层方程的 CPU时间也较长；DES 方法耗费的资源较前者更高，因为为了较精确地求解壁面法向，需要近壁区网格足够密，从而使得计算量较大；平衡应力模型在假设壁面附近存在常应力层，使得外层流动内的第一节点 P 的速度满足对数率[82]：

$$u^+=\frac{u_p}{u_\tau}=\frac{1}{k}\ln\frac{u_\tau y_p}{v}+B=\frac{1}{k}\ln E(y^+)+B \qquad (5.25)$$

式中:k——卡门常数;

　　B——经验常数,$B\approx5.0\sim5.5$。

当 $y^+<11$ 时,采用线性应力应变关系:

$$u^+=y^+ \qquad (5.26)$$

因此平衡应力模型对于近壁区网格的要求较低。

综合比较上述三种模型,均具有各自的优势及局限性,考虑到计算精度和资源等问题,本书选用平衡应力模型处理近壁区。

5.2.2　喷嘴模拟方案

圆锥形收缩喷嘴尺寸主要包括进口直径(130 mm)、出口直径($d=$ 68 mm)、出口直段长度 L_1、锥段长度 L_2,以及收缩角度 θ,如图 5.7 所示,图中计算域在收缩前增加直段,取其长度与进口直径相同。

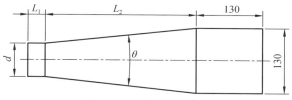

图 5.7　喷嘴尺寸示意图

图 5.7 的结构形式中已固定了喷嘴出口的直径和长度,不少文献主要探讨出口直段 L_1 与 d 的比值范围,以及收缩角 θ 的合适取值范围,而对于构成壁面的轮廓线,尤其是 L_2 线段,有文献研究采用多项式外凸流线、指数型内凹流线,以及两段变 θ 角的收缩形式,但他们的研究大多是应用于小流量手持水枪的轮廓线形式,因此本书采用多种圆锥形收缩喷嘴与维多辛斯基曲线收缩形式进行对比。

模拟方案包括喷嘴入口前有无安装整流器的流动,出口直段 L_1 分别为 d 的 0.5,1.0,1.5 倍,收缩角 θ 分别选择 8°,12°,16° 的工况开展数值计算。

图 5.8 中详细给出了模型的网格划分细节。采用六面体结构化网格划分计算域,并根据惯性子区和壁面平衡应力模型的要求来调整疏密,重点关注近壁区、转折处和流体的混合层处。由于采用平衡应力模型处理近壁区,因而近壁区网格只需满足 $y^+=30\sim150$。而本研究的网格经过多次调整,各个工况下均满足该要求。入口直段轴心附近流场速度梯度较小,因此图 5.8 中

流场中心网格较稀疏;壁面边界层和转折处速度梯度较大,这两处网格较为密集。网格节点总数达到 300 万。

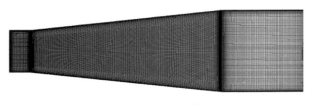

(a) 圆锥形喷嘴网格

(b) 流线形喷嘴网格

图 5.8　两种喷嘴结构和出口长度的计算网格

（1）初始条件与边界条件

在充分长的迭代时间之后,初始条件对于数值结果的影响将会消失。然而,为了尽快达到统计意义上的稳态,初始条件应该尽可能接近充分发展的结果。因此采用稳态 RANS 计算结果作为相应工况下 LES 计算的初始流场。

边界条件:进口边界条件由上游结构的计算结果以 Profile 文档的形式提供,其数据绘制的速度分布如图 5.9 所示,文档中给定了 RANS 方法计算的射流进口的三方向流速、湍动强度和静压。

图 5.9 中入口条件的颜色标尺的速度值为负,是由计算所选取的坐标方向引起的。

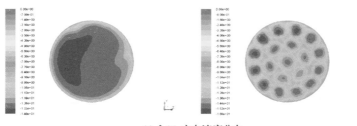

(a) 入口 x 方向速度分布

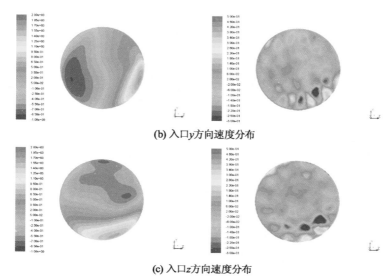

(b) 入口y方向速度分布

(c) 入口z方向速度分布

图 5.9　入口边界条件（左：无整流器；右：有整流器）

从图 5.9 中看出，无整流器时，流场高速区域向左上侧偏离，且流场呈逆时针旋转，切向旋转速度最大达 2 m/s。从 y 方向和 z 方向速度分布图看出，截面上的数据既有正值也有负值，表明在与主流方向垂直的另外两个方向上，流体存在涡流，根据图上 y 轴朝上、z 轴朝右的坐标参考，可以判断 y 方向速度分布图中，涡流形式为左侧向下、右侧向上流动；z 方向速度分布图中，涡流形式为下方向右、上方向左流动，即涡流方向为逆时针。有整流器时，流场呈现与整流器空格数量相同的高速区域。流场中的较高速度区域虽然也偏向左侧，但较为分散，同时 y 方向和 z 方向的速度均较小，在 0.5 m/s 以下，远小于无整流器流场的旋转速度，可见整流器的消旋作用明显。无整流器时入口最大流速为 13.54 m/s，有整流器时入口最大流速为 15.64 m/s，分别比入口平均速度 12.66 m/s 大 0.88 m/s 和 2.98 m/s，这是由于整流器本身的厚度和栅格壁面边界层厚度使得流场的有效流通面积减少较多，从而导致最大流速较大。上述对入口速度分布的分析进一步验证了第 4 章的研究结论。

进口处脉动速度的生成采用基于随机流动生成技术的频谱综合算法（Spectral Synthesizer Algorithm）；出口边界条件为压力出口；近壁区采用平衡应力模型求解。

（2）时间步长

为充分获得流场内的瞬时细节，时间步长取 10^{-4} s，每个时间步迭代 20 次，使得质量残差低于 10^{-4}，三个方向速度分量残差均小于 10^{-7}，且流场

监测点数值保持稳定振荡，因此可以认为收敛较好。

（3）数值格式

LES 在某种程度上属于 DNS，因此原则上求解非定常 N－S 方程的数值方法可以应用于大涡数值模拟，需要注意数值方法的精度。研究表明，要得到可靠的大涡模拟结果，需要至少二阶以上的数值精度，否则数值误差将超过亚格子应力。时间方案可以选择具有至少二阶精度的 Crank-Nicolson 半隐式方案或 Adams-Bashforth 方案。在采用有限体积法时，空间离散格式应选择具有至少二阶精度的 Quick 格式或者四阶中心差分格式以克服假扩散效应。因此本书采用如下数值方法：有限体积法离散瞬态控制方程，时间积分求解采用"bounded secondary order implicity"二阶隐式方案；压力与速度的耦合采用适用于非稳态计算的 PISO 算法；对流项离散采用"bounded central differencing"格式；压力项离散采用 PRESTO 格式。

（4）亚格子模型与网格

SGS 模型采用 Smagorinsky 模型（S-SGS），对于 S-SGS 模型，可以通过调节 C_s 值来获得更为准确的结果。本书借鉴已有模拟扩散管的文献中，将 C_s 由 0.1 调整至 0.15 能获得与试验较为接近的结果，因此最终选择 Smagorinsky 模型并设定 $C_s = 0.15$ 来进行后续计算。

（5）统计采样

在计算充分长的时间之后，再开始统计量的采集。通常达到统计意义上的稳态和数据采集所需的时间或者周期以通流（through-flow）时间 T_f 来衡量。通流时间定义为计算域长度除以平均速度 U_f（bulk velocity）。然而喷嘴各截面面积不同，平均速度 U_f 也不相同。喷嘴主要由入口直段、锥段和出口直段三部分构成，因此将三段长度除以各自中间位置处的平均速度 U_f，然后将三部分时间相加从而获得通流时间，约 0.02 s。

通常需要（5～10）T_f 来达到统计意义上的稳态，此后，需要（5～100）T_f 来完成统计量的采集，出于计算成本和统计收敛考虑，统计时间需要谨慎权衡。由于是以稳态 RANS 结果作为初始场开始计算，用于达到稳态的时间可稍短，根据流场数据监测情况确定此部分具体时间。模拟工作中，为了避免初始条件对统计结果的影响，在计算 $10T_f$ 时间后开始统计，统计时间长度 Δt 为 $15T_f$，因此每个工况至少需要计算 $25T_f$。然而，通流时间也只能作为参考，具体采样时间要根据实际流场细节来定。实际计算中，每个工况的统计时间均大于 $15T_f$。

5.2.3　大涡模拟结果分析

（1）喷嘴流动的稳定性分析

① 出口流量波动系数

对于 $0.5d$ 出口直段，收缩角为 $12°$ 的工况开展大涡模拟。图 5.10 给出了有无整流器时喷嘴出口流量波动系数 $C_m = \dot{m} / \overline{\dot{m}}$ 的实时变化曲线，流量波动系数是指瞬时流量与平均流量之比，用于衡量流量的稳定性。无整流器时波动系数在 $0.995 \sim 1.005$ 之间变化，即流量波动在 $\pm 5‰$ 以内，而有整流器时波动系数在 $0.997 \sim 1.003$ 之间变化，即流量波动在 $\pm 3‰$ 以内，变动范围明显小于无整流器时，表明整流器降低了出口流量的波动（流量波动的振幅下降了 40%）。

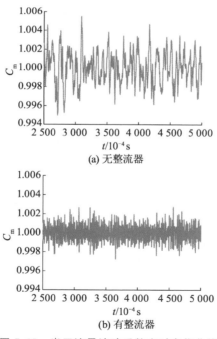

(a) 无整流器

(b) 有整流器

图 5.10　出口流量波动系数实时变化曲线

② 出口流量波动频谱

对流量波动系数进行傅里叶变换得到幅频信息，如图 5.11 所示。最大峰值对应频率，无整流器时主频率为 $156\ \text{Hz}$，有整流器时主频率为 $1\ 461\ \text{Hz}$，增大约 10 倍，无整流器时喷嘴出口幅值远远大于有整流器时，表明无整流器时出流流量波动频率较小,间歇性较大,流量波动幅值大,加上整流器后流量更平稳。

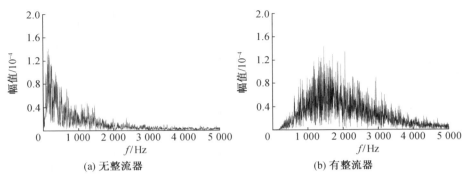

(a) 无整流器　　　　　　　　(b) 有整流器

图 5.11　出口流量波动频谱

③ 出口流速脉动系数

图 5.12 给出有无整流器时喷嘴出口中心点流速脉动系数 $C_v = v/\bar{v}$ 的实时变化曲线,流速脉动系数是指瞬时流速与平均流速之比,用于衡量流动的稳定性。无整流器时,脉动系数主要在 0.985~1.015 之间变化,而有整流器时,脉动系数主要在 0.995~1.010 之间变化,脉动范围小于无整流器的工况。(中心点流速脉动振幅由 15‰下降为 5‰,下降了 2/3。)

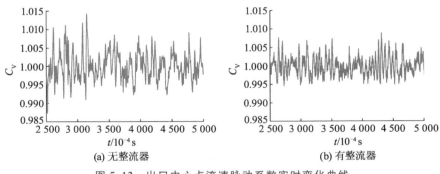

(a) 无整流器　　　　　　　　(b) 有整流器

图 5.12　出口中心点流速脉动系数实时变化曲线

④ 出口流速脉动频谱

对出口流速脉动系数进行傅里叶变换得到幅频信息,如图 5.13 所示。无整流器和有整流器时最大峰值对应频率(即主频率)分别为 173 Hz 和 346 Hz,然而无整流器时的幅值大于有整流器时的幅值。同样表明无整流器时出流脉动频率较低,间歇性较大,而且速度脉动大,加上整流器后流量更平稳。

出口中心点的轴向速度脉动频率和出口流量的波动频率不一致,是因为前者监测的是一个点的数据,而后者监测的是整个截面的瞬时整体数据,侧重点不同。

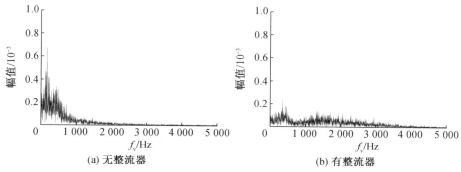

图 5.13　出口中心点轴向速度脉动频谱

综上所述,装有整流器时,喷嘴出口流量波动振幅下降了 40%,波动频率增大了约 10 倍,出口流速脉动频率增大了 1 倍,中心点流速脉动振幅下降了 2/3,流动更加平稳。

（2）喷嘴出口直段影响分析

① 出口流量波动频率随出口长径比变化规律

在固定收缩角 12°、有整流器的情况下,改变出口直段,大涡模拟得到的结果中,喷嘴出口流量波动系数在 $L_1 = 1d$ 和 $L_1 = 1.5d$ 时（即出口长径比分别为 1.0 和 1.5,下同）,变化范围在 0.997～1.003 之间,即流量波动在 ±3‰ 以内,相比出口直段长度 $L_1 = 0.5d$ 时有整流器的情况接近相同。对波动系数进行傅里叶变换得到幅频信息,$L_1 = 1d$ 和 $L_1 = 1.5d$ 时最大峰值对应频率,即主频率均为 1 362 Hz,略小于 $L_1 = 0.5d$ 时的 1 461 Hz,表明 L_1 大于 $1d$ 时的出流流量波动频率基本不再发生变化。

② 出口中心点流速脉动频率随出口长径比变化规律

在 $L_1 = 0.5d$,$1d$,$1.5d$ 三种长度下,喷嘴出口中心点流速脉动系数均主要在 0.996～1.004 之间变化。傅里叶变换得到的幅频信息显示,$L_1 = 1d$ 和 $L_1 = 1.5d$ 时最大峰值对应频率,即主频率分别为 360 Hz 和 425 Hz,与 $L_1 = 0.5d$ 时的 346 Hz 相比可见,随着出口直段长度的增加,中心点速度脉动频率略微增大,幅值减小,流速更平稳。上述时域和频域图与图 5.12 和图 5.13 相似,因此仅给出数据结果并未作图。

③ 出口轴向线速度分布随出口长径比变化规律

提取出口轴线上的速度进行对比分析如图 5.14 所示,图中流体流动方向为从左往右,图中横坐标为出口直段长度,原点是出口直段起始位置,x 坐标正向是直段长度方向。纵坐标为无因次速度,分母 $u_{out} = 45.91$ m/s 为理论平均速度,即设计流量与出口面积的比值。

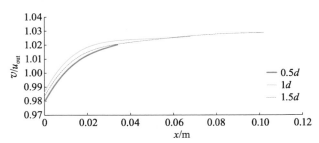

图 5.14　三种出口直段长度有整流器时出口轴向线速度分布

从图 5.14 可以看出,三种长径比的喷嘴出口直段轴线上的速度至出口位置都是增大的,基本在 0.06 m(约 1d 长)附近,增长趋势明显趋缓,曲线开始趋平。从图中也能看出,随着直段的增长,轴线速度在非常缓慢地增大。当然,中心轴线仅代表管的中心位置的局部流动,不是流道内的平均流速,因此也不能完全反映和代表整个出口断面的流动情况,所反映的出口直管段区域轴线速度的变化规律具有参考性,对于轴线速度上升的原因,结合后面的流动分布图进行讨论。本书也单独计算了直管段为 5d 长度的情况,结果表明,轴线速度仍保持增大趋势,纵坐标值达到 1.078,高于图中 1.5d 长时的纵坐标最大值 1.028,这也表明,随着出口直段的加长,中心点的流速是在缓慢地不断增大的。但是,随着直管段的增长,流速达 40 m/s 的高速流动时在管壁附近产生的摩阻损失也会大幅上升。

④ 出口断面速度分布随出口长径比变化的规律

不同于中心轴线,喷嘴出口断面速度反映了面域的内整体情况,设计水炮常关注的问题是水炮出口直管段取多长合适,为此对比 1d 和 5d 这两种出口截面的速度分布,如图 5.15 所示。

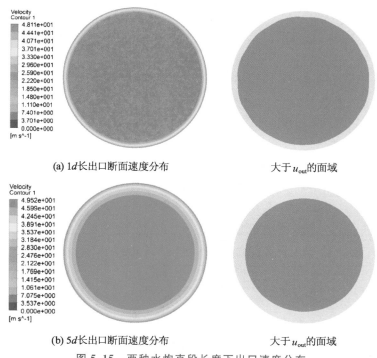

(a) 1d长出口断面速度分布 　　　　　大于u_{out}的面域

(b) 5d长出口断面速度分布 　　　　　大于u_{out}的面域

图 5.15　两种水炮直段长度下出口速度分布

从图 5.15 中速度颜色标尺看出,喷嘴出口直段越长,管中心区域速度越高,5d 长度的颜色标尺最大速度值高于 1d 直段长度,而受管壁影响,管壁附近的低速流动区域增厚,表明流体受管壁影响明显,边界层增厚,径向速度分布线将发生变化,变为管中心流速增大,壁面附近减小。图 5.15 中也给出大于 u_{out} 速度时的面积对比,两种出口长径比的区别较为明显。

为进一步精准化地评价和比较不同出口长径比下的断面速度分布情况,对 0.5d,1d,1.5d 三种长径比的直管段按一定间距截取多个断面,对各个过流断面进行面积加权平均获得平均速度,以及获取速度大于理论平均速度 $u_{\text{out}}=45.91$ m/s 的区域面积(以下简称高速区),然后计算其所占喷嘴出口截面积百分比,获得相关数据如表 5.3、表 5.4、表 5.5 所示。将计算结果绘制成相关曲线图,如图 5.16 和图 5.17 所示。

表 5.3　0.5d 长度出口直段内各断面的平均速度及高速区面积占比

断面位置/mm	平均速度/(m·s⁻¹)	高速区面积/10⁴ m²	高速区面积占比/%
0	45.824	16.01	44.12
4	45.801	17.83	49.13
8	45.798	20.93	57.67
12	45.797	23.51	64.77
16	45.796	25.03	68.96
20	45.798	26.20	72.18
24	45.795	27.26	75.11
28	45.796	28.30	77.97
32	45.791	29.17	80.37
34	45.746	29.37	80.92

表 5.4　1d 长度出口直段内各断面的平均速度及高速区面积占比

断面位置/mm	平均速度/(m·s⁻¹)	高速区面积/10⁴ m²	高速区面积占比/%
0	45.943	17.01	46.88
4	45.959	19.89	54.80
8	45.957	23.86	65.73
12	45.956	26.30	72.45
16	45.956	28.08	77.36
20	45.956	29.85	82.23
24	45.961	31.29	86.22
28	45.956	31.99	88.15
32	45.956	32.26	88.90
36	45.956	32.37	89.18
40	45.957	32.41	89.30
44	45.957	32.42	89.33
48	45.956	32.44	89.38
52	45.957	32.44	89.38
56	45.957	32.44	89.38
60	45.956	32.45	89.40
64	45.955	32.47	89.46
68	45.911	32.36	89.18

表 5.5　1.5d 长度出口直段内各断面的平均速度及高速区面积占比

断面位置/ mm	平均速度/ （m·s⁻¹）	高速区面积/ 10⁴ m²	高速区面积占比/ %
0	45.890	16.69	45.98
6	45.905	21.11	58.17
12	45.916	25.42	70.04
18	45.903	27.80	76.61
24	45.903	30.01	82.69
30	45.904	31.41	86.55
36	45.904	32.02	88.22
42	45.906	32.17	88.63
46	45.904	32.22	88.79
52	45.905	32.28	88.95
58	45.903	32.30	88.98
64	45.903	32.29	88.97
70	45.904	32.28	88.95
76	45.904	32.27	88.92
82	45.904	32.26	88.89
88	45.903	32.25	88.85
94	45.903	32.24	88.82
102	45.854	32.18	88.66

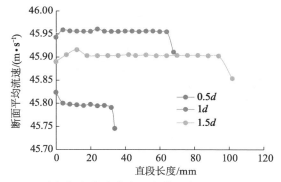

图 5.16　三种长径比的喷嘴出口直管段内各断面位置平均流速

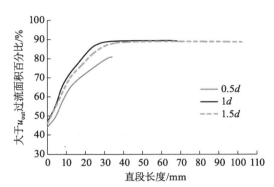

图 5.17　三种长径比的喷嘴出口直管段内各断面高速区面积占比分布曲线

结合表 5.4 和表 5.5 中的数据特点,将 1d 与 1.5d 两种直管段中面积占比曲线增长开始趋平后的部分(大于 36 mm 处开始)单独成图放大显示,以从中进一步寻找相关趋势和规律,如图 5.18 所示。

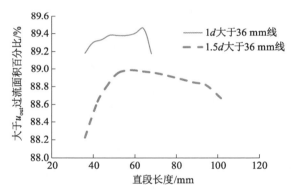

图 5.18　1d 和 1.5d 两种长径比的喷嘴出口直管段内高速区面积曲线趋平后的走势图

从表 5.3 至表 5.5 及图 5.16 和图 5.17 可以看出:

a. 在离直管段进口端约 36 mm(约 0.53d)处时,断面高速区所占面积的增长开始趋于平缓,这从表 5.4、表 5.5 中也能清楚地反映出来,1d 和 1.5d 长的出口直段均是从 36 mm 处开始,进入各自最后一个新量位下的数据单元。之后,随着离开直管段进口端距离的增加,到接近 68 mm(1d)处时,1d 与 1.5d 两种直管段的面积占比曲线基本重合,都达到接近 90% 的占比,且此后均不再增加。

b. 1d 和 1.5d 两种出口直管段形式时,其高速区面积占比从 36 mm 处开始趋缓后,呈现出先上升后下降的趋势,基本都在 58～64 mm 部位(接近 1d 处)达到高速区面积占比最高点。

c. 从图 5.16 各断面平均速度来分析,0.5d 的曲线明显低于 1d 的,1.5d 的曲线也低于 1d 的。分析认为,0.5d 的曲线明显低是因为直管段太短,能量转换还没有全部完成,压力能还没有最大限度地转换为速度能,以至于平均速度要低于其他两种长径比的直管段。1.5d 的曲线略低,是因为能量完全完成转换后,高速流在直管段的摩阻损失负效应开始显现,以至于 1.5d 喷嘴的出口段平均流速要小于 1d 喷嘴的。起始段也低,可能是因为能量减小带来的逆传递的关系,也可能是因为直管段过长后,使得流速系数 φ 减小,这也与圆锥喷嘴收缩结束与直段交接位置内部流态有关。因此选取 1d 喷嘴截取典型断面进行分析,如图 5.19 所示。

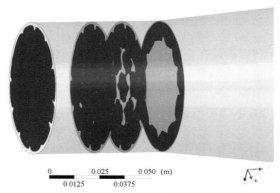

图 5.19 喷嘴出口直管断面大于 u_{out} 面域分布

图 5.19 中四个截面位置坐标,在管壁转折点位置为 0,从右往左依次为 20 mm,36 mm 和出口 68 mm。从图中看出,在转折位置的截面,高速流动区域在外圈,截面内部区域的流速小于参照值。高流速区域逐渐向管中心位置发展,在 36 mm 位置发展为断面面域分布。分析认为,转折位置截面分布的形成,可能是因为锥管过渡到直管时,出现挤压效应,导致外圈速度变快;也可能是因为锥形喷嘴(不带出口直段的)孔口出流的收缩效应,导致孔口处外圈出现一段负压区,以致外圈流速大。图 5.19 也解释了图 5.14 中心线速度分布曲线开始段上升的原因。

结合以上分析可以得出,喷嘴出口直段的长度推荐取 $(1\pm0.2)d$,即长径比推荐值为 1 ± 0.2。这也与前面介绍的实际设计中的出口直段长径比经验值 1.2 基本相符合。

⑤ 壁面压力系数分布随出口长径比的变化规律

为对比壁面压力分布趋势，选用压力系数 C_p 为纵坐标进行衡量。$C_p = (p_x - p_{out})/(0.5\rho u_{pin}^2)$，其中 u_{pin} 为喷嘴入口处的平均速度，$p_{out}=0$，为出口压力。需要注意的是，压力系数 C_p 的每个单位值对应的压强约为 21.45 kPa，因此收缩拐角处需要倒圆角或用内凸流线形喷嘴。壁面压力系数为一相对值，反映了壁面上的压力相对于入口动压的变化情况。如图 5.20 所示，图中横坐标为壁面长度，0 点位置为 0.5d 时的出口位置，因此横坐标负值部分仍为喷嘴出口直段长度。

图 5.20 清晰地显示了压力的变化过程。在喷嘴出口，压力系数分布并不均匀。在锥段和出口直段过渡位置压力系数存在负值，由图中壁面压力系数曲线可见该处压力系数值接近-3.0，表明存在低压区域。其原因应该是在喷嘴出口的直管段进口端，来流离开锥管后会出现收缩现象，这与图 5.5 中显示的射流收缩现象一样。在收缩段内，壁面压力会减小甚至出现负压，但外圈流速会急剧增大。这段先收缩后恢复的区段就是壁面压力系数曲线中出现负值部分的下冲角毛刺，收缩断面 C-C 处就是下冲角的最低点处。要消除这个下冲角，需在直管段的进口端与锥管联接的拐角处进行倒角或倒圆处理。

由图 5.20 可知，随着喷嘴出口直管段长度的增加，入口压力系数增大，从局部放大图上看出，三条曲线的壁面压力系数下冲角基本都是在 0.5d 处开始接近零值，这也与图 5.17、图 5.18 中显示的直管段进口端 36 mm 处高速区面积占比开始趋平（即流场开始趋于稳定）的规律相一致。圆锥收缩的转角位置出现负压区域表明可考虑采用倒圆角方式处理，其效果是进一步要研究的内容。

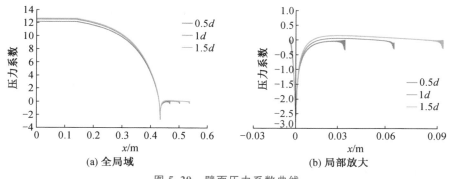

(a) 全局域　　　**(b) 局部放大**

图 5.20　壁面压力系数曲线

综上所述,当出口直段长度大于 $1d$ 时,流量波动频率基本不再发生变化。随着出口直段长度增加,中心点速度脉动频率略微增大,幅值减小,流速更平稳。喷嘴内速度从直段进口端不断增长,压力能不断转化为速度能,大约至 $0.8d$ 处时基本结束交换,速度上升趋势开始变得非常缓慢。喷嘴出口直段越长,管中心区域速度越高,当到一定时候后,受管壁影响,管壁附近的低速流动区域增厚,即边界层增厚。消防炮喷嘴出口直段的经济长度推荐取 $(1\pm0.2)d$,这与工程实际设计中的出口直段长径比经验值 1.2 基本相符合。圆锥形喷嘴的流动在进入出口直管段后会出现负压区(壁面压力系数上表现为负值冲角),负压区持续长度约为 $0.5d$。该负压区(壁面压力系数负值冲角)可以通过在锥管与出口直段处进行倒圆角处理来缓解。

(3) 收缩角度影响分析

① 不同收缩角时的流量波动频率

选择 $1d$ 的出口直段长度有整流器入口条件,改变三种不同锥段角度 θ 时,喷嘴出口流量波动系数 C_m 的范围与出口直段变化情况一致,在 3‰ 以内。对出口流量波动系数进行傅里叶变换得到幅频信息,计算结果显示,θ 为 8°,12°,16° 时,最大峰值对应的频率(即主频率)分别为 1 355 Hz,1 362 Hz,1 862 Hz,基本都比较高,相互间差异不是太大。

对于出口中心点的流速脉动系数,随收缩角 θ 增大,$\theta=8°,12°,16°$ 时,最大峰值对应频率(即主频率)分别为 350 Hz,360 Hz,238 Hz。从中可以看出,$\theta=16°$ 和 $\theta=8°$ 的主频率都比 $\theta=12°$ 时的小,这与前面分析得出的圆锥形喷嘴锥角在 13° 附近为最优的规律基本相一致。

② 不同收缩角时的中心轴线速度

在不同收缩角、同出口直段 $1d$ 的模拟结果中,轴线上速度曲线如图 5.21 所示,图中横坐标选取约 60 mm,横坐标为 0 的点表示喷嘴出口位置,纵坐标表示轴线上计算的速度值。由图可以看出,8° 的收缩角具有最高的中心轴线速度,而随着收缩角的增大曲线下降,表明收缩角越小越有利于流体的加速,但过小的角度会引起喷嘴总长度加长,因此收缩角需要综合考虑选取。当然,中心线仅代表了局部,对于流体加速性能也需要整体考虑。

③ 不同收缩角时的喷嘴壁面压力系数

图 5.22 给出了喷嘴壁面压力系数的变化曲线。随着锥度的增加,压力系数变化剧烈,入口压力系数缓慢减小,分别为 12.58,12.49 和 12.46,但减小趋势放缓,表明在该范围内增大锥度能够略微减小阻力。$\theta=16°$ 时阻力系数在喷嘴出口转折处陡降最为明显,负压值最大。可见,$\theta=16°$ 时阻力稍小,但流动稳定性稍差,而 $\theta=8°$ 时阻力略大于 $\theta=12°$ 时,速度和流量的脉动频率和

幅值相当,因此认为 $\theta=12°$ 的整体性能较优。

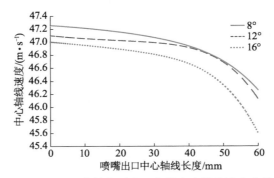

图 5.21　不同收缩角时出口直段中心轴线速度曲线

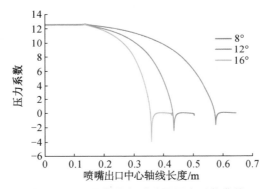

图 5.22　不同收缩角时壁面压力系数曲线

转折区域的负压值影响喷嘴出口射流流态,也即影响孔口出流的收缩系数,从而影响喷嘴流速系数(流量系数),因此本书从固定 $1d$ 长度数值模拟的结果分析中得出,喷嘴收缩角大小的变化会影响喷嘴出口直段长度的选择,收缩角减小,出口直段经济长度会增加。

综上所述,在喷嘴的最优收缩角两侧,流速脉动频率都会变小,往不利方向发展。

(4) 内凸流线形喷嘴的流动分析

① 流动波动频率分析

在给定 $1d$ 出口直段长度,喷嘴轮廓线采用维多辛斯基弧线形式下,计算得到的出口流量波动系数及频谱图、出口中心点监测的流速脉动及频域图分别如图 5.23 和图 5.24 所示。

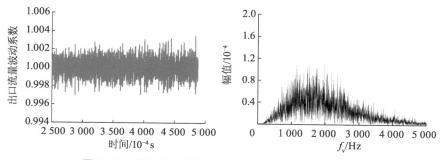

图 5.23　流线形喷嘴轮廓出口流量波动系数及频谱图

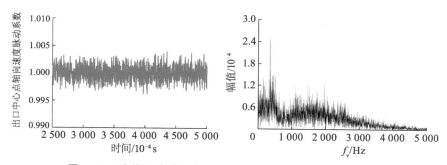

图 5.24　流线形喷嘴轮廓出口中心点速度脉动系数及频谱图

由图 5.23 看出，流量波动范围仍在 ±3‰ 以内，主频为 1 962 Hz（略高于圆锥形喷嘴的 1 461 Hz），在上述方案中主频最高，表明流线形喷嘴的流量略微稳定。由图 5.24 出口中心点流速脉动系数 $C_v = v/\bar{v}$ 的实时变化曲线看出，流速变化范围在 ±4% 以内，主频为 346 Hz（与圆锥形喷嘴基本一致）。综合比较，流线形喷嘴的流动稳定性略优于圆锥形喷嘴。

② 两类喷嘴的出口中心轴线速度比较

对比出口处中心线上速度变化，如图 5.25 所示。

图 5.25 中出口长直段均为 $1d$，即 68 mm，由图可以看出，虽然在横坐标为 0 的位置即出口位置，流线形喷嘴的收缩速度值略小于 8° 圆锥形收缩喷嘴，但在 20～60 mm 位置，流线形喷嘴的速度值明显较高（作为对比图中给出了较大圆锥角 16° 的情况），这说明在出口采用流线形收缩方式可减小长直段的长度，约 $0.5d$ 即可达到较小收缩角的效果。

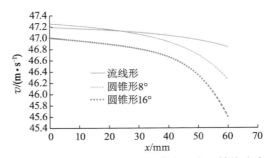

图 5.25　流线形与圆锥形收缩喷嘴出口中心轴线速度对比

③ 两类喷嘴的壁面压力系数比较

图 5.26 给出流线形与 16°圆锥形喷嘴壁面压力系数的对比曲线。流线形和圆锥形喷嘴在进口处压力系数略有不同,分别为 12.56 和 12.46,表明流线形喷嘴的阻力略大,但在喷嘴锥管段出口转折处的压降较为均匀,几乎没再出现壁面压力系数走向负值的冲角,即基本不再出现明显的负压区,压力过渡比较均匀。这有益于增大喷嘴出口的收缩系数,减少出口段的断面收缩损失。

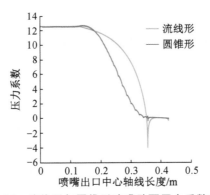

图 5.26　流线形与圆锥形喷嘴壁面压力系数对比

④ 不同锥角和类型的喷嘴出口旋涡强度比较

有整流器时,不同锥角和不同类型的喷嘴出口旋涡强度(总涡通量)J 的对比如表 5.6 所示。

表 5.6 两类喷嘴出口旋涡强度对比

喷嘴类型		L_1	$J/(m^2 \cdot s^{-1})$
圆锥形 $\theta/(°)$	16	$1d$	0.488 6
	12	$1d$	0.416 5
	8	$1d$	0.345 6
	12	$0.5d$	0.436 9
	12	$1.5d$	0.414 8
流线形		$1d$	0.653 7

从表 5.6 可以看出,在相同入口条件下,喷嘴出口断面流体旋涡强度与喷嘴尺寸相关:

a. 出口直段长均为 $1d$ 的同等条件下,圆锥收缩角越小,旋涡强度越小,说明圆锥形喷嘴的收缩角逐渐减小的过渡使流体流动顺直,角度越小越有利于校正断面上的横向流动。

b. 在锥角为 12°的同等条件下,出口直段长度越长,旋涡强度越小。但随着出口直段的增长,旋涡强度减小的程度减缓,因此通过不断增大出口直段长度来减小旋涡强度的作用不明显。

c. 流线形喷嘴的出口旋涡强度要比圆锥形喷嘴略大。

结合以上分析,从湍流脉动频率上看,圆锥形喷嘴的流动稳定性略逊于流线形喷嘴,但其旋涡强度相对稍小;流线形喷嘴出口附近没有负压区域,其流量系数波动频率和速度脉动系数频率都较大,但流线形喷嘴的加工制造难度相对较大。两类喷嘴各有优缺点。

综上所述,流线形喷嘴的流量波动频率和出口中心点流速脉动频率都较大,流动稳定性较高。流线形喷嘴壁面阻力系数略大,锥管段出口转折处的压降较为均匀,几乎无壁面压力系数负值冲角,基本不再出现明显的负压区,这也有利于提高喷嘴出口的收缩系数,减小出口段的断面收缩损失。

5.3 喷嘴湍流特性分析

对喷嘴内部大涡模拟的结果进行瞬时流场信息分析,通过湍流强度、瞬时速度分布、雷诺应力以及拟序结构等对比研究喷嘴内部湍动特征。在以下分别以 u'、v' 和 w' 表示各自的均方根值 $u'_{rms} = \sqrt{\overline{(u')^2}}$,$v'_{rms} = \sqrt{\overline{(v')^2}}$ 和 $w'_{rms} = \sqrt{\overline{(w')^2}}$。

5.3.1 湍流强度分布

湍流强度是速度波动的均方根与平均速度的比值,是衡量流场湍流强弱的指标之一,一般来说,该值小于1%时为低湍流强度,大于10%时为高湍流强度,在两者之间为中等强度。以下分析出口直段长度为$1d$、圆锥收缩角度为12°、内凸流线形喷嘴的内部湍流参数。

图5.27展示了12°圆锥形和流线形喷嘴的轴向脉动速度均方根值u'、径向脉动速度均方根值v'、轴向湍流强度I_x、径向湍流强度I_y、径向与轴向湍流强度之比$I_{yx}=I_y/I_x$等湍流参数的分布情况。由于在轴线和纵剖面等部位的径向速度V和切向速度W之值可能为零,并为了方便和I_x对比,因此径向和横向湍流强度亦采用轴向速度U为比尺,即$I_y=v'/U$,$I_z=w'/U$。由于I_y与I_z的数值和分布相似,因此只对I_y进行分析。

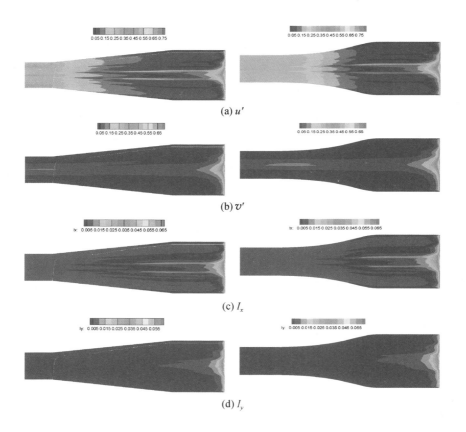

(a) u'

(b) v'

(c) I_x

(d) I_y

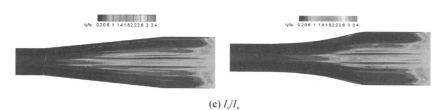

(e) I_y/I_x

图 5.27　湍流参数分布云图(左:12°圆锥形喷嘴,右:流线形喷嘴)

从图 5.27 中可以看出,喷嘴的轴向脉动速度范围为 0.05～0.75 m/s,略大于径向脉动速度范围 0.05～0.65 m/s。前者遍布流场,而后者主要集中于流场中心位置。

经计算,在轴向湍流强度方面,喷嘴进口处湍流强度为 2.68%(管径为 130 mm、流速约为 12.6 m/s、雷诺数约为 13.66×10^5),喷嘴出口处湍流强度为 2.45%(管径为 68 mm、流速约为 46 m/s、雷诺数约为 32.8×10^5),均低于 10%,更接近于低湍流强度 1% 的临界点。

径向湍流强度也均低于 10%,主要集中于喷嘴前端流场中部。喷嘴的高湍流强度区域主要集中在格栅造成的多个高速流动区域之间的混合层内。径向湍流强度大于轴向湍流强度的区域,主要集中在喷嘴起始端和略向下游的流场中部,流线形喷嘴的这一区域较短。

将湍动能 k 的输运方程[83]

$$\frac{\partial k}{\partial t} + \overline{u_j}\frac{\partial k}{\partial x_j} = -\overline{u_i' u_j'}\frac{\partial \overline{u_i}}{\partial x_j} - \frac{\partial}{\partial x_j}\left[\overline{u_j'\left(k' + \frac{p'}{\rho}\right)} - \nu\frac{\partial k}{\partial x_j}\right] - \varepsilon \quad (5.27)$$

中的湍动能产生项 $P_k = -\overline{u_i' u_j'}\frac{\partial \overline{u_i}}{\partial x_j}$ 在轴心近似简化为一维 $P_k = -\overline{u'^2}\frac{\partial \overline{u}}{\partial x}$,当 x 方向流速增加(U 增加)时,$\frac{\partial \overline{u}}{\partial x} > 0$,$P_k$ 为负值,湍动能降低;反之,$\frac{\partial \overline{u}}{\partial x} < 0$,湍动能增加。因此在流动方向有正流速梯度即空间加速流时,湍动强度有减少趋势;反之则增加。一般而言,流速的增加常伴随着压强的减小,因此也可认为流向有顺压梯度时,湍动能减小;有逆压梯度时,湍动能增加。当两股具有不同流速的流体混合及发展时,轴心流速变化与湍动强度之间的关系更为复杂,不再是简单的相反趋势,而水炮流道内部出现这种情况的位置发生在整流器之后、导流片之后。本书水炮计算域较大,因此全局域的大涡模拟计算量较大。

图 5.28 展示了两种喷嘴的轴向湍流强度 u'/U_p(即 $I_{u'}$)、径向湍流强度 v'/U_p(即 $I_{v'}$)、径向与轴向湍动强度之比 v'/u'(即 $I_{v'}/I_{u'}$)等湍流参数沿径向的分布曲线。由于轴向湍流强度以 x 轴呈对称分布、径向湍流强度以 x 轴呈

反对称分布,因此都只给出上半部分分布图。为作图对比,图中无因次参考量由轴向时均速度 U 设为喷嘴入口处的时均轴向流速 U_p。图中纵坐标 R 为微元体所在点的径向坐标,横坐标为湍流强度值或湍流强度比值,x 值为断面位置。

轴向湍流强度 u'/U_p 在喷嘴入口呈现多个峰值和谷底值,峰值分别对应于射流混合层内,谷底值分别对应于射流势流核心处。随着混合层的扩展,峰值和谷底值均逐渐向轴心偏移,在入口直管段内,该值呈减小趋势,在收缩段则呈上升趋势。出口最大值约为入口最大值的 1/3。

与 u'/U_p 不同,v'/U_p 虽然也在喷嘴入口呈现多个峰值和谷底值,随着混合层的扩展,v'/U_p 峰值逐渐向轴心偏移,峰值和谷底值均逐渐向轴心偏移,在入口直管段内,该值呈减小趋势,但进入收缩段后则没有明显的变化趋势,趋于稳定。出口最大值约为入口最大值的 1/7。

径向与轴向湍动强度之比 v'/u' 在喷嘴入口处接近 1.0,说明此处二者相当,随着流动发展,该值呈减小趋势,在喷嘴末端趋于稳定。在喷嘴前端、流场中心,该值均在 0.5 以上,且在两股流体的混合层内其数值更大,从而表明初期径向脉动对流体混合起主要作用。

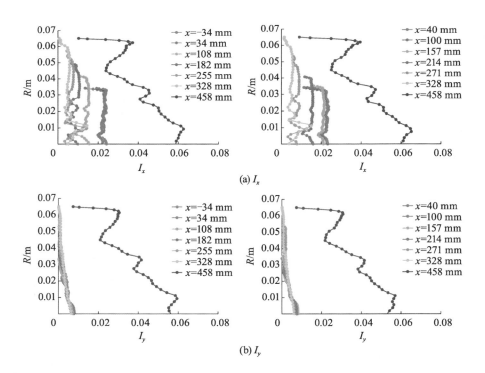

(a) I_x

(b) I_y

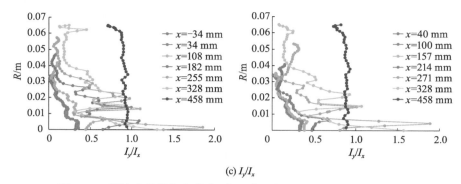

(c) I_y/I_x

图 5.28　湍流参数沿径向分布(左:12°圆锥形喷嘴,右:流线形喷嘴)

5.3.2　雷诺应力分布

在湍流质点的运动中,其受到的作用力除了分子黏性力、压力和质量力外,还有雷诺应力 $-\rho\overline{u_i'u_j'}$。雷诺应力产生于 N‐S 方程中的非线性迁移项,亦称对流项,也可以认为雷诺应力起源于流场在空间上的不均匀性。雷诺应力代表了湍流脉动对时均流动的影响。雷诺应力中 $\overline{u_i'u_j'}$ 表示在某一时刻空间同一点处不同脉动速度分量之间的相关程度,为二阶对称张量,在直角坐标系中可以表示为

$$-\overline{u_i'u_j'}=-\begin{pmatrix}\overline{u'u'} & \overline{u'v'} & \overline{u'w'}\\ \overline{v'u'} & \overline{v'v'} & \overline{v'w'}\\ \overline{w'u'} & \overline{w'v'} & \overline{w'w'}\end{pmatrix} \qquad (5.28)$$

其中,对角线上的分量为正应力项,其余为切应力项,为方便起见,将略去各项上方横线。

图 5.29 给出圆锥形与流线形两个喷嘴内无量纲化的切应力 $-u'v'/U_p^2$ 沿径向的分布,以及通过合并 $-u'v'$ 与 $-u'w'$ 所得切应力 $\tau=\sqrt{(u'v')^2+(u'w')^2}/U_p^2$ 的分布。

图 5.29 中除喷嘴入口处外,$-u'v'/U_p^2$ 与 v'/U_p 一样亦呈现反对称分布,峰值分别位于混合层内,谷底值位于多个射流的势流核心处。随着混合层的扩展,峰值和谷底值均逐渐向轴心偏移。在混合均匀之前,内圈混合层内 $-u'v'/U_p^2$ 峰值高于外圈混合层内峰值。

切应力 τ 在各截面分布形状与整流器格栅造型一致,主要分布在混合层内,在各位置处的最大值沿流向均呈先增后减趋势,较高应力区域亦呈先增

后减趋势。整体来看,流线形喷嘴 τ 变化较为平缓,区域跨度较大。

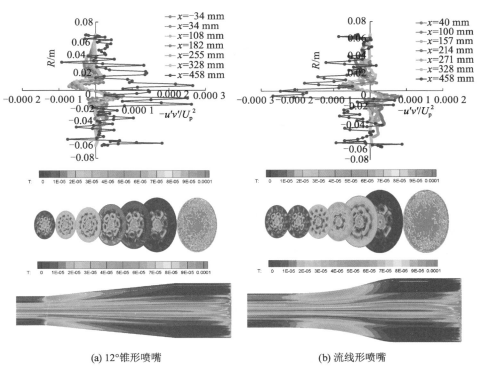

(a) 12°锥形喷嘴　　　　　　　　　　(b) 流线形喷嘴

图 5.29　有整流器时切应力分布

从图 5.29 也能明显看出,流场经过整流器之后,已无明显的断面涡流,更没有出现断面上的高速区绕转现象,这也进一步表明,整流器在整流方面发挥了显著的作用。

图 5.30 给出了无整流器情况下切应力的分布图。与图 5.18 有整流器时的情况相比,有整流器情况下,尽管轴心各方向速度脉动均不为 0,但轴心附近切应力 τ 接近于 0,表明轴心附近速度脉动相关性较低。而无整流器时,轴心附近切应力较高,说明轴心位置由流体脉动引起动量传递明显,其他各断面位置对比也高于有整流器后的流场,这也充分说明,安装整流器后,速度脉动得到了有效抑制。

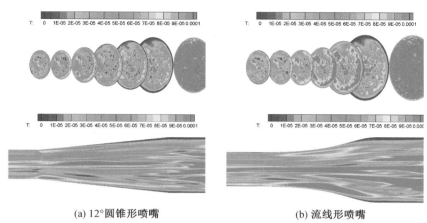

(a) 12°圆锥形喷嘴   (b) 流线形喷嘴

图 5.30　无整流器情况下的切应力分布

5.3.3　喷嘴内湍流拟序结构

拟序结构是湍流运动的重要特征,对湍流脉动的生成和发展起着主宰作用,对流体扩散和流场混合等均起着极其重要的作用,因此探索拟序结构及其相互作用在喷嘴内流机理研究中必不可少。为此本节讨论喷嘴内拟序结构的辨识、特征和演化等信息。

拟序结构多以涡结构的形态出现,至今发现的湍流拟序结构可以归纳为线涡、涡环、发夹涡、螺旋涡四种形式之一或其组合。由于不同学者对于涡的概念有着不同理解和定义,因而对于涡的识别产生了多种方法。目前文献中比较常用的涡识别方法主要有压力等值面判据、涡量、速度梯度张量第二不变量 Q 判据、λ_2 判据及 Δ 判据等。五种涡识别方法均能有效获得湍流涡结构,但是各有特点和局限性,使用中基本均需要反复尝试不同阈值才能得到合适的涡结构,既不能让小尺度结构遮掩了大尺度结构,也不能让非真实结构遮掩了真实结构。出于可靠性和便捷易用性,本书选择公认较准确的 Q 判据来辨识水炮喷嘴流场中的湍流拟序结构。

仍然采用喷嘴入口处的时均轴向流速 U_p 和入口当量直径 D_p 对 Q 值进行量纲一化:$Q = -\dfrac{1}{2}\dfrac{D_p^2}{U_p^2}\dfrac{\partial u_i}{\partial x_j}\dfrac{\partial u_j}{\partial x_i}$,同时通过选取 $Q = 0.01$ 得到各工况下喷嘴内涡结构分布,同时通过速度值进行渲染。

图 5.31 给出了有无整流器,部分变喷嘴出口直段、变收缩角度及与流线形收缩喷嘴的内部涡结构对比。从图中可以看出:

① 所有喷嘴都统一反映出,涡结构在壁面附近较多,这是因为流体与固壁之间存在"搓动",同时,随着流体的收缩加速,涡结构变得细长。

② 无整流器时,涡结构充满了整个喷嘴内部,并逐渐从入口的杂乱和小尺寸涡演变为狭长、有序的肋状涡。有整流器时,涡结构主要集中在入口直段和出口段的前部。

③ 在锥管收缩段,流体在流动方向涡结构少,流动均匀加速。

④ 在锥管收缩段起始位置,有整流器时,涡结构大;无整流器时,涡结构相对细小,如图 5.31e,f 所示。

⑤ 流线形喷嘴的中、后部壁面存在波状环形涡环,这是与圆锥形喷嘴的一个典型区别。据分析,这是由壁面曲率导致的壁面边界层内较大速度梯度所产生的,如图 5.31g,h 所示。

⑥ 在无整流器工况下,流线形喷嘴内涡结构的演变呈不连续状态,下游的肋状涡和上游的涡结构存在一段肋状涡较为稀疏的区域,如图 5.31g 所示。

⑦ 流线形喷嘴比圆锥形喷嘴更早、更平缓地开始压力能向速度能的转换。

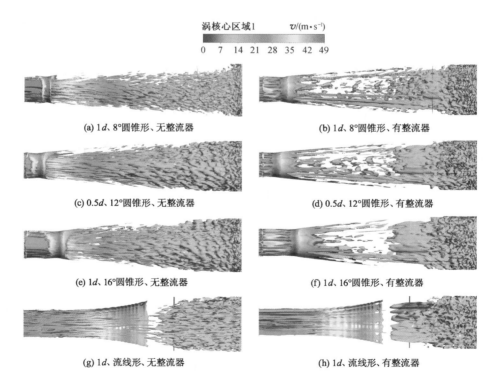

涡核心区域1　　　$v/(\text{m} \cdot \text{s}^{-1})$

0　7　14　21　28　35　42　49

(a) 1d、8°圆锥形、无整流器　　　　(b) 1d、8°圆锥形、有整流器

(c) 0.5d、12°圆锥形、无整流器　　　(d) 0.5d、12°圆锥形、有整流器

(e) 1d、16°圆锥形、无整流器　　　　(f) 1d、16°圆锥形、有整流器

(g) 1d、流线形、无整流器　　　　　(h) 1d、流线形、有整流器

图 5.31　水炮喷嘴涡结构($Q = 0.01$)

5.4　喷嘴内部流场 PIV 试验

　　针对水炮喷嘴,在搭建的小模型试验台上开展内部流动测量,模型喷嘴采用有机玻璃加工为长方体形,尺寸按原尺寸约 2.63 倍缩小,总长 34 cm,截面为 8 cm×8 cm 的正方形,试验观测的长度约为 16 cm 长度范围。工作流量的设定与前面章节试验中一致。试验场景如图 5.32 所示。

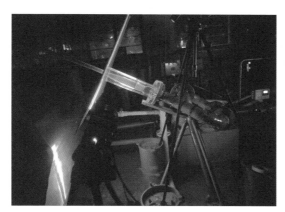

图 5.32　水炮喷嘴 PIV 试验图

　　影响 PIV 试验精度的因素较多,试验操作上包括:① 被测流体光学折射,试验已采用了有机玻璃长方体形以减少折射;② 示踪粒子的选择及浓度和跟随性,已通过调试试验确定;③ 片光源厚度,待测区域的片光源应是一个两边窄中间宽的椭圆形,厚度一般小于 1 mm,通过调整双脉冲激光达到试验要求;④ 相机和被测面垂直性,试验中通过设置标尺,调整镜头和采集平面确定。软件操作上影响 PIV 试验测量精度的一些参数包括查问区、步长、曝光时间、亮度增益、跨帧时间等。

　　在第 3 章对互相关计算中介绍了查问区。查问区的区域大小选择主要取决于流速,并保证留有足够的重叠率,由于本试验流速较大,最后选用 32 px×32 px 区域大小的查问区。需要指出的是,当流速较小时,查问区不能太小,否则会造成互相关计算速度缓慢。

　　步长指的是互相关计算的相邻两个向量的间距,单位为像素,步长仅影响速度分布层是否明显,减小步长会使得计算出来的速度更精细,但是也会减慢计算速度,因此取合适的大小即可,误差并不会很大。本试验步长值选用 12 px。

曝光时间即两个脉冲光的时间间隔,当这个间隔较小时,粒子图像亮度较暗,而当时间较长时,虽然粒子图像很亮,但是由于边界层的曝光度过大,会导致边界层的速度精度偏低。因此,曝光时间不宜太长,在不影响粒子图像质量的前提下,配合相机上的亮度增益效果选取合适的值即可,但是对边界层速度精度的影响不可避免。本试验曝光时间设置为 $500\ \mu s$。

进行 PIV 试验时,脉冲间隔时间的设定至关重要。脉冲间隔时间指的是双脉冲激光器两束激光发射的时间间隔,也是用来计算流速的一个必要参数。一般 PIV 后处理软件具备的估算系统可以估算出脉冲间隔时间的大概值,但是往往有较大偏差,需要在试验中人为加以矫正,以尽可能地减小数值的偏差。如果知道大概流速,脉冲间隔时间可以用式(5.29)计算得出,即

$$v = \frac{LI}{4\Delta tR} \times 10^3 \tag{5.29}$$

式中：v——待测流体速度,m/s;

$\quad\ L$——主流方向视场长度,mm;

$\quad\ I$——查问区系统设置值,px;

$\quad\ \Delta t$——脉冲间隔时间,μs;

$\quad\ R$——相机 CCD 的分辨率,px。

对小模型喷嘴内部进行 PIV 试验,用于验证数值模拟的精度,所获得的速度云图与模拟值对比如图 5.33 所示。

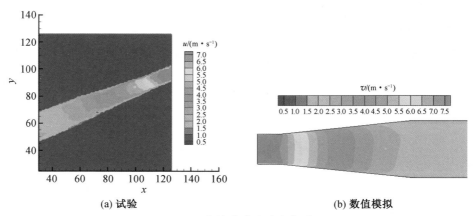

图 5.33　水炮喷嘴流动分布对比

小模型喷嘴流场为流体速度不断增加的流动过程,从速度图上看模拟值与试验值分布一致,为对比具体流速大小,提取轴线速度和径向速度曲线分别如图5.34和图5.35所示。

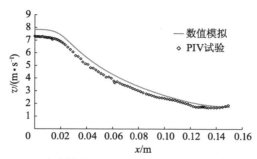

图 5.34　喷嘴轴线速度 PIV 试验值与数值模拟值对比

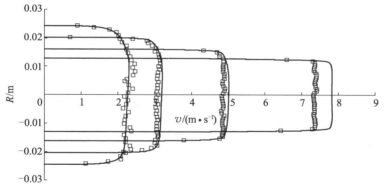

图 5.35　喷嘴径向速度 PIV 试验值与数值模拟值对比

从轴线速度对比看出,PIV 试验值与数值模拟值在入口附近误差最小,到达出口时轴线速度差异明显,在出口位置,根据两者的速度计算误差,约达到 7.5％。入口位置流速相对较小,试验测量的精度较高,随着流体的加速,参照式(5.14)及上述测量误差因素的影响分析,在出口位置测量误差增大。分别提取 $x=140,90,50,10\,$mm 断面位置对径向速度进行对比,较为明显地看出数值模拟获得的速度值略大于 PIV 试验的测量结果。PIV 试验结果与数值模拟结果对比可知两者之间的误差较小,PIV 试验具有可行性,但对比各整流器流场的差异,还需要提高试验精度,这将是后续深入开展的工作。

本章对消防炮喷嘴的设计理论及性能参数进行了系统研究和比较分析，主要涉及喷嘴结构选型、喷嘴出口的直径设计、喷嘴收缩段的收缩角确定，以及喷嘴出口直管段的长径比确定等四个主要方面。同时，本章也对喷嘴内部的流动开展了大涡模拟研究，对比了有无整流器情况下的内部湍流特征，讨论了喷嘴出口长直段、收缩角及内流道轮廓线（圆锥形和流线形）等因素对内部流动的影响。最后对喷嘴内部开展了 PIV 试验，并与数值模拟结果进行了对比，得出以下结论：

① 消防炮因其流量较大、规格型号较多，基本为小批量甚至单件加工，优先推荐采用带有出口直段的圆锥形喷嘴。

② 喷嘴出口直径的设计应根据选用的喷嘴结构形式、收缩角、出口段长径比来综合确定其经验系数和相关的计算公式。

③ 消防炮喷嘴收缩段的收缩角宜为 $13°\sim14°$，实际产品设计中还可结合炮管和喷嘴的总长度要求，做适当的微调。在喷嘴的最优收缩角两侧，流速脉动频率都会变小，往不利方向发展。喷嘴收缩角大小的变化对喷嘴出口直管段长度的选择具有影响，收缩角减小，出口直管段的经济长度会增加。

④ 喷嘴出口直管段经济长度为 $(1\pm0.2)d$。当出口直管段长度大于 $1d$ 时，流量波动频率基本不再发生变化。随着出口直段长度增加，中心点速度脉动频率略微增大，幅值减小，流速更平稳。喷嘴内速度从直段进口端不断增长，压力能不断转化为速度能，大约至 $0.8d$ 处时基本结束交换，速度上升趋势开始变得非常缓慢。喷嘴出口直管段越长，管中心区域速度越高，受管壁影响，管壁附近的低速流动区域增厚，即边界层增厚。圆锥形喷嘴的流动在进入出口直管段后会出现负压区（壁面压力系数上表现为负值冲角），负压区持续长度约为 $0.5d$。该负压区（壁面压力系数负值冲角）可以通过在锥管与出口直管段处进行倒圆角处理来缓解。

⑤ 在喷嘴流动的稳定性方面，装有整流器时，喷嘴出口流量波动振幅下降了 40%，波动频率提高了约 10 倍，出口流速脉动频率提高了 1 倍，中心点流速脉动振幅下降了约 2/3，流动更加平稳。

⑥ 流线形喷嘴的流量波动频率和出口中心点流速脉动频率相对较高，流动稳定性较好。流线形喷嘴壁面阻力系数略大，但锥管段出口转折处的压降较为均匀，几乎无壁面压力系数负值冲角，基本不再出

现明显的负压区,这也有利于增大喷嘴出口的收缩系数,减少出口段的断面收缩损失。

⑦ 有整流器的情况下,喷嘴轴心线附近切应力 τ 接近于 0,轴心线附近速度脉动相关性较低。无整流器时,轴心线附近切应力较高,轴心线位置由流体脉动引起动量传递明显。表明安装整流器后,速度脉动得到了有效抑制。

⑧ 以 Q 判据识别的涡结构在喷嘴壁面附近较多,随流体的收缩加速,涡变得细长。无整流器时,涡结构充满了整个喷嘴内部,并逐渐从入口的杂乱和小尺寸涡演变为狭长、有序的肋状涡。安装整流器后,喷嘴收缩段内部涡结构变为稀疏状态。流线形喷嘴内部涡结构最明显的特征是其中部、后部壁面存在波状环形涡环。流线形喷嘴比圆锥形喷嘴更早、更平缓地开始压力能向速度能的转换。

⑨ 试验结果表明,模型水炮 PIV 试验,随喷嘴内流速的增大,轴线上试验测量值与数值模拟值误差增大,最大误差约为 7.5%。

6

消防炮外部射流特性

消防水炮外部射流状况的研究是其应用的基础,性能参数包括射流的稳定性、射程与射高、射流的轨迹、射流形成的水滴直径大小及分布、地面水量分布、风速对射流的影响等。外部流场为液气两相流动,消防水射流密实水柱分散为水滴群在空气中的飞行,所建立的数学模型较为复杂。本章对消防水炮外部射流的主要性能参数进行研究,并通过消防水炮模型的室内试验来测量水滴直径和水量分布,建立射流轨迹模型,对相关射程预测及风速大小对射程的影响程度进行预测。

6.1 射流的稳定性

大量试验表明,消防炮的射程与射流稳定性有关,稳定的射流,其密实段也较长,射程也相对较远。因而通过分析射流的稳定性能够定性地分析射程参数指标。

关于射流的稳定性,国内外相关学者做了大量的研究工作,通常是以稳定性曲线表征。图 6.1 所示为圆形出口射流情况[84],图中纵坐标为射流密实段长度 L_b,横坐标为射流速度 v。图中将稳定性曲线分为 $A \sim E$ 几个阶段,当射流速度非常低时,流体从喷嘴以液滴形式流出,成为液滴流,点 A 为临界点,射流速度大于临界速度后液滴流变为连续流体,密实流体以线性增长方式达到临界点 B。AB 是层流区,然后随射流速度的增加,密实段长度减小,进入过渡区达到下临界点 C,随着射流速度的继续增大,密实段长度再次增长达到第二个临界点 D,在 CD 之间为湍流区,喷嘴的射流速度继续增大,则进入 DE 之间的雾化区,也即射流离开喷嘴附近即发生雾化,此时密实段长度是减小的。

图 6.1 所示稳定性曲线中的临界点 D 对于消防水炮射流具有参考价值。对于给定设计流量的水炮,确定获得较长的密实段长度的喷嘴出口速度,从而获得较远的射程。由于射流速度可以换算为水炮工作压力,因而临界点 D 也对水炮工作压力的选择具有参考价值。当然,提高水炮射流出口速度可增加射程,但仍需要结合水射流末端雾化程度进行综合考虑,雾化程度过高则消防作业受环境风影响的敏感度会显著增加。

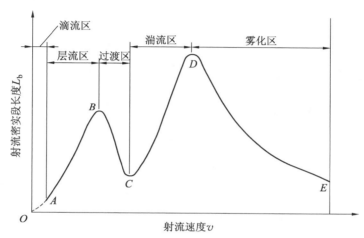

图 6.1　射流密实段长度与射流速度的关系

低速射流层流区射流密实段长度的研究,主要考虑射流表面张力的影响。学者 Weber(1931 年)总结出无因次表达式为

$$\frac{L_{\mathrm{b}}}{d} = 1.03 \ln \frac{d}{2\delta} We^{0.5} \tag{6.1}$$

式中:L_{b}——密实段长度;

　　d——喷嘴直径;

　　δ——喷嘴出口位置射流表面波初始振幅;

　　We——韦伯数,$We = \rho v^2 d / \sigma$,其中 σ 为表面张力。

式(6.1)并未考虑流体的黏性,基于 Weber 理论,由 Grant 和 Midleman (1966 年)修正后的经验式适用于 AB 段射流密实段长度的计算,如式(6.2)所示,并给出了临界点 B 的经验式(6.3),即

$$\frac{L_{\mathrm{b}}}{d} = 19.5 \left(We^{0.5} + \frac{3We}{Re} \right)^{0.85} \tag{6.2}$$

$$Re_{\text{crit}} = 3.25Oh^{-0.28} \tag{6.3}$$

式中:Oh——奥内佐格数,$Oh = \sqrt{We}/Re$。该数表示了液体的黏性对碎裂过程的影响。

他们分析认为,在稳定性曲线的点 C 之后的湍流区,虽然随射流速度增加,射流破裂时间减少,但射流破裂长度 L_b 开始再次随射流速度的增加而增加。Miesse(1955 年)引用 Baron(1949 年)提出的经验式,认为在点 C 后的射流密实长度的计算式为

$$\frac{L_\text{b}}{d} = 1.7We^{0.5}(Re \times 10^{-4})^{-0.625} \tag{6.4}$$

经验式(6.4)中的参数具有一定范围,包括喷嘴直径 d 及具体射流流速范围。其次,喷嘴结构形式、环境压力不同也影响圆柱水射流密实段长度,因此不同应用研究中大都采用试验数据结果来总结相关的射流密实段长度,例如喷灌喷头射流的研究[85]、消防水射流的研究。

对于这种射流初始破碎现象,不少学者采用射流表面波不稳定理论开展研究[84],原理主要是以气液质量、动量守恒的纳维-斯托克斯方程为控制方程,考虑初始条件、边界条件,同时考虑密度、气液相对速度、表面张力及黏性力等因素,从而推导出色散关系式,对色散方程数值求解,获得不同阶数 n 下各参数对射流表面波增长率的影响。不同波长及频率的初始扰动所形成的表面波,其发展速度不同,存在一个最不稳定的,也就是增长率最快的频率扰动。由这个扰动产生的表面波的发展速度最快,并将在射流破碎中占主导地位。因为不稳定波数在一定程度上能够反映出射流最终破碎的尺度,所以通过分析扰动波数与其增长率的关系可进而探讨射流的稳定性。

随着喷嘴直径的增大,最大扰动增长率和不稳定波数逐渐减小,喷嘴直径的增大对射流破碎起着抑制作用,对于大流量消防水炮出口直径较大,We 数的量级为 10^5,Re 数的量级为 10^6,说明在水炮出口射流的惯性力占据绝对主导作用,表面波扰动仅影响水炮射流表层,射流的主体受供水系统的压力脉动影响明显,应以射流压力脉动形式考虑水炮射流的稳定性。这也是第 4 章中所讨论的水泵带来的压力脉动的原因。

对于大直径水射流密实段长度,较难判断射流完全碎裂发生的具体位置,一方面是因为位置在一定范围内变动,另一方面射流主体表面剥离的水滴群挡住观测,剩余射流主体仍具有一定连续性。Theobald 等[44]在测量消防水枪射流密实段长度时,采取了测试电信号来间接测试射流连续性(>50%连续不间断)距离的方法,确定射流的稳定性。他建立了如图 6.2 所示的一套装置,将射流喷射到一个金属传感网屏上,网屏的电压随着射流长

度和电阻的增加而增大,然后使用双层示波器采集电源电压信号的方法,采集连续射流信号和不连续射流信号,测定射流的连续或密实长度。

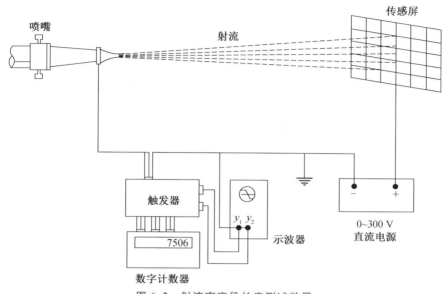

图 6.2 射流密实段长度测试装置

图 6.3 所示为该文献研究的密实射流长度与射流连续性的关系曲线,以及射流速度与射流稳定性的关系曲线。图 6.3a 中的虚线部分说明了破碎开始的位置和完全破碎的位置是不确定的,两虚线的中间部位呈现近似的直线。50%不连续距离是通过试验数据线性回归得到的。从该图显示的不连续开始发生到完全碎裂,其距离约为 1.5 m,考虑到该文献中研究的喷嘴直径约为 13 mm,可预测本书研究的大流量消防水炮喷嘴直径为 68 mm 的情况下,这段距离将远大于 1.5 m。如果采用高速摄影方法观测水炮射流初始破碎,则需要考虑这段观测距离的长度范围,该试验方法只能捕捉到射流外部形态。图 6.3b 说明了在射流速度越过点 C 继续增加到一定程度之后,密实射流段长度(一次碎裂长度)会再一次增长,而且会达到一个新的高点 D。从图中曲线可以看出,这个高点会明显大于第一次的高点 B。由此图也可以得出,点 C 只是第一次的最佳速度值点,点 C 之后还有最佳射流速度值的高点区域。而这新高点区域的起始点与点 C 之间的速度区域,是设计应该回避的、不推荐的速度区域。

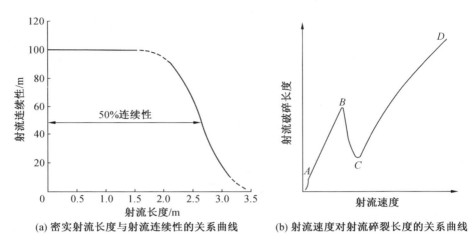

(a) 密实射流长度与射流连续性的关系曲线　　(b) 射流速度对射流碎裂长度的关系曲线

图 6.3　射流长度与连续性、射流速度与稳定性的关系曲线

　　喷嘴结构形式不同,形成的射流稳定性曲线也具有差异。在压力为 7~76 MPa 时,对图 5.1、图 5.2 所示的不同口径喷嘴(1~6 号为 12.7 mm,7 号、8 号为 13 mm,9 号、10 号为 13.5 mm)进行测试,得出了不同的圆锥形喷嘴(0°~180°)和流线形喷嘴的射流稳定性曲线,如图 6.4 所示。该曲线和图 6.1 有相似的形状。图中密实段射流长度也即 50% 的不连续长度。

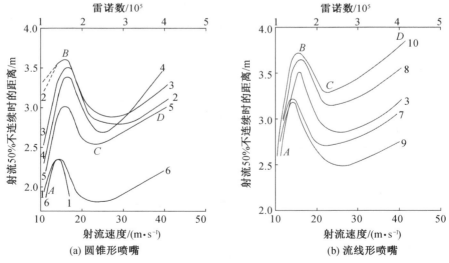

(a) 圆锥形喷嘴　　　　　　　　　(b) 流线形喷嘴

图 6.4　不同喷嘴射流稳定性曲线

图 6.4a 中曲线 3 作为参照在图 6.4b 中画出,从射流稳定性曲线对比可看出,流线形喷嘴的射流连续长度一般长于圆锥形收缩喷嘴。临界点 B 发生的位置雷诺数在 $1.5 \times 10^5 \sim 2 \times 10^5$ 之间,相应的速度约为 16 m/s,临界点 C 的速度约为 25 m/s,大于该速度射流即进入稳定性曲线中的湍流区,50% 不连续长度随速度的增大而增大。图中的曲线显示了在 CD 区间的增长趋势。

消防水炮启动后,射流速度快速稳定到设计值附近,因此图 6.1 中临界点 B,C 并非本研究的消防炮射流重点关注的问题。讨论稳定性曲线,重点在于关注二次最佳射流速度区域的最高临界点 D 的位置,从图 6.4 中可以看出,对于 Theobald 等研究的 10 个喷嘴(口径为 13 mm)的射流,基本都反映出雷诺数约为 47 万、射流速度约为 40 m/s 时,射流开始再次达到或接近与点 B 相持平的一次碎裂长度,预计随着射流速度的增大,雷诺数随之增大,一次碎裂长度还会继续增大,结合图 6.3 所示趋势和大致比例关系,以及本研究的消防炮喷嘴的特征参数(喷嘴口径 68 mm,出口雷诺数 3.28×10^6),并根据雷诺数的计算式 $Re = \rho v L / \mu$,可以推算出大致的规律,两者雷诺数相差约 7 倍,喷嘴口径相差约 5.4 倍,类比推导,预计该大流量消防炮的最佳射流速度值的二次高点区域起始点的速度约为 51.9 m/s。如果把流速系数折算进来,应该可以初步认为,本研究根据预设流量和压力计算的出口速度 46 m/s 基本在高点区域的起始点附近。当然,受试验条件限制,本研究没有通过 1.4 MPa 及更大的压力来验证该喷嘴在更大出口流速、更大雷诺数时的密实射流长度及射程,不过,从理论推算可以看出,随着压力的增大,出口流速、雷诺数应该还会继续增大,射流的一次碎裂长度还会继续向着理论上的二次最高临界点 D 逼近。

6.2 射程的计算方法

射程是衡量消防炮喷射最重要的性能参数指标,也是本书前几章关于炮座、炮管、喷嘴所有相关的结构设计、内流场优化的最终目的。我国标准关于射程的定义为消防炮在规定条件下喷射时,连续洒落介质不少于 10 s 的最远点至炮出口端中心在地面的垂直投影点之间的距离。国外对于射程的定义为射流能连续达到的最大距离,德国标准中将消防炮的射程定义为射流最远落点的 90%,这些定义的实质基本大同小异,相比而言,我国标准的定义更严谨、更具有操作性。

关于喷嘴的水射流射程预测,国内外学者开展过很多研究,提出过不少经验公式。

（1）小微流量的农用喷灌喷头

该类喷头的特点是压力低、流量小、口径小（p 多为 200～400 kPa，Q 多为小于 1 L/s，d 多在 4～6 mm 之间），因其针对性的用途需求缘故，锥管收缩角一般为 40°～45°，有时还带有一些洒水、雾化性能。该类喷嘴用途广、用量多、历史悠久，相对比较经典，国内外针对其开展研究的人员和成果也最多，相关的射程计算公式也非常之多，多达二三十种，其中，大多数射程公式都是基于试验求得的经验公式，或者是直接通过理论推导获得的公式。这两种方法均存在着一定的不足。对于经验公式，由于试验条件的限制，试验数据不一定足够精确，因而通过数据拟合获得的射程公式与实际情况可能会有较大的误差，或只适用于某一范围。对于理论公式，由于液体射流的水流运动是一个复杂的运动，从理论上推导的射程公式都是经过简化条件所得，因而同样有一定的误差。蒋跃[85]专门对此做过归纳和比较，同时结合试验和理论，由试验数据和理论值同时推导出喷头射程的半理论半经验公式，使之相对更加符合实际情况[86-90]。

这些常用射程经验公式的主要特点是以喷射压力、喷嘴出口直径为主要设定参数进行计算，有些还增加了喷射角、流量系数等影响因子。具体列举如下：

Cauazza 公式：
$$R = 1.35\sqrt{dp} \tag{6.5}$$

常文海公式：
$$R = 1.70d^{0.487}p^{0.45} \tag{6.6}$$

加维林公式：
$$R = 0.415d\sqrt[3]{\frac{\beta}{\pi} \times 1.8 \times 10^5}\left(\frac{p}{10^4}\right)^{2/3} \tag{6.7}$$

冯传达公式：
$$R = 4\mu^2 p\sin^2\beta\left(\cot\beta - 0.216\frac{p^{0.94}}{d}\right) \tag{6.8}$$

干浙民公式：
$$R = \xi p^m d^n \tag{6.9}$$

蒋跃公式：
$$R = 0.374\xi\left(\frac{u_0}{s_{\max}}\ln\frac{a}{\eta_0}\right)^{0.602} \tag{6.10}$$

式中：R——喷头射程，m；

$\quad d$——喷嘴直径，mm；

$\quad p$——工作压力，kPa；

$\quad \beta$——喷头喷射仰角，（°）；

$\quad \mu$——流量系数，取 0.95。

$\quad \xi$——系数，取值为 0.85～0.95；

$\quad m,n$——拟合系数。

（2）小流量的消防和冲洗用喷嘴

该类喷嘴的特点是流量、压力、口径都不太大，但普遍要大于农用喷头，一般 $Q<16$ L/s，$p<700$ kPa，$d<19$ mm，可手持喷射，用于消防灭火和冲洗，如消防灭火水枪和城市园林绿化浇灌。因其主要追求射程远、不需要雾化等特点，锥管收缩角一般在 13°左右。

Theobald 通过 10 种喷嘴的实际喷射实验数据，分别提出了通用型喷嘴、内凸流线型喷嘴、内凹流线型喷嘴的经验计算公式。其主要特点有两类：一类是以喷射压力、喷嘴出口直径作为设定参数计算，分别如式（6.11）～式（6.13）所示；一类是以喷射速度、喷射角作为设定参数计算，如式（6.14）所示。

通用型喷嘴：$\qquad R=5.47p^{0.42}d^{0.46}$ （6.11）

内凸流线型喷嘴：$\qquad R_7=4.88p^{0.45}d^{0.50}$ （6.12）

内凹流线型喷嘴：$\qquad R_9=6.23p^{0.39}d^{0.42}$ （6.13）

式中：p——压力，bar（1 bar$=10^5$ Pa）；

$\qquad d$——喷嘴直径，mm。

通用型喷嘴：$\qquad R=(v^2\sin 2\alpha)/g$ （6.14）

式中：v——喷射速度，m/s，$v=\sqrt{2gh}$，其中 h 为静压头，m；

$\qquad \alpha$——仰角，(°)；

$\qquad g$——重力加速度，m/s^2。

值得注意的是，式（6.14）中的喷射速度不是喷嘴的出口速度，实际上有点类似喷嘴出口时的动压头的含义，用的是速度单位 m/s。

（3）较大流量的消防炮喷嘴

该类喷嘴的特点是流量、压力、口径都比较大，流量一般在 16～200 L/s 范围内，目前主要是用于消防炮的射程测算。国家"九五"攻关项目"远程遥控高效能消防炮"课题组[12]和史兴堂[13]共同提出过一个经验计算公式，如式（6.15）所示。这个公式的拟定出台，主要是基于一系列流量在 150 L/s 以下的消防炮产品的实际射程，并兼顾了国内主要厂家产品的射程参数拟合出来的。计算公式及关系曲线中最大流量虽然涵盖到了 200 L/s，但实际当时国内消防炮产品的最大流量为 150 L/s，是 1998 年公安部上海消防科学研究所重点科研计划项目"PXKY150 型液控消防泡沫（水）炮"的研制成果。该成果通过产品检测时的实际性能参数为：$p=1.3$ MPa，$Q=150$ L/s，水射程为 100 m，泡沫射程为 93 m。180 L/s，200 L/s 流量系列是通过 150 L/s 及以下的消防炮产品性能参数规律预测、拟合出来的。该经验公式认为，若不考虑风速、风向的影响，消防炮射程是一个以流量、压力和炮座通径为变量的函数。消防水炮的射程 R 可用下式表述：

$$R = 165C_1 \cdot C_2 \cdot Q^i p^{0.5} \cdot D \qquad\qquad (6.15)$$

式中：C_1——水炮喷头型式系数，导流式水炮喷头取 1.0，多孔板喷头取 1.05，充实水柱式（也叫瞄口式、直流式）喷头取 0.95；

C_2——加工工艺系数，与炮座和喷头流道设计、加工同轴度及关键流道表面加工粗糙度有关，$C_2 = 0.90 \sim 1.10$（根据炮座的压力损失确定）；

Q——水炮流量，L/s；

i——指数变量（结合当时主要的四种炮座通径，0.08，0.1，0.125，0.15 m，指数分别取 0.45，0.35，0.31，0.26）；

p——喷射压力，MPa；

D——炮座主流道通径，m。

研究同时提出，泡沫炮射程的计算，在正常情况下可以将上述公式的计算值乘以 0.90~0.94（根据流量大小取值）进行估算。该项目研究报告还提出，式（6.15）也可以用另外一种公式表示，如式（6.16）所示：

$$R = 3.4C_1 \cdot C_2 \cdot Q^{i+0.5} \cdot (v_o/v)^{0.5} \cdot p^{0.5} \qquad\qquad (6.16)$$

式中：v_o——标定消防炮主通道平均流速，取 3 m/s；

v——消防炮主通道实际流速，m/s；

$(v_o/v)^{0.5}$——消防炮座局部涡流和沿程阻力损失的射程影响系数。

其实，该公式中 v_o 为常数，主通道实际流速 v 仍然是主通径 D 和流量 Q 的一个换算值。

该射程经验公式对于额定压力 $p = 0.8$ MPa 时，$Q \leqslant 120$ L/s 的中小流量消防炮还是比较准确的，但是，对于当前众多的大流量、高压力、大通径下的消防炮，就有一定的局限性了。主要原因有以下几个方面：一是大流量消防炮流量达到 500 L/s，其主通径达到 DN250~DN300，对于 DN180，DN200，DN250，DN300 等通径，既有公式中均未给出 i 的指数值；二是受当时消防泵组动力源功率所限，供水压力一般都不大，国内消防炮的额定压力基本都定在 0.8 MPa，试验时 150 L/s 的消防炮要达到这个额定压力都有点勉强，只有一些 50 L/s 以下的小流量消防炮压力能达到 1.0 MPa，因此相关产品的实际射程总体不是很高，编制消防炮国家标准及拟定射程经验公式时，均以当时消防炮的实际射程为依据做出；三是受实际需求量、经济条件等因素制约，当时国内消防炮最大通径为 DN150，此时流量为 150 L/s 的消防炮内流速已经达到 8.5 m/s，明显超过了第 3 章中研究提出的 7 m/s 的经济流速上限值，加上结构、工艺等原因制约，炮体部分水力损失较大，已经超过了 0.2 MPa；四是当时的炮体回转结构转动摩擦力矩较大，流量超过 150 L/s 的消防炮在喷射时仰头驱动力矩过大，国内配套的小型直流电机缺乏；五是在当前大流量消防炮炮座快速发展的时代背景下,主通径不足带来水力损失大的问题已经不再成为主要制约因素,可以不用再将主通径作为一个主要的射程计算影响因子。

随着消防炮实际供给压力、主通径等方面条件的进一步提升和改善,以及大流量消防炮产品的不断拓展和应用,这个射程经验公式也可考虑做一些适当的修正和完善,理论上应该重点与其他类型喷嘴的射程公式一样,以 p 和 d(喷嘴口径)两个因子作为主要参变量[鉴于 Q,p,d 三者之间存在函数换算关系,实际上可以是这三者中的任意两个因子,见第 5 章中公式(5.5)]来拟定新的射程经验公式,并结合水压供给条件显著改善的时代背景,适当考虑增大压力指标在公式中的影响权重。

(4)射程经验计算公式比较与修正

尽管上述三类经验公式并不都是对消防炮(尤其是本书中研究的消防炮及更大流量的大流量消防炮)而拟合的,为了验证这些射程经验计算公式对大流量消防炮射程预测的准确性和有效性,针对消防炮的特点,此处基于本研究所设定的同样参数(流量 $Q=600$ m³/h,$p=1.2$ MPa,$d=68$ mm),作为其输入参数,对这些公式进行验证性计算,获得相关的比较数据如表 6.1 所示。

表 6.1 各类喷头射程计算公式验证计算

序号	公式	射程/m	相关系数/%
1	Cauazza 公式:$R=1.35\sqrt{dp}$	121.9	93.8
2	常文海公式:$R=1.70d^{0.487}p^{0.45}$	115.2	88.6
3	加维林公式: $R=0.415d\sqrt[3]{\dfrac{\beta}{\pi}\times1.8\times10^{5}}\left(\dfrac{p}{10^{4}}\right)^{2/3}$	177.2	136.3
4	冯传达公式: $R=4\mu^{2}p\sin^{2}\beta\left(\cot\beta-0.216\dfrac{p^{0.94}}{d}\right)$	156.6	120.5
5	干浙民公式:$R=\xi p^{m}d^{n}$	86.4	66.5
6	蒋跃公式: $R=0.374\xi\left(\dfrac{u_{0}}{s_{\max}}\ln\dfrac{a}{\eta_{0}}\right)^{0.602}$	括号内为该工作压力下的射流破碎长度,缺乏此数值,未计算	
7	Theobald 公式: 通用型喷嘴:$R=5.47p^{0.42}d^{0.46}$	108.2	83.2
8	Theobald 公式: 内凸流线型喷嘴:$R_{7}=4.88p^{0.45}d^{0.50}$	123.1	94.7

序号	公式	射程/m	相关系数/%
7和9	Theobald 公式: 内凹流线型喷嘴:$R_9 = 6.23p^{0.39}d^{0.42}$	96.61	
10	Theobald 公式: 通用型喷嘴:$R = (v^2 \sin 2\alpha)/g$	206(30°)按静压头	158
		224(35°)按静压头	172
11	"九五"科技攻关项目公式/史兴堂公式: $R = 165C_1 \cdot C_2 \cdot Q^i p^{0.5} \cdot D$	111.1(i 按 150 时取 0.26)	85.5
		86(i 按 180 预测取 0.21)	66.2
12	"九五"科技攻关项目公式/史兴堂公式: $R = 3.4C_1 \cdot C_2 \cdot Q^{i+0.5} \cdot (v_o/v)^{0.5} \cdot p^{0.5}$	111(i 按 0.26 取)	85.5
		86(i 按 0.21 取)	66.2

本研究的消防炮,经实际加工试制后在江苏和江西分别进行了多次试验实测,实际射程为 130 m(实际产品加工时的喷嘴口径 d 为 67 mm)。同样尺寸的另一门炮座,流量设定为 150 L/s 时,喷嘴口径 d 为 64 mm,射程为 125 m。需要特别说明的是,此测量数据是按照网格型整流器进行试验得出的结果,且因试验条件关系,实际记录的工作压力 1.2 MPa,为炮座上下弯管部位取出的压力值。结合实际产品试验的结果,并根据计算和研究分析的结论看,炮口的实际喷射压力应该比 1.2 MPa 小 0.08 MPa 左右。如果整流器采取最优的内翼形,炮口喷射压力再增大 0.08 MPa,可能射程的实测值还会高于该数值。

从表 6.1 中计算结果可以看出:

① 表中经验计算式所计算出的射程数据基本都与本研究的消防炮的实测值不太吻合,偏差率都超出了 ±5%,说明现有射程经验公式对大流量、大压力、大通径的消防炮都已经不太适用。当然,对应序号 1~6 号的公式主要是针对小微流量的农用喷灌喷头的,其本身还带有一些喷洒、雾化要求,所以,相关系数不太高也在情理之中。

② 正、负偏差率(相关系数)最大分别达到 172% 和 66.2%。

③ 有两个经验公式计算结果的相关系数相对较为接近,即序号 1 的 Cauazza 公式(相关系数 93.8%)和序号 8 的 Theobald 公式(相关系数 94.7%)。进一步分析发现,这两个公式有着非常相似、非常接近之处。Cauazza 公式:$R = 1.35d^{0.5}p^{0.5}$;Theobald 公式(内凸流线形):$R_7 = 4.88p^{0.45}d^{0.5}$,公式都非常简洁,都存在 $d^{0.5}$ 这个共同变量因子。而在设定的流量 Q 之下,d 和 p 是存在换算关系的,即式(5.5),因此,结合这两个经验公式的计算结果相对

最为接近实测值的比较结果,下一步对消防炮射程经验公式进行修正完善时,可以借鉴这两个公式的基本思路和变量设置。

④ 序号 11,12 对应的公式,因为时代性的缘故,公式依据的产品及实验数据多出自 2000 年及之前,对于大通径、更大流量的消防炮已经无法适用,从指数变量 i 的变化规律上看,该公式随着通径从 DN80,DN100,DN125 直到最大值 DN150,i 值按 80,100,125,150 mm 分别取 0.45,0.35,0.31,0.26,呈现出从大到小的趋势,从表中计算结果看,对于本研究涉及的 DN180 的炮座,i 即使保持不变,仍然取 DN150 时的 0.26,此时 R 值为 111 m,已偏离较大。如果按递减规律 i 值取 0.21,则 R 值为 86 m,与真实值的偏差更大。因此,该公式对于大通径、大流量的消防炮不再适用,需要修正。

综上,现阶段亟需对能涵盖大流量消防炮实际射程的射程经验公式进行重新修正或拟定。结合上述几点的比较和分析,拟以序号 1 和序号 8 的公式为借鉴,进行初设,鉴于序号 1 的公式主要是针对小微流量的农用喷灌喷头的,其本身带有一定的雾化和喷洒要求,与大流量的消防炮在用途、流量、压力、喷嘴口径方面存在较大的差异,而序号 8 对应的公式在压力、流量、喷嘴口径等方面,相对更接近消防炮一些,但其主要是对内凸型喷嘴拟合的经验公式,目前国内瞄口式消防炮喷嘴主要为圆锥形,导流式喷嘴也是与圆锥瞄口式喷嘴进行系数换算的,为此,在序号 8 经验公式的基础上,以常见的 p,d 作为参变量,结合近年来一系列消防炮产品的试验数据,提出消防炮射程的经验公式,如式(6.17)所示:

$$R = 5.15 C p^{0.45} D^{0.5} \tag{6.17}$$

式中:C——喷头型式系数,直流式喷头取 1,导流式水炮喷头取 1.05;

$\quad\quad p$——工作压力,bar(1 bar=10^5 Pa);

$\quad\quad D$——为喷嘴当量直径,mm。

根据以往的一系列消防炮产品设计经验,泡沫炮的射程可以在水炮计算结果的基础上减小 5 m,或者按照 0.90~0.94 的系数测算。

结合最新研发的 167 L/s,150 L/s,350 L/s,400 L/s 大流量消防炮的射程参数设定工况,以及最终产品的射程实测值,对上述公式进行验证,对比分析结果如表 6.2 所示。

表 6.2　射程经验计算公式验证比较

序号	设定参数					射程			相关系数/%
	流量 $Q/$ $(L \cdot s^{-1})$	压力 p/MPa	喷嘴口径 d/mm	炮座主通径 D/mm	出口流速 $v/(m \cdot s^{-1})$	经验公式计算值/m	实测值/m	偏离率/%	
1	152.8	1.23	64	200	46	126.68	125.0	1.32	98.68
2	167.0	1.2	68	180	46	130.12	130.0	0.09	99.10
3	360.0	1.2	100	200	45.84	157.67	145.0	8.04	91.96
4	370.0	1.2	100	250	47.1	158.75	151.5	4.57	95.43
5	398.3	1.2	105	250	46.0	161.88	160.0	1.16	98.94
6	405.0	1.2	105	250	46.8	162.38	162.5	−0.07	100.07

从表 6.2 可以看出,新给出的射程经验计算公式对大流量消防炮具有很好的符合性,相关系数都在 95% 以上,大多数都达到了 99%。3 号的相关系数约为 92%,主要是其采用的炮座为 DN200,炮座主通径的内流速达到11.5 m/s,可能对内流场有比较大的影响。总的来说,这个射程经验公式对于预测消防炮的射程具有较好的一致性。需要特别说明的是,这个经验公式是针对优化设计的优秀产品而拟合的,不是针对当前市场上的某些刚刚达到国家标准规定要求的常规性产品而拟合的。我国当前的消防炮产品在射程方面具有比较大的提升空间,新拟合的射程经验公式,不可能以相对落后的产品性能参数作为预测、拟合依据。第 7 章将进一步就此问题进行专门的分析和论述。

6.3　射高的计算方法

据了解,其他用途的射流装备,一般不会有射高方面的性能要求,但对消防枪、消防炮来说,无论是建筑火灾还是石油化工火灾,通常面临扑救高位火点的情况,因此需要同步兼顾射程、射高两个因素。尤其是对大型的石油化工装置区、储罐区,大型的油、煤码头,大型场馆车间,往往因为顶部较高(容量为 15 万 m³ 的油罐已高达 22 m、化工装置顶部高达上百米、大型轮船空舱甲板高达 20 余米),单体占地面积较大(大型油罐的直径达 80 m,大型车间的长度上千米、宽度上百米),需要消防炮在满足一定射程要求的同时,还要满足相关的射高要求。如果射高达不到预期要求,则需要通过设置消防炮塔提升消防炮的基座高度来有效解决。

基于上述原因,射流装备方面有关射高研究的相关文献、理论成果也就比较少。近年来,陆续有学者从消防射流的角度出发,开始涉及消防枪炮射高的研究工作,但受实验条件、理论方法支撑、自由空间射流复杂性等多方因素的影响和制约,这方面的研究还处于起步阶段,以至于迄今为止,在我国消防炮的国家标准中,尚无射高 H、最高点水平射程 L 等的考核指标要求。

史兴堂[13]结合射程曲线的轨迹特点,提出射高的公式就是用其最高点的水平坐标距离与其仰角正切值相乘得出,即 $H = L\tan\theta$。其中,L 为射流最高点离炮口的水平距离;θ 为喷射仰角,一般为 $30° \pm 2°$,如图 6.5 所示。

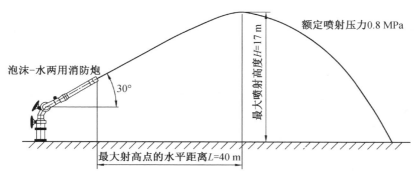

图 6.5 消防炮射高 H、最高点水平射程 L 测量示意图

这种测算方法的优点是简便、易操作、易估算。对于中小流量的消防炮、射流比较集中和平滑的轨迹来讲,比较容易进行测量。该方法的不足是一般射流的顶部可能不是一个点,而是一段带有较平缓拱形的区域,尤其是对于较大流量的消防炮来说,最高点不易标定。另外,当仰角较大时,因下方多被雾状洒落的液滴所覆盖,不容易实施测量。

Theobald 也在他的研究文献中结合相关的数据资料,提出了射高 H 和最高点水平射程 L 的经验计算公式[44],分别如式(6.18)和式(6.19)所示,并特别指出,这些公式是在仰角为 $35°$ 时所给定的,单位均为 m。

$$H = 3.14 p^{0.46} d^{0.25} \tag{6.18}$$
$$L = 4.18 p^{0.7} d^{0.3} \tag{6.19}$$

式中:p——压力,bar;

　　d——喷嘴直径,mm。

同时,Theobald 还利用基本的射流公式推导计算出了 H 和 L,分别如式(6.20)、式(6.21)所示。

$$H = v^2 \sin^2 \alpha / (2g) \tag{6.20}$$
$$L = v^2 \sin^2 2\alpha / (2g) \tag{6.21}$$

式中：v——喷射速度，m/s，$v = \sqrt{2gh}$，其中 h 为静压头；

α——仰角，($°$)；

g——重力加速度，m/s²。

鉴于射高方面的公式较少，相关研究理论论述和预测方法不太多，很少有人对这些公式的有效性和相关系数进行过验证和比较。本研究为了验证这些射高经验计算公式对大流量消防炮射高预测的准确性和有效性，也基于所设定的同样参数（流量 $Q = 600$ m³/h，$p = 1.2$ MPa，$d = 68$ mm），作为其输入参数，对这些公式进行验证性计算，获得相关的比较数据如表 6.3 所示。

表 6.3 射高 H 及最高点水平射程 L 计算公式验证计算

序号	公式	射程 L、射高 H/m			相关系数（与实测值相比）		
		30°时	45°时	60°时	30°时	45°时	60°时
1	史兴堂公式：$H = L\tan\theta$	48.7（L 取公式 3）			178%		
		52（L 取公式 5）	132	171.5	190%	209%	200%
2	Theobald 射高公式：$H = 3.14 p^{0.46} d^{0.25}$	28.3（35°时）			103.6%		
3	Theobald 射程公式：$L = 4.18 p^{0.7} d^{0.3}$	84.4（35°时）			78.1%		
4	$H = v^2 \sin^2 \alpha / (2g)$	30 39.5（35°时）	66	99	111%	112%	116%
5	$L = v^2 \sin^2 2\alpha / (2g)$	90 106（35°时）	132	99	111%	120%	121%
6	试验现场无人机实测值	100,27（逆风 1.3 m/s）95,27（侧逆风）	110,59	85,82	100%	100%	100%
7	48 L/s 两用炮	40,17	38,18	27,27	100%	100%	100%

从公式(6.20)和公式(6.21)中可以看出,射高 H 和最高点水平射程 L 之间存在着函数关系,将两者相除,可以得出, $L/H = \sin^2 2\alpha / \sin^2 \alpha = 4\cos^2 \alpha$。从表 6.3 中的数据也可以看出,在 30°,45°,60° 下的 L 和 H 数据之间,也确实大致存在相应的 $4\cos^2 \alpha$ 关系。

从表 6.3 可以看出,针对目前实际的大流量消防炮产品,该表中序号 1,2,3 三类经验公式基本都不能完全适用。表 6.3 中公式 1,2,3 适用性都比较差,相关系数过大或过小。尤其是表中公式 2 和公式 3,就是针对仰角 35° 时的不同喷嘴喷射数据拟合出来的,与其他角度无关。对 35° 这个特定角度,其有一定的适用性和参考价值,可以作为最大射程时射高与射高点射程的一种经验计算公式。但是,这两个公式对全仰角系列就不适用了。表中的公式 4 和公式 5,其射高公式相关系数略大于 110%,最高点射程公式相关系数在 120% 左右(仰角为 30° 时的数值存在逆风和侧逆风,预计在风向条件符合国家标准中规定的顺风不超过 1～2 m/s 的要求时,射程会增加 8～10 m,相关系数也差不多在 120% 左右)。表中公式 2,3 都缺乏很好的全角度通用性。表中公式 4 和公式 5 虽然相关系数值也不高,一致性不是太好,但是其余仰角之间建立了函数关系,且其内部 L 与 H 相互间的规律非常一致,在不同的角度下,其 L/H 的比值,经验证,也与实测值基本完全一致,而且相关系数也保持一致。为此,需要对现有的射高公式及最高点水平射程公式做适当修正,同时可以保留表中公式 4,5 的相互关系规律,在影响系数上,直接根据其不同角度下偏差率始终一致的相关系数,做相应的修正。修正后的射高经验公式和最高点的水平射程公式分别如式(6.22)、式(6.23)所示。

$$H = 1.12(v^2 \sin^2 \alpha)/(2g) \qquad (6.22)$$

$$L = 1.2(v^2 \sin^2 2\alpha)/(2g) \qquad (6.23)$$

式中: v——喷射速度, $v = \sqrt{2gh}$,m/s;

h——静压头,m。

6.4 射流的最优仰角

关于最大射程的仰角,国内外都有相关的研究,Theobald 在飞机库内无风条件下,通过一系列的小流量喷嘴,测得仰角在 30°～40° 之间时,射程只是微弱地随仰角变化而变化,如图 6.6 所示。因此,把 35° 仰角作为射流喷射时的最优喷射角,同时也作为各项研究时获得最大分辨力的仰角。

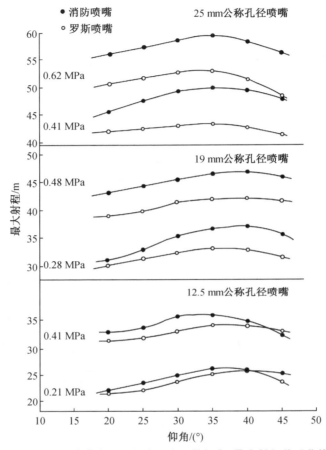

图 6.6　不同喷嘴在不同设定压力下的仰角-最大射程关系曲线

Theobald 推荐的最优仰角 35°是基于室内无风条件下的结果,结合实际工程的应用特点,可以知道,消防炮大多是在户外条件下应用,仰角越高,风的影响会越大。因此,户外时仰角相对减小,可以减少风的干扰,反而会使射程得到有效的保证。

我国的消防炮产品标准把消防炮的最优仰角推荐为 30°±2°,并把它作为消防炮射程测试时的统一边界条件。这既是在经历大量实验测试的基础上所确定的,也是取了 Theobald 所推荐的最优仰角区域 30°～40°的下限值,是比较科学的。当然,在实际的工程应用中,还可以结合常年风向风速、室内室外、举高落地、保护对象等现实条件和使用情况,对仰角做适当微调。

6.5 射流的轨迹

6.5.1 射流轨迹的数学模型

水炮射流轨迹的数学模型表示如式(6.24)所示。

$$R(D, \theta, \rho, \mu, \sigma, v, g, f) = 0 \tag{6.24}$$

式中:函数 R——射程,m;

$\quad$ D——水炮出口直径,mm;

$\quad$ θ——射流仰角,(°);

$\quad$ ρ——流体密度,kg/m³;

$\quad$ μ——流体的黏性系数;

$\quad$ g——重力加速度,m/s²;

$\quad$ σ——表面张力,N;

$\quad$ v——速度,包括射流出口平均速度、环境风速,m/s;

$\quad$ f——水射流在空气中运动时所受阻力,N。

式(6.24)中并未给出水炮工作压力,因为通过水炮喷嘴的收缩段后,流体的压能转换为出口动能,也可用出口速度大小来反映。对式(6.24)开展无因次分析,可得到水炮射程 R 与雷诺数 Re、弗劳德数 Fr、韦伯数 We 相关,射程分析涉及惯性力、黏性力、表面张力、空气阻力。

消防水射流轨迹的简化方法是将射流视为微小圆柱流体或圆形水滴形式的微元体,假设某一直径不变的水滴从喷嘴出口开始,在空气阻力与重力作用下,飞行到射程的末端落地,在此基础上建立运动方程。根据牛顿定律建立的运动方程如下[90]:

$$\begin{cases} \dot{v} = -g - F \\ \dot{X} = v \\ \dot{s} = |v| \end{cases} \tag{6.25}$$

式中: $v = (v_x, v_y, v_z)$, $g = (0, 0, -g)$, $F = (F_x, F_y, F_z)$; $X = (x, y, z)$。向量 v 是在射流离开出口的 t 时刻由三个分量构成的合速度;向量 g 为重力方向,选择 z 方向;s 为射流弧线位移;向量 F 为单位质量上的阻力。引入向量单位 i,j,k,则速度向量 $v = v_x i + v_y j + v_z k$,风速向量 $u = u_x i + u_y j + u_z k$,射流流体与风速的合速度 v_r 为

$$v_r = v - u \tag{6.26}$$

在假定的微元体飞行方向上,速度定义为 v_{ra},微元体的合速度在 $v/|v|$

也即飞行方向的单位向量上的投影,形式为

$$v_{ra} = \frac{v_r v}{|v|} \tag{6.27}$$

流体所受的阻力 F 与该微元体运动方向上的速度为某一函数关系。一般认为阻力的函数形式与 v_{ra} 和射流轨迹线长 s 相关。

Hatton 等[91]计算了消防水炮的射程,考虑了风对射流轨迹的影响,其选用的阻力模型形式为

$$f = kv^2(1 + e^{bs}) \tag{6.28}$$

式中:s——射流弧线长。

阻力 f 与速度 v 呈平方关系,式中含有水滴综合阻力系数 k、指数增长系数 b 这两个待确定的系数,阻力的增长部分按指数形式,因此该模型的特点为射流轨迹的下降段比较陡。闵永林、陈晓阳等[92]考虑到空气阻力也与水炮俯仰角度有关,提出的阻力形式如下:

$$f = ae^{bt}(-\alpha^2 + 2\alpha)v^2 \tag{6.29}$$

式中:α——仰角,(°);

t——时间,s。

同样阻力与速度呈平方关系,两个待定系数 a、b 需要两个不同仰角的射流实验数据确定。这两种阻力模型均考虑了射流初始段所受阻力较小,射流后段所受阻力大的现象,但是射流所受空气阻力是复杂的,Hatton 与闵永林所选用的指数增长参数分别为轨迹长度 s 和时间 t,均忽略了射流碎裂发生的位置,亦即射流作为连续相之前和分散为离散相之后所受阻力并未明确区分开,阻力仅仅是整体的指数增长模式,这会带来一定误差。孙健[56]给出的阻力计算式形式为

$$f = 0.5\rho v^2 A(x)k \tag{6.30}$$

式中:k——空气阻力系数;

$A(x)$——射流截面积变化函数。

该阻力模型的优点是表达式直观,射流截面积增长的变化即为阻力的增长,但此截面积变化函数是难以确定的,该文献中给出自然对数函数的增长形式,是否完全符合射流截面积增长规律,是否完全符合空气阻力的增长模式,还有待深入研究。总体上,阻力与空气密度、物体的运动速度、形状、体积等因素有关,水射流的空气阻力模型非常复杂,在掌握射流破碎、雾化的特征参数的基础上,考虑水滴群离散相系统,建立合适的阻力模型,从而精确预测射流轨迹,是国内外消防水射流研究中的重要内容。

将流体微元体假设为球体,则便于建立阻力 f 的计算式,水滴飞行的受

力示意图如图 6.7 所示。

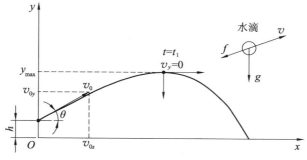

图 6.7　水滴飞行受力示意图

图 6.7 中液滴的直径为 d,设水的密度为 ρ_w,空气密度为 ρ_a,则水滴质量 m 为

$$m=\frac{1}{6}\pi d^3\rho_w \tag{6.31}$$

若射流所受空气阻力与速度平方的关系以 $f=kv^2$ 的形式给出,则为

$$f=C_dA_d\frac{\rho_a}{2}v^2=\frac{1}{8}C_d\pi d^2\rho_av^2 \tag{6.32}$$

式中:A_d——液滴迎风面积,与水滴运动方向垂直,或为水滴迎风投影面积;

　　　C_d——单水滴迎风阻力系数。

式中的射流阻力系数 k 的表达式为

$$k=\frac{1}{8}C_d\pi d^2\rho_a \tag{6.33}$$

计算模型中水滴质量 m 与射流阻力系数 k 的比值为

$$\frac{m}{k}=\frac{4}{3}\frac{1}{C_d}\cdot\frac{\rho_w}{\rho_a}\cdot d \tag{6.34}$$

式(6.34)给出了射流阻力系数 k 与水滴质量 m 的关系,选用式(6.28)的消防水射流阻力模式,不考虑风速上下运动的形式,即风速的 u_z 为 0,将式(6.25)写为如下消防水炮轨迹射程的计算模型形式:

$$\begin{cases}\dfrac{\mathrm{d}^2x}{\mathrm{d}t^2}=\dfrac{k}{2m}(1+\mathrm{e}^{bs})\cdot|v|\cdot(v_x-u_x)\\[2mm]\dfrac{\mathrm{d}^2y}{\mathrm{d}t^2}=\dfrac{k}{2m}(1+\mathrm{e}^{bs})\cdot|v|\cdot(v_y-u_y)\\[2mm]\dfrac{\mathrm{d}^2z}{\mathrm{d}t^2}=\dfrac{k}{2m}(1+\mathrm{e}^{bs})\cdot|v|\cdot v_z-g\end{cases} \tag{6.35}$$

$$|v|=\sqrt{(v_x-u_x)^2+(v_y-u_y)^2+v_z^2} \tag{6.36}$$

6.5.2 射流轨迹模型中系数的确定

模型式(6.35)中含有射流阻力系数 k 和指数增长系数 b,拟采用平面二维无风状态水滴运动进行验证和确定,其中系数 k 拟通过解析解讨论,系数 b 需通过模型消防炮试验数据验证。

(1) 射流阻力系数 k

参考图 6.7,射流初始速度为 v_0,射流仰角为 θ,初始安装高度为 h,仅讨论系数 k 时不考虑射流阻力增长的指数形式(含有系数 b),将射流轨迹模型简化为二维的数学式:

x 方向:
$$m\ddot{x} = -kx^2 \tag{6.37}$$

y 方向:
$$m\ddot{y} = -ky^2 - mg \tag{6.38}$$
$$m\ddot{y} = mg - ky^2 \tag{6.39}$$

初始条件:$t=0, y=h, v_x=v_{0x}=v_0\cos\theta, v_y=v_{0y}=v_0\sin\theta$。

图 6.7 中 y 方向有初始高度,当抛射体达到最高点时,高度设为 y_{max},此时转换坐标方向,解出 y 方向的速度后,回代原坐标方向,即换向,这是因为空气阻力在抛射体上升、下降时方向发生了改变。解析解结果如下:

以时间 t 为函数的 x 方向行程:
$$x = \ln\left(1 + \frac{k}{m}v_{0x} \cdot t\right) \cdot \frac{m}{k} \tag{6.40}$$

以时间 t 为函数的 y 方向行程:
$$y = h - \frac{m}{k}\ln\frac{\cos\arctan\left(\sqrt{\dfrac{k}{mg}}v_{0y}\right)}{\cos\left[\arctan\left(\sqrt{\dfrac{k}{mg}}v_{0y}\right) - \sqrt{\dfrac{gk}{m}} \cdot t\right]} \tag{6.41}$$

水滴飞行至落地的时间:
$$t = t_1 + \sqrt{\frac{k}{mg}} \cdot y_{max} + \sqrt{\frac{kg}{m}} \cdot \ln\left(1 + \sqrt{1 - e^{-2\frac{k}{m}y_{max}}}\right) \tag{6.42}$$

式(6.42)中含有水滴在 t_1 时间达到最高位置时的参数 y_{max},其计算式为
$$y_{max} = h - \frac{m}{k}\ln\left\{\cos\left[\arctan\left(\sqrt{\frac{k}{mg}} \cdot v_{0y}\right)\right]\right\}, t \in [0, t_1] \tag{6.43}$$

时间 t_1 是抛射体达到最高位置的时间,根据 $v_y=0$ 计算得
$$t_1 = \sqrt{\frac{m}{kg}}\arctan\left(\sqrt{\frac{k}{mg}} \cdot v_{0y}\right) \tag{6.44}$$

由上述解析解结果可计算水滴飞行轨迹,式中比值 m/k 已在式(6.34)中给出,该比值与单水滴迎风阻力系数 C_d 的取值、水和空气密度比值、水滴直径

有关。水的密度 ρ_w 可看成定值,为 998 kg/m³;空气密度随气温变化而变化,但变化量较小,因此以空气密度 ρ_a 在 20 ℃时干空气密度 1.205 kg/m³ 为参照。关于系数 C_d 的取值,在喷灌研究水滴的飞行、雾化、蒸发时,不同学者根据水滴直径计算的雷诺数范围,总结了不同的经验式,水滴雷诺数计算式为

$$Re = d \cdot v/\nu \tag{6.45}$$

式中:d——水滴直径,mm;

$\quad\quad v$——水滴相对空气的速度,m/s;

$\quad\quad \nu$——空气运动黏性系数。

Bird(1960 年)总结他人的试验数据,获得系数 C_d 的值为

层流状态:$0.1 \leqslant Re \leqslant 2$ $\quad\quad\quad$ $C_d = 24/Re$

过渡状态:$2 \leqslant Re \leqslant 500$ $\quad\quad$ $C_d = 18.5/Re^{0.6}$

湍流状态:$500 \leqslant Re \leqslant 200\,000$ $\quad$ $C_d = 0.44$

日本学者 Fukui(1980 年)给出的 C_d 计算式为

$Re \leqslant 128$ $\quad\quad\quad\quad\quad\quad$ $C_d = 33.3/Re - 0.003\,3Re + 1.2$

$128 \leqslant Re \leqslant 1\,440$ $\quad\quad$ $C_d = 72.2/Re - 0.000\,055\,6Re + 0.48$

$Re \geqslant 1\,440$ $\quad\quad\quad\quad\quad$ $C_d = 0.45$

Park(1982 年)给出的 C_d 经验计算式为

$Re \leqslant 1\,000$ $\quad\quad\quad\quad\quad$ $C_d = (24/Re)(1 + 0.15Re^{0.687})$

$Re > 1\,000$ $\quad\quad\quad\quad\quad\quad$ $C_d = 0.438[1.0 + 0.21(Re/1\,000 - 1)^{1.25}]$

水炮射流形成的水滴直径及出口流速远大于喷灌喷头的参数值,也即水滴 Re 数较大,处于湍流状态,而上述学者的公式中,在大雷诺数情况时给定 C_d 为常数,约为 0.44。水炮的射流轨迹简化为微元体飞行,则多大的微元体合适有待深入研究,该问题涉及式(6.34)中直径 d 的选取。根据式(6.40)至式(6.44)采用不同射流仰角,不同直径的水滴,以初速度为 21.9 m/s 进行试算,计算结果如图 6.8 所示。

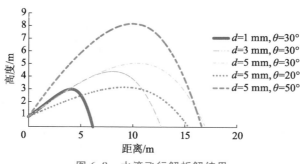

图 6.8 水滴飞行解析解结果

由图 6.8 可以看出，随着直径 d 的增大，射程增大，这是因为计算式中比值 k/m 与直径成反比，C_d 取值为常数后，则式(6.34)所代表的阻力影响仅与水滴直径大小相关。图中试算采用的初始速度是以 PY15 喷灌喷头流量、出口直径为参考，当 d 取值为 5 mm 时各射流仰角下射程范围为 15～17 m，射程范围与该类型喷头国家标准 GB/T 22999－2008 中给出的范围一致，而 d 取值与喷头出口直径一致，因此，将式(6.34)中的直径简化为喷嘴出口直径具有可行性，且水炮轨迹模型中还需要确定系数 b 值，可继续调整射程的计算精度。

（2）指数增长系数 b

对于系数 b 的确定，需要小模型水炮无风状态下的试验数据，本书同时研究了导流式水炮和直流式水炮两种不同的出口形式，以验证上述系数 k 的合理性和系数 b 的合适取值。所建立水滴飞行的射流轨迹计算式如下：

$$\frac{\mathrm{d}^2 x}{\mathrm{d}t^2} = -\frac{k}{m} \cdot \frac{1+\mathrm{e}^{bs}}{2} \cdot v \cdot v_x \tag{6.46}$$

$$\frac{\mathrm{d}^2 z}{\mathrm{d}t^2} = -\frac{k}{m} \cdot \frac{1+\mathrm{e}^{bs}}{2} \cdot v \cdot v_z - g \tag{6.47}$$

采用系数 c 表示水射流的阻力，表达式为

$$c = \frac{3}{4} C_d \frac{1}{d_w} \frac{\rho_a}{\rho_w} \frac{1+\mathrm{e}^{bs}}{2} \tag{6.48}$$

上述方程组求解方法可采用 Runge - Kutta 方法（龙格-库塔方法），获得单水滴假设模型下水射流的飞行轨迹。采用 $\frac{\mathrm{d}x}{\mathrm{d}t} = v_x = m$，$\frac{\mathrm{d}z}{\mathrm{d}t} = v_z = n$ 的形式将式(6.46)、式(6.47)降阶，并有 $v = \sqrt{m^2 + n^2}$，Runge - Kutta 方法的计算过程为

$$\begin{cases} m_{i+1} = m_i + \dfrac{h}{6}(k_{11} + 2k_{12} + 2k_{13} + k_{14}) \\[2mm] n_{i+1} = n_i + \dfrac{h}{6}(k_{21} + 2k_{22} + 2k_{23} + k_{24}) \\[2mm] k_{11} = -c\sqrt{m_i^2 + n_i^2} \cdot m_i \\[2mm] k_{21} = -c\sqrt{m_i^2 + n_i^2} \cdot n_i - g \\[2mm] k_{12} = -c\sqrt{(m_i + 0.5hk_{11})^2 + (n_i + 0.5hk_{21})^2} \cdot (m_i + 0.5hk_{11}) \\[2mm] k_{22} = -c\sqrt{(m_i + 0.5hk_{11})^2 + (n_i + 0.5hk_{21})^2} \cdot (n_i + 0.5hk_{21}) - g \\[2mm] k_{13} = -c\sqrt{(m_i + 0.5hk_{12})^2 + (n_i + 0.5hk_{22})^2} \cdot (m_i + 0.5hk_{12}) \\[2mm] k_{23} = -c\sqrt{(m_i + 0.5hk_{12})^2 + (n_i + 0.5hk_{22})^2} \cdot (n_i + 0.5hk_{22}) - g \\[2mm] k_{14} = -c\sqrt{(m_i + hk_{13})^2 + (n_i + hk_{23})^2} \cdot (m_i + hk_{13}) \\[2mm] k_{24} = -c\sqrt{(m_i + hk_{13})^2 + (n_i + hk_{23})^2} \cdot (n_i + hk_{23}) - g \end{cases}$$

采用编程求解上述方程时,需给定时间步长。

小模型水炮试验数据包括测量工作水压力、流量、射程,由经纬仪测量射流轨迹。所采用的直流式消防水炮(如图 2.2 所示)小模型尺寸的出口直径为 16.5 mm,其内部安装整流器,弯管处安装有分流片,采用两个 90°弯头替代实际产品中的回转体,以便于调整仰角和水平旋转,模型水炮安装高度约为 1.4 m。采用经纬仪测量不同压力、不同仰角射流轨迹数据点,如图 6.9 所示。

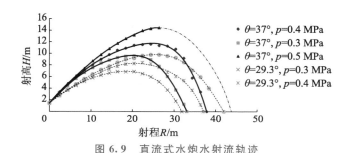

图 6.9　直流式水炮水射流轨迹

室内试验场地为圆形大厅,直径 44 m,高 18 m,厅内部净高 15 m。图 6.9 所示直流式水炮射流数据中,虽然轨迹的最高处受室内试验场地限制未能测出,但作出了趋势图。射流仰角的测量采用拍照后作图法获得,拍照时设置铅垂线及直尺等作为参照物,在照片中量取角度。射流仰角是在试验中随意调节的,在作图法测出射流仰角后精确到 0.1°。从图 6.9 中看出,当射流仰角固定时,工作水压力增大,射程明显增大。模型水炮试验的流量、射程如表 6.4 所示。

表 6.4　水炮试验参数数据

出口直径/mm	安装高度/m	仰角 θ/(°)	工作压力/MPa	流量/(m³·h⁻¹)	射程/m
16.5	1.4	37.0	0.5	23.94	—
16.5	1.4	37.0	0.4	21.08	37.9
16.5	1.4	37.0	0.3	18.08	33.1
16.5	1.4	29.3	0.5	23.96	42.0
16.5	1.4	29.3	0.4	21.11	37.1
16.5	1.4	29.3	0.3	18.10	31.9

在表 6.4 的试验数据中,模型水炮在相同的工作水压力下流量近似相等。射程采用皮尺测量,由于末端水滴群落地点不稳定变动的原因,射程值精确

到 0.1 m。由试验数据看出：相同仰角下，射程随着工作压力的增大而增长，最大射高增大，而对比同一工作压力，试验中的两种射流仰角改变对射程的影响程度小于压力变化带来的影响。文献中认为水炮较优的射流仰角在 30°～35° 范围内，而表中试验在无风状态下进行，在 37° 时射程仍较大，这也与本章前面分析的室内无风状态下，仰角在 30°～40° 范围内基本都属于最优喷射仰角是一致的。通过流量试验数据可获得水炮的流速系数范围，为大流量水炮的设计提供参考。

综合以上分析，按系数 C_d 采用常数，水滴直径 d 采用喷嘴出口直径，对直流式水炮系数 b 值进行分析。

选取直流式水炮射流仰角为 29.3°，37°，以及三种工作水压试验数据，射流阻力的指数增长系数 b 分别取值 0，0.01 和 0.02 时，射流轨迹的计算值与试验值的对比如图 6.10 所示。

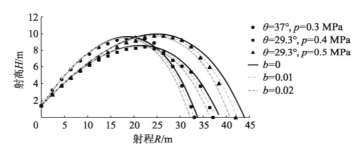

图 6.10　直流式水炮在不同 b 值下射流轨迹的计算值与试验值的对比

图中实线代表 $b=0$ 的计算值，此时水射流所受空气阻力为常数 k/m，所计算的水射流轨迹为给定直径的单水滴飞行最远射程情况。图中点划线为 $b=0.01$ 的轨迹计算值，其与三种工况的试验结果接近。图中虚线代表 $b=0.02$ 的轨迹计算值，其与三种工况的试验结果有较大差异。在不同 b 值下，三种工况所计算的射流轨迹从射流出口至最高处都是接近重合的，随着 b 值的增大，计算的轨迹从最高处下降的幅度增大，射程减小。

为准确分析直流式水炮在不同系数 b 值情况下测量点与计算轨迹线的靠近程度，采用式(6.49)对各测点的射高差平均值、标准偏差进行计算，并将计算的射程、射高与试验值进行对比。

$$\bar{h} = \frac{1}{n} \sum_{i=1}^{n} h_i, \sigma = \sqrt{\frac{1}{n} \sum_{i=1}^{n} (h_i - \bar{h})^2} \tag{6.49}$$

式中：n——试验测量点数；

h_i——射高偏差，是各个轨迹测量点的射高值与计算轨迹线在该点的射高值之差（取绝对值），m；

$\bar{h}$——各个测量点的射高差的算术平均值，m；

σ——标准偏差，其计算结果如表6.5所示。

表6.5中各测量点的射高偏差算术平均值$\bar{h}$及标准偏差σ越小，则计算的轨迹线越靠近测量点。从表中数据看出，三种工况同时满足$\bar{h}$及σ越小的为$b=0.01$的情况。在该b值下，$\bar{h}$的范围为$0.17\sim0.25$ m，相对于水炮射高约10 m，说明各个测点的射高偏差算术平均值$\bar{h}$在2.5%以内变化。在射程对比上，采用该b值计算的直流式水炮射程在图6.10中从大到小依次为42.36 m，37.6 m，33.02 m，对比表6.4中的试验数据，射程的预测误差小于1.34%。在该b值下对比三种工况的射高，计算值误差小于1.2%，认为在直流式消防水炮无风状态试验参数范围内，射流轨迹计算及射程的预测结果具有较好的精度。

表6.5 不同 b 值情况下直流式水炮射流轨迹的标准偏差

工况	$b=0$		$b=0.02$		$b=0.01$			
	$\bar{h}/m$	σ	$\bar{h}/m$	σ	$\bar{h}/m$	σ	$R_{err}/\%$	$H_{err}/\%$
$\theta=29.3°$, $p=0.5$ MPa	0.314	0.347	0.288	0.263	0.175	0.122	0.85	0.26
$\theta=29.3°$, $p=0.4$ MPa	0.332	0.272	0.309	0.361	0.223	0.119	1.34	1.2
$\theta=37°$, $p=0.3$ MPa	0.228	0.181	0.468	0.484	0.255	0.195	0.24	0.96

注：符号R_{err}为计算射流轨迹的射程误差，H_{err}为计算轨迹的射高误差。

通过以上对小模型水炮阻力系数b的分析，获得大流量水炮射程预估的参考值，即直流式水炮b值取0.01，通过系数b值可以修正轨迹线。

6.5.3 风对水炮射流轨迹的影响

水炮实际使用时不可避免地受到风速的影响，尤其远射程水炮在户外、海边、船上应用时风的影响更加明显，水炮射流模型式（6.36）中虽然不考虑风的垂直方向运动，$U_z=0$，但是在不同高度，风速大小不是均匀一致的，大流量消防水炮的射高可达$80\sim90$ m，近地面风速较小，高空风速较大形成风切变。影响风切变的因素包括地表粗糙度、地形、温度、风方向和大小等。本书分析风速对水炮射流轨迹的影响时，仍做简化，假设条件为：在给定的风向下开展计算,在同一高度上风速恒定、方向相同,则需要建立风速随高度变化的分布函数。图 6.11 所示为水炮射流外流场中加载的风速场。

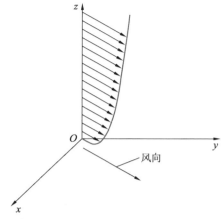

图 6.11　风速大小及方向示意图

气象观测中认为近地层的垂直风廓线满足 Monin – Obukhov 相似理论,中性层结条件下近地或近海面风速梯度主要是摩擦速度 u_* 和高度 z 的函数:

$$\frac{\partial u}{\partial z} = \frac{u_*}{k \cdot z} \tag{6.50}$$

式中:k——卡曼常数,通常取值 0.4。

积分后采用普遍应用的无因次风速梯度与大气稳定度 BWIB 模式为

$$u = \frac{u_*}{k}\left(\ln \frac{z}{z_0} + 4.7\xi\right), \xi \geqslant 0 \tag{6.51}$$

式中:ξ——稳定度参数;

z_0——近地面或海面粗糙度。

龚玺等[93]通过分析观测试验数据,给出了草原近地层风速垂直廓线表达式。徐天真等[94]也通过资料数据,以 10 m 高的风速值为参照,给出了海上风廓线计算式。水炮实际应用时,需根据场地情况确定式(6.51)中的系数,本书为验证风对水炮射流轨迹的影响程度,参考文献[93]中风廓线数据,给出如下函数形式加载于式(6.51)轨迹计算模型上,以便于讨论风速的影响。

$$u = \ln \frac{z}{10} + u_{10} \tag{6.52}$$

式中:z——高度,从水炮出口安装高度计算,该值大于 0;

u_{10}——10 m 高参考风速值,当计算结果小于 0 时按 0 处理。

由设计参数计算射流轨迹受风速的影响,其中 u_x 为射流方向的风速,按相反风向设计 10 m 高处的强度分别为 5,10 m/s;u_y 为与射流方向垂直的横向风速,强度分别设定为 5,10,15 m/s,模型计算的结果以 $(u_x,u_y)=(-5,5)$ 为例,如图 6.12 所示。

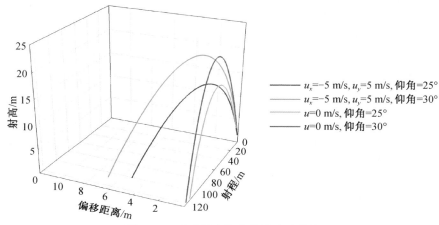

图 6.12　风对射流轨迹的影响计算值

图 6.12 中右侧平面上为无风状态的射流轨迹线。由图可知,在 25°和 30°两种射流仰角下,30°时的射程略远。在横向风作用下,射流发生偏移,且仰角不同,偏移大小不同,小的仰角情况下射流偏移小于大的射流仰角。为详细对比具体的偏移大小,计算结果如表 6.6 所示,其中以各仰角情况下无风状态的射程为参考,获得风速影响射程的百分比。

表 6.6　不同风速环境下射流轨迹预测结果

序号	仰角/(°)	u_x/(m·s^{-1})	u_y/(m·s^{-1})	R_x/m	Δy/m	Δx/m	$\frac{\Delta x}{R_x}$/%
1	25	0	5	114.1	4.86	−0.2	0.17
2	30	0	5	121.6	6.63	−0.3	0.25
3	35	0	5	125.5	8.42	−0.4	0.32
4	25	0	10	113.6	9.80	−0.7	0.61
5	30	0	10	121.0	13.03	−0.9	0.74
6	35	0	10	124.7	16.23	−1.2	0.95

序号	仰角/(°)	$u_x/(\text{m} \cdot \text{s}^{-1})$	$u_y/(\text{m} \cdot \text{s}^{-1})$	R_x/m	$\Delta y/\text{m}$	$\Delta x/\text{m}$	$\dfrac{\Delta x}{R_x}/\%$
7	25	0	15	112.8	14.96	−1.5	1.31
8	30	0	15	119.1	19.32	−2.8	2.30
9	35	0	15	123.5	24.43	−2.4	1.91
10	25	−5	5	105.4	5.03	−8.9	7.79
11	30	−5	5	110.8	6.77	−11.1	9.11
12	35	−5	5	112.8	8.51	−13.1	10.41
13	25	−5	0	105.6	0	−8.7	7.61
14	30	−5	0	110.9	0	−11.0	9.02
15	35	−5	0	112.7	0	−13.2	10.48
16	25	−10	0	98.4	0	−15.9	13.91
17	30	−10	0	101.0	0	−20.9	17.15
18	35	−10	0	101.1	0	−24.8	19.70
19	25	−10	−10	97.1	10.67	−17.2	15.05
20	30	−10	−10	99.9	13.75	−22.0	18.05
21	35	−10	−10	100.1	17.02	−25.8	20.49

表 6.6 中的算例均为射流方向逆风或侧风情况，Δy 为射流落点位置横向位移，Δx 为以无风状态射程为参照的射程偏差。从表中数据可以看出：

① 对比 $u_x = 0$ m/s 仅有横向风及固定仰角时，随着横向风速的增大，Δy 值增大十分明显（例如表中算例 1,4,7 的对比）。

② 在 10 m 高度参考风速设为 15 m/s 时横向位移达到 24 m（表中算例 9）。

③ 在相同横向风速下对比不同仰角（例如表中算例 4,5,6），随仰角增大，Δy 增大，说明射流流体在大仰角时滞空时间略长，受风速影响时间长，因此横向位移大，亦即说明小仰角的抗风性能相对更好。

④ 在对比 $u_y = 0$ m/s，亦即只考虑射流逆风时，风速对射程的影响也十分明显，按式(6.52)给出的风轮廓线计算式计算，算例 18 射程减小程度 $\dfrac{\Delta x}{R_x}$ 达到无风状态时的 19.70%，而同时逆风和侧风情况下的算例 20，射程减小了约 18.50%。

上述水炮射流受风速影响的计算给出了部分结果，为控制射流落点提供了参考,风环境下的具体试验验证较为复杂,因为风速、风向都不是一直恒定的,所以需要实际监测试验工况中的主流风速、风向,并建立模型,以此为基础开展深入研究和进一步验证。

6.6 射流的水滴分布

6.6.1 水滴粒径及水量分布的测试方法

消防水炮射流的雾化程度影响灭火作业的效率,掌握射流的雾化程度也对消防水炮工作参数的选取具有意义。但目前关于消防水射流破碎后形成的水滴粒径大小和分布的研究较少,该参数是雾化程度的评价指标。

消防水射流从主射流破碎为大的团块后,在空气中飞行,继续破碎为更小的水滴,水滴的破碎过程按照气相韦伯数的大小分为多种形式,例如振荡破碎、包破碎、剥离破碎等,消防水射流形成的水滴破碎以振荡破碎为主,由水滴与空气之间的速度差产生剪切力引起,存在临界韦伯数判断是否发生水滴破碎。破碎后形成的水滴粒径分布则反映了这种动力学状态。水滴粒径分布研究包括了某一位置某时间段内的水滴尺寸分布(其中水射流末端形成的粒径分布具有参考性),以及沿射程方向上整体的平均水滴粒径分布,以此研究沿整个射程方向平均粒径的状态。

在喷灌喷头研究中,已得出平均水滴粒径与喷嘴直径、工作水压力相关,其大小沿射程方向逐渐增大的基本规律,并采用上限对数正态分布(Upper Limit Lognormal Distribution)描述喷头的径向平均水滴粒径分布[95]。该数学模型需要已知最大水滴直径。也有学者给出平均水滴粒径沿射程方向的指数增长函数形式,例如 Kincaid 等[96]采用激光光学法对多种形式喷头雨滴大小进行测量所得出的结论及李久生[97]研究圆形和方形喷嘴给出的形式:

$$d = a \cdot e^{br} \tag{6.53}$$

式中:d——离开喷嘴 r 处平均水滴直径;

　　　a,b——系数。

较少有文献关注消防水射流的水滴直径分布状态,主要原因是常见的喷灌喷头旋转工作且射流仰角一般为固定值,而消防水炮射流有上下俯仰的调节,在消防水炮喷射仰角固定的情况下,沿射程方向平均水滴粒径呈现的规律反映了消防水炮射流的雾化特征。水滴粒径大小可采用不同的平均方法,设取样点水滴直径的分级数为 k,n_i 为水滴直径为 d_i 的个数,常用的方法有以下几类:

（1）个数平均直径

各级直径的水滴个数占取样点处水滴总个数的比例为

$$\overline{d} = \frac{\sum\limits_{i=1}^{k} n_i \cdot d_i}{\sum\limits_{i=1}^{k} n_i} \tag{6.54}$$

（2）体积平均直径

取样点处各级水滴对应的水体体积占取样总水体体积的比例为

$$\overline{d} = \frac{\sum\limits_{i=1}^{k} \frac{\pi}{6} n_i \cdot d_i^3 \cdot d_i}{\sum\limits_{i=1}^{k} \frac{\pi}{6} n_i \cdot d_i^3} \tag{6.55}$$

（3）Sauter 平均直径（SMD）

按平均直径 $\overline{d}$ 计算的假想水滴群的总体积与总表面积的比值恰好和实际水滴群的总体积与总表面积的比值相等来确定的直径，即

$$\overline{d} = \frac{\sum\limits_{i=1}^{k} \pi \cdot n_i \cdot d_i^2 \cdot d_i}{\sum\limits_{i=1}^{k} \pi \cdot n_i \cdot d_i^2} \tag{6.56}$$

（4）中数直径 d_{50}

作出水滴分布累计频率曲线，与累计频率 50% 所对应的水滴直径即为中数直径 d_{50}。

不同的水滴粒径平均方法偏重的研究特征不同，例如表面积平均直径一般用于传热传质，体积平均直径一般在研究水滴群阻力的情况下采用，而中数直径偏重于研究水滴群形成的水量分布。消防水射流雾化程度也需要结合射程、空气阻力及水量分布确定，因此上述平均方法可具体选用。

喷灌研究中采用激光雨滴谱仪测量水滴粒径范围，但一般最大测量直径为 8 mm，而小模型消防水炮射流及实际水炮形成的水滴粒径远大于该值，因此也有采用视频雨滴谱仪 2DVD 方法、粒子追踪测速 PTV 方法（Bautista 等[98]），本书采用的高速摄影方法结合图像后处理技术开展水滴粒径分析是一种有效的方法。

由于工作方式不同，水炮水量分布研究与喷灌喷头研究不同，但测量方法相似，喷灌中以每小时单位面积上的降水深度代表降水强度，单位为mm/h，用于对比不同喷灌作业下灌水均匀性。水炮在固定射流仰角情况下，可采用该参数反映水炮射流的降水强度和降水集中程度，用于评价水炮喷洒性能。

6.6.2 水滴分布试验与分析

小模型水炮射流试验在室内开展,无风状态可减小对射流流动的影响。图 6.13 所示为试验场景图,小模型水炮喷嘴直径为 16.5 mm,在固定仰角约为 21°及不同工作压力情况下进行试验,仰角的测定采用拍照和铅垂线对比的方法获得。

图 6.13 模型水炮水量分布测量试验及雨滴高速摄影

水量分布测量试验中的降水量采用直径 20 cm 的雨量筒,直径参数用于换算降水深度,水体体积采用精度为 5 g 的电子秤称重法获得,雨量筒按射程方向排列,横向间隔 0.31 m,纵向间隔 1.5 m,采用皮尺测量径向射程,采用秒表计量降水时间,由于雨量筒容积偏小,水量分布试验采用 1 min 计时,试验工作压力调节至 0.3 MPa 和 0.4 MPa 情况下测量,获得的水量分布如图 6.14 和图 6.15 所示。

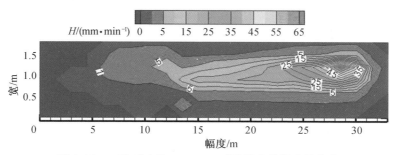

图 6.14 工作压力为 0.3 MPa 时模型水炮的水量分布

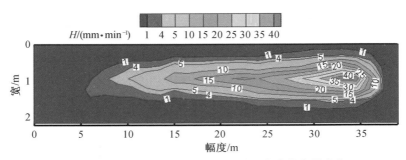

图 6.15 工作压力为 0.4 MPa 时模型水炮的水量分布

图中 H 为降水强度,数据单位采用 mm/min,图中具体衡量数据如表 6.7 所示。

表 6.7 两种工作压力下水炮水量分布对比

工作压力/ MPa	流量/ ($m^3 \cdot h^{-1}$)	润湿长度/ m	润湿宽度/ m	降水峰值/ ($mm \cdot min^{-1}$)	峰值位置/ m
0.3	19.8	32	1.8	69.6	29
0.4	22.9	37.5	2.2	45	34

随着工作压力增大,最高降水强度峰值减小,而射流水滴洒落覆盖地面宽度增大,射流在地面的湿润长度增长,因此随着压力的增大,射流雾化程度增加明显,从图 6.14 和图 6.15 中水量集中区域可见,消防炮灭火作业时,降水强度集中区域才是有效灭火作用区和有效射程,因此单纯追求远射程而将雾化程度提高,一方面射流极容易受环境风速影响而漂移,另一方面会导致降水强度下降而影响灭火效果。沿射程方向作降水曲线,如图 6.16 所示。

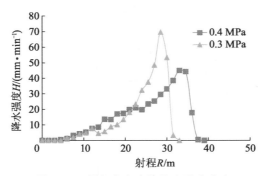

图 6.16 射程方向水炮降水强度分布

从图 6.16 中可明显看出峰值位置即降水集中的位置,低压 0.3 MPa 时的峰值明显高于 0.4 MPa 时,说明水射流发散程度小,随着压力增大,虽然射程明显增加,但分散的水滴发散程度增加,因此降水峰值减小。影响降水峰值的因素还有射流仰角,试验中固定了射流仰角,由于室内试验场地限制,较高仰角及较大工作压力并未测试,但可以预测,继续增大水炮工作压力,射程继续增大,降水峰值继续减小,因此从雾化程度分析,存在合适的工作水压力使水炮既保证射程较远,又保证降水强度达到灭火作业的要求,而反映雾化程度的重要指标为水滴群直径大小分布。

从图 6.13 中看出,试验同时开展了水滴粒径测量。水滴测量使用的高速相机为 i-SPEED 3 摄像机。对射流形态信息进行图像采集时,摄像机帧速率选取为 5 000 帧/s,对于获得的水滴图像进行初步处理,如图 6.17 所示,然后通过自编程图像识别程序对 50 张不同时间段的图片进行处理,给出水滴粒径结果,如图 6.18 所示。

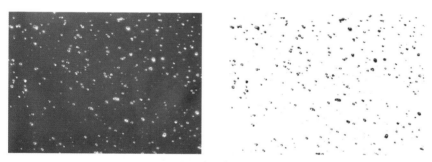

图 6.17 水滴高速摄影及图像处理

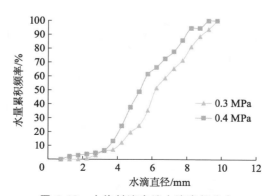

图 6.18 水炮射流末端水滴直径分布

图 6.18 中横坐标为水滴直径,纵坐标为不同直径等级下采样水滴的体积占总采样水滴体积的百分比。以纵坐标 50% 划分,与曲线相交的横坐标为小模型水炮射程末端平均水滴直径 d_{50},在 0.3 MPa 工作压力时为 6.2 mm,在 0.4 MPa 时为 5.3 mm。对比看出,水炮工作压力增大,射程末端平均粒径减小,射流雾化程度增加。水滴的破碎受空气阻力影响,空气阻力与水滴运动速度相关,连续的水炮射流分散为大的团块,然后大团块水滴进一步破碎形成射流轨迹线,水滴粒径分布的研究有助于从细观上掌握和了解射流的分散特性。

目前射流喷洒的水力相似理论不足,实际水炮末端水滴粒径测量具有难度,室内小模型水炮水量分布、末端平均粒径测量结果所反映出的规律为大尺寸水炮性能研究提供了参考,试验结果表明:水炮工作压力的增大对射程的作用明显,但达到一定值后,射流末端平均水滴直径变小容易受环境风影响而漂移。受室内试验场地限制,未开展更高压力小模型水炮试验。

水滴粒径的测量工作也与上述射流轨迹预测相关,虽然三个系数中水滴迎风阻力系数 C_d 在喷灌研究中有部分文献总结的经验式,但应用到消防射流中的轨迹计算是否适合有待深入探讨,因为喷灌中的水滴直径远小于消防水炮形成的水滴直径,大水滴运动中变形产生不规则的球形更明显,其迎风面积等需要修正。对于计算射流轨迹中假定的水滴直径 d,作者认为有三种参考:其一为上述计算时采用喷嘴出口直径,则水射流轨迹是以假设的喷嘴直径大小的水滴飞行;其二为射流末端水滴谱的中位直径 d_{50},射流的水滴谱研究中,末端的平均水滴直径最大,沿射程方向各位置处平均水滴直径按某函数规律增大,因此采用末端水滴中位直径计算射流轨迹可与降水量分布规律相耦合;其三为射流末端最大水滴直径,该最大水滴是从主射流分离而来,代表了连续射流破碎时的动力特征。

本章针对水炮外部射流特性,论述了射流稳定性曲线,分析了水炮射程、射高的计算方法,开展了射流仰角的讨论,并结合模型水炮的室内试验,对水炮射流的轨迹及水滴散落分布进行了研究,得到以下结论:

① 圆柱射流稳定性曲线中存在湍流区和雾化区交界的临界点 D,对于不同出口直径的水炮,结合临界点 D 附近的射流速度与射流末端雾化情况,能获得合适的水炮设计参数。

② 在大流量水炮试验数据的基础上,总结拟合出了消防炮射程、

射高、射高点水平射程等的经验计算公式,与在其他设计工况下研制的水炮射程数据进行验证,吻合得很好,相关系数超过95%,为消防炮的性能设计优化提供了参考目标依据。

③ 基于水滴在空气中飞行计算模型,提出了一种消防水射流轨迹预测方法,通过试验数据,获得了射流轨迹计算中指数增长系数b的合适取值,对于直流式消防水炮,系数b取0.01比较合适。开展了环境风对消防水射流轨迹的影响分析,结果表明风速、风向对射流轨迹影响明显。

④ 模型水炮试验在0.3 MPa和0.4 MPa压力下,获得了射流末端中位平均粒径大小。水炮工作压力的增大对提高射程的作用明显,但达到一定值后,射流末端平均水滴直径变小,容易受环境风的影响而漂移。

消防炮试验研究与工程应用

为了对本研究的结果进行验证和分析,在研究开展过程中,笔者依托正在进行的国家"十三五"重点研究计划项目和部分省部级重点科研项目的项目组,先后研制开发了一系列大流量消防炮,包括不同的炮体绕转结构、不同的炮管整流器、不同的喷嘴,同时收集了一些既有的中等流量消防炮进行了喷射试验,记录了相关的射程、射高、仰角,观察了相关的射流特点,结合前几章的理论研究成果和计算方法,对试验的结果和国内外近年来的消防炮喷射性能进行了系统分析和比较。

7.1 消防炮喷射试验研究

7.1.1 消防炮基本性能参数

为配合本研究的进行,先后设计了四种新的大流量消防炮(150~400 L/s),同时,为配合开展大流量消防水炮的性能测试和比较,进一步收集了一部分中等流量消防炮(100~150 L/s),其规格型号及基本性能参数如表7.1所示。试验台架包含的柴油机泵组、水池、管路、阀门、流量计、压力表等在第2章中已介绍。

表 7.1 试验用消防炮基本性能参数

序号	炮体通径/mm	设计流量/(L·s⁻¹)	设计压力/MPa	喷嘴方式	炮体结构
1	250	400	1.2	直流	半回转

序号	炮体通径/mm	设计流量/(L·s⁻¹)	设计压力/MPa	喷嘴方式	炮体结构
2	200	350	1.2	直流/导流	半回转
		200	1.2	直流/导流	半回转
		167	1.2	直流/导流	半回转/传统回转
		150	1.2	直流/导流	半回转/传统回转
		100	1.2	直流/导流	传统回转
3	180	167	1.2	直流/导流	大回转/半回转/传统回转
		150	1.2	直流/导流	大回转/半回转/传统回转
4	150	200	1.2	直流/导流	半回转
		167	1.2	直流/导流	大回转/半回转/传统回转
		150	1.2	直流/导流	大回转/半回转/传统回转
5	125	200	1.2	直流/导流	半回转/传统回转
		150	1.2	直流/导流	半回转/传统回转
		100	1.2	直流/导流	传统回转
6	100	150	1.2	直流/导流	半回转/传统回转
		100	1.2	直流/导流	传统回转
		50	0.8	导流	传统回转

各类比对试验用消防炮如图 7.1 所示。

(a) 通径DN250炮座、半回转结构、流量400 L/s及350 L/s消防炮
（左：直流式喷嘴　右：导流式喷嘴）

(b) 通径DN200炮座、半回转结构、流量400 L/s及350 L/s消防炮
（导流式喷嘴）

(c) 通径DN200炮座、传统回转结构、流量167 L/s消防炮
（直流式喷嘴）

(d) 通径DN180炮座、大回转结构、流量167 L/s及150 L/s消防炮
（直流式喷嘴）

(e) 通径DN1150炮座、流量150 L/s消防炮
（直流式喷嘴，左：传统回转结构，右：半回转结构）

(f) 通径DN100炮座、传统回转结构、流量150 L/s及100 L/s消防炮
（左：直流式喷嘴；右：导流式喷嘴）

(g) 通径DN100炮座、半回转结构、流量150 L/s及100 L/s消防炮
（导流式喷嘴）

(h) 通径DN100炮座、传统回转结构、流量50 L/s消防炮
（导流式喷嘴）

图 7.1　各类比对试验用大流量消防炮

各消防炮炮座导流方式如图 7.2 所示（含国内外当前其他一些常见的导流方式）。

(a) 中间导流　　　　　(b) 十字导流/整流　　　　(c) 交替十字导流/整流

图 7.2　消防炮炮座导流示意图

各消防炮炮管整流器如图 7.3 所示（含国内外当前其他一些常见的整流器）。

图 7.3　消防炮炮管整流器示意图

部分消防炮的现场喷射试验如图 7.4 所示。

(a) 固定安装试验喷射(左、中：1#试验场，右：2#试验场)

(b) 移动炮试验喷射(左：拖车式，中：车载直流式，右：车载导流式)

图 7.4　各类大流量消防炮现场喷射试验场景图(部分)

7.1.2 消防炮喷射试验结果

各消防炮喷射试验结果如表 7.2 所示[99]。

表 7.2 大流量消防炮喷射试验结果

序号	设计流量(喷嘴)/(L·s⁻¹)	炮体通径/mm	炮座压力/MPa	流量/(L·s⁻¹)	喷射角/(°)	射程/m	射高/m	备注
1		200	1.2	168.3	30	120～130		气候条件2(尾端侧逆风)
2		200	1.2	168.3	26	130		
3		180	1.0	156.8	30	123		气候条件6
4		180	1.2	167.2	30	130		
5	167	180	1.0	153.2	45	105	52	
6		180	1.2	169.1	45	110	59	
7		180	1.0	152.2	60	75	78	
8		180	1.2	167.0	60	85	82	
9		150	1.2	167.2	30	120～125		气候条件7
10		200	1.2	151.1	26	120～130 尾端侧逆风		气候条件2(尾端侧逆风)
11		200	1.23	152.8	30	115～120 尾端侧逆风		
12		200	1.23	152.8	20	125		
13		180	1.0	133.3	30	110		气候条件1
14	150	180	1.2	145.7	30	120		
15		180	1.0	134.5	45	95	51	
16		180	1.2	146.6	45	105	55	
17		180	1.0	133.5	60	75	65	
18		180	1.2	146.8	60	85	67	
19		150	1.2	159.2	30	124		气候条件5
20		125	1.2	147.2	30	95		
21		200	0.72	288.4	30	140		气候条件3
22		200	0.9	331.8	30	143		
23		200	1.1	360.6	30	145		
24	350	200	1.2	379.8	30	158		
25		200	1.0	353.0	30	153		气候条件4
26		200	1.0	347.0	20	140		
27		200	1.2	370.0	30	151.5		

序号	设计流量（喷嘴）/(L·s⁻¹)	炮体通径/mm	炮座压力/MPa	流量/(L·s⁻¹)	喷射角/(°)	射程/m	射高/m	备注
28		200	0.7	319.7	30	130		
29		200	0.9	363.7	30	145		
30		200	1.1	395.8	30	160		气候条件 3
31		200	1.18	415.3	30	165		
32		200	1.05	395.3	60	135		
33	400	200		411.0	30	145		
34		200		411.0	20	130		
35		200	1.1	406.0	30	152		气候条件 4
36		200	1.1	—	20	148		
37		200	1.2	405.0	30	162.5		
38		200	1.2	398.3	30	160		
39	200	100	1.1	162.0	25	90~95		
40	200	100	1.0	158.0	25	85~90		
41	150	100	1.1	128.0	25	105		
42	150	100	1.0	123.0	25	100		
43	100	100	1.2	102.0	20	100		≥90 m
44	50	100	0.8	50.0	30	70		
45			0.7	306.1	30	101		
46			0.9	346.1	30	120		气候条件 8
47	400	250	1.1	366.7	30	128		（风向条件极其不理想），连接装配未到位
48			1.2	408.3	30	132	26	
49			1.2	411.1	45	115	52	
50			1.2	406.9	60	73	75	

针对表 7.1 中的数据，需要额外说明和注意的是：

① 配套企业提供的炮座、炮管、喷嘴在连接方式上存在差异，有的是螺纹连接，有的是法兰连接，有的还因炮座与炮管的管径不同，以及外接压力表的需要，在炮座出口处临时增加了锥形过渡管、取压直管。这些操作会导致主流管道同心度的偏差，还会造成安装中出现偏差、失误的问题。例如，出现过法兰连接处的橡胶密封垫移位遮挡住部分流道而明显影响过流面积与流场的问题。如序号 43~46 对应的试验数据，虽然记录数据不能用来作为不同主通径下消防炮射程的比较分析，但这并不影响其作为同一炮座通径下其他参数变化的比对和规律分析。

试验中也发现，在供水管路段、消防炮炮座段的压力损失比较大。表 7.3、表 7.4 分别为在江西、江苏两地开展 400 L/s 消防炮喷射试验测试时所

获得的关于管路压力损失的试验结果。需要说明的是,这两地测试用的供水
管路不同,炮座进口端前的压力表位置并不相同。在江苏试验场使用的供水
主管路通径为 DN400,消防炮进口的压力表位于主管路 DN400 至炮座进口
DN200,DN100 过渡的收缩管上,如图 7.5a 所示。在江西试验场使用的供水
主管路通径也是 DN400,消防炮进口的压力表位于主管路 DN400 至炮座进
口 DN200 过渡收缩管之前的直管段上,如图 7.5c 所示。依托不同厂家试制
的消防炮炮体压力表,有的位于下弯管上,有的位于中弯管上。因此两表中
记录反映的炮座进口前压力 p_2、炮下(中)弯管压力 p_3 的数值,以及两个位置
点间的压差 Δp 都会有一些差异,但总体上不会影响判断和分析。

表 7.3　不同消防炮的供水管路段及炮座段压力损失汇总(江西)

炮头流量/ (L·s⁻¹)	炮座主通径/ mm	水泵供水压力 p_1/MPa	炮座进口前 压力 p_2/MPa	炮中弯管 压力 p_3/MPa
350	200	1.60	1.22	1.10
		1.60	1.31	1.20
		1.60	1.21	1.10
		1.65	1.30	1.20
350	200	1.70	0.80	0.72
		1.65	1.00	0.90
		1.60	1.20	1.10
		1.55	1.30	1.20
400	200	1.65	0.80	0.70
		1.60	1.00	0.90
		1.55	1.20	1.10
		1.52	1.30	1.18
		1.55	1.20	1.05

表 7.4　不同消防炮的供水管路段及炮座段压力损失汇总(江苏)

炮头流量/ (L·s⁻¹)	泵组出口压力 p_1/MPa	炮座进口前压力 p_2/MPa	炮下弯管处压力 p_3/MPa
350	1.1	1.1	1
	1.1	1.1	1
400	1.3	1.2	一(压力表坏)
	1.3	1.2	一(压力表坏)
	1.3	1.25	1.1
	1.3	1.3	1.1

(a) 江苏试验场炮进口压力表(DN200,DN100)

(b) 江苏试验场炮体压力表　　(c) 江西试验场炮进口及炮体压力表

图 7.5　试验消防炮进口及炮座压力表安装位置

7.1.3　消防炮喷射试验结果分析

（1）管径经济与否直接影响消防炮炮体压力损失和最终射程

根据表 7.3、表 7.4 可知,从炮进口到下弯管（或中弯管）时压力损失达 0.1～0.2 MPa。根据第 3 章中的计算可知,在经济管径和经济流速上限值 7 m/s 下,炮座段压力损失为 0.015 MPa,整个消防炮的压力总损失为 0.09 MPa。此时仅炮进口到下弯管（或中弯管）段压力损失已达 0.1～0.2 MPa,小半段炮座带来的压力损失都已经超过经济管径下整个消防炮的总损失,作为占炮体压力总损失 90% 的炮管段和喷嘴段尚没有计算进去。分析发现,在主通径 DN200 下,流量为 400 L/s 时,炮座的主流速度为 12.74 m/s;流量为 350 L/s 时,炮座的主流速度为 11.15 m/s,超过经济流速上限 82%。根据压力损失与速度平方成正比的基本规律,此时消防炮的压力总损失将达到经济上限值时的 3.31 倍。从表 7.3、表 7.4 中可以估算出,DN200 的消防炮座总压力损失预计将达到 0.2～0.25 MPa,比合理损失值超出 0.1～0.15 MPa,进而直接导致射程的减小,这从表 7.2 中第 39～44 组试验数据可以明确体现出来。

(2)压力对射程的影响呈正相关关系

从公式 $R=5.15cp^{0.45}d^{0.5}$ 中可以看出,压力减小,射程会同步减小。以 1.2 MPa 为基准,喷射压力每减小 0.1 MPa,射程将减小 4%,这从表 7.2 中第 28～31 组试验数据中也能明显反映出来。按照流量为 167 L/s 的消防炮射程 130 m 测算,压力减小 0.1 MPa,射程减小 5.3 m,损失 0.15 MPa 时,射程减小达 8 m。而按照流量为 400 L/s 的消防炮射程 165 m 测算,压力减小 0.1 MPa,射程减小 6.6 m,损失 0.15 MPa 时,射程减小达 10 m,绝对影响效应更加显著。根据现行消防炮国家标准可以知道,基本射程每增加 5 m,消防炮流量会增大一挡。可见,压力对射程的影响呈正相关关系,且对射程越大的大流量消防炮,绝对影响也越大。额定压力的保证,对消防炮额定射程的有效保证是至关重要的。

(3)喷射仰角直接影响射程

对消防炮而言,存在最优喷射仰角。但偏离最优喷射角时,射程会明显减小。这从表 7.2 中第 25,26,30～36 组数据可以明显体现出来。但是,在实际工程应用中,当出现不利于消防炮喷射的横风、侧风、逆风等情况时,适当地减小喷射角,可以尽量避免或适度减少风对射程的干扰,这从表 7.2 中第 1,2,10,11,12 组试验数据也能明确体现出来。

(4)国内外既有消防炮的压力、射程整体偏小,可提升空间较大

从表 7.2 可以看出,167 L/s 的消防炮在 1.2 MPa 时射程达到 130 m,而国标中要求 180 L/s 的消防炮在 1.4 MPa 时射程不小于 100 m,200 L/s 的消防炮在 1.4 MPa 时射程不小于 105 m,可提升空间大于 30%。同样,针对当前 350 L/s 和 400 L/s 的消防炮在 1.2 MPa 时射程已分别达到 150 m 和 165 m,而修订报批版的消防炮国标中对于流量 300 L/s 及以上的消防炮射程要求不小于 110 m,可提升空间亦大于 30%。据此可以得出,按照现行国家标准的规定,消防炮产品的标准水平可提升空间为 25%～30%。同时本研究也对 2013 年和 2014 年国内外所有通过国家检测的消防炮产品的实际流量、压力、射程参数进行了系统比较,并与第 6 章中提出的经优化设计后的优异消防炮产品射程经验计算公式推荐值进行了对比分析,也基本存在 20% 以上的可提升空间(见表 7.5 和表 7.6)。

从表 7.5、表 7.6 中可以看出,国内外消防炮的工作压力普遍偏低,实际射程比理论计算值也明显偏小。国内外消防炮的工作压力大多在 0.8～0.9 MPa,进口消防炮有的甚至低至 0.5～0.6 MPa,其中,国产消防炮的平均工作压力值为 0.92 MPa,进口消防炮的平均工作压力值为 0.78 MPa,差值为0.14 MPa。国内外消防炮的工作压力偏低的原因可能有三个:一是产品划分及招标导向影响。我国消防炮的价格都是以流量作为界定参数的,射程以达到国家标准作为通用要求,极少有采购方会在招标书中进一步提出大于标准射程的要求(当然,这也可能会造成与政府招标采购的相关法规不符)。目前尚没有建立以射程为先导的衡量指标,或者以流量+射程(流量+距升比)的综合衡量指标来评价和定价招标消防炮的科学导向做法。一定程度上说,这种较为落后的划分、定价招标的传统做法,也从根本上影响了社会各界对消防炮产品技术提升的积极性和能动性。二是产品检测报告通用的考虑。生产厂家出于一个送检型号的消防炮也能同时应用于举高消防车上的考虑,不适宜将压力定得过大,以免喷射反力过大导致倾翻力矩超标。三是产品标准滞后的影响。目前消防炮产品的国家标准射程值总体比较小,现有压力下的射程已经能够满足通过检测的要求。从表中可以看出,国产消防炮射程的理论提升空间尚有约 20.8%,进口消防炮射程的理论提升空间尚有约 13%。同时也能看出,国产消防炮在射程方面的总体水平与进口消防炮相比尚存在约 13.4%的差距(计入了 0.14 MPa 压力差值的因素)。由于该表统计的大多数为 80 L/s 以下的中小流量消防炮,根据现实情况推测,越是大流量的消防炮,射程方面可提升的空间越大。国产、进口消防炮的参数对比如图 7.6 与图 7.7 所示。

表 7.5 国产消防炮与优异消防炮理论计算值的比较

序号	国产消防炮流量系列	压力/MPa	流量/(L·s⁻¹)	射程/m	喷嘴当量直径/mm	射程理论计算值 R/m	与理论计算值相比可提升空间/%
1	60 电控水炮	0.80	60.60	80.0	45.47	88.52	9.63
2	180 电控水炮	1.15	183.00	110.0	72.16	131.30	16.23
3	80 水炮	0.95	78.00	80.0	49.42	99.71	19.76
4	200 液控水炮	1.20	206.50	110.0	75.85	137.22	19.83
5	150 液控两用炮	0.98	148.26	123.2	67.60	118.26	−4.18
6	50 水炮	0.85	51.50	66.0	41.29	86.69	23.86
7	50 水炮	0.85	51.20	66.2	41.17	86.56	23.52

序号	国产消防炮流量系列	压力/MPa	流量/(L·s⁻¹)	射程/m	喷嘴当量直径/mm	射程理论计算值 R/m	与理论计算值相比可提升空间/%
8	50 电控水炮	0.72	51.00	67.1	42.83	81.93	18.11
9	40 电控水炮	0.98	21.10	48.6	25.50	72.64	33.09
10	5 000 L/min 电控水炮	0.92	70.00	76.0	47.19	96.04	20.87
11	65 电控水泡	0.98	42.00	61.0	35.98	86.28	29.30
12	25 移动水炮	1.00	18.60	49.0	23.82	70.85	30.84
13	5 000 L/min 移动水炮	0.91	69.80	76.0	47.25	95.63	20.53
14	50 移动水炮	0.72	50.70	67.2	42.70	81.81	17.86
15	50 移动水炮	0.85	51.00	66.0	41.09	86.48	23.68
16	60 水炮	0.80	58.60	71.0	44.71	87.78	19.12
17	60 水炮	1.00	50.40	65.0	39.22	90.90	28.49
18	30 水炮	0.95	31.00	56.0	31.15	79.17	29.26
19	20 水炮	0.90	21.50	55.0	26.30	70.99	22.52
20	30 水炮	0.90	30.30	58.0	31.22	77.34	25.01
21	40 水炮	0.90	40.00	66.0	35.87	82.91	20.39
22	50 水炮	0.90	50.50	70.0	40.30	87.88	20.35
23	60 水炮	0.82	60.70	75.0	45.23	89.27	15.99
24	150 电控水炮	1.20	150.50	98.0	64.75	126.78	22.70
25	50 水炮	0.50	52.80	65.1	47.74	73.41	11.32
26	20 W 水炮	0.79	20.10	50.0	26.27	66.91	25.27
27	100 W 水炮	1.00	102.50	85.0	55.93	108.55	21.69
28	30 W 水炮	0.93	29.80	60.0	30.71	77.85	22.93
29	40 W 水炮	0.78	40.20	65.0	37.27	79.24	17.97
30	50 W 水炮	0.92	49.80	71.0	39.80	88.20	19.50
31	60 W 水炮	0.82	60.80	74.0	45.27	89.31	17.14
32	80 W 水炮	0.99	78.30	83.0	49.01	101.15	17.94
33	100 W 水炮	0.93	102.60	90.0	56.98	106.04	15.13

序号	国产消防炮流量系列	压力/MPa	流量/(L·s⁻¹)	射程/m	喷嘴当量直径/mm	射程理论计算值 R/m	与理论计算值相比可提升空间/%
34	100 电控水炮	1.15	100.10	86.0	53.37	112.92	23.84
35	70 W 水炮	1.20	68.70	79.0	43.75	104.21	24.19
36	20～50 电控水炮	1.00	48.70	65.0	38.55	90.12	27.87
37	80 电控水炮	1.10	80.10	81.0	48.28	105.27	23.05
38	40 水炮	1.00	38.70	60.0	34.37	85.09	29.48
39	60 水炮	0.90	61.00	70.0	44.30	92.13	24.02
40	60 电控水炮	0.90	60.40	71.0	44.08	91.90	22.74
41	60 电控水炮	0.85	61.00	71.0	44.93	90.43	21.49
42	70 电控水炮	1.10	68.40	75.0	44.61	101.19	25.89
43	120 电控水炮	0.90	120.10	91.0	62.16	109.13	16.62
44	120 电控水炮	0.90	118.20	90.0	61.66	108.70	17.20
45	320 电控水炮	0.61	320.10	105.0	111.84	122.88	14.55
46	80 电控水炮	0.70	80.90	81.4	54.32	91.11	10.66
47	60 电控水炮	0.80	60.10	71.0	45.28	88.34	19.63
48	80 电控水炮	0.95	80.10	81.0	50.08	100.37	19.30
	平均	0.92					20.80
以下为新研发							
1	150 水炮（新）	1.2	150.0	125.0	64.64	126.68	1.32
2	167 水炮（新）	1.2	167.0	130.0	68.21	130.12	0.09
3	150 水炮（新）	1.2	360.0	150.0	100.14	157.67	4.87
4	400 水炮（新）	1.2	398.3	160.0	105.34	161.71	1.06
5	350 水炮（新）	1.2	370.0	151.5	101.53	158.75	4.57
6	400 水炮（新）	1.2	405.0	162.5	106.22	162.38	−0.07
7	350 水炮（新）	1.2	360.0	145.0	100.14	157.67	8.04

表 7.6 进口消防炮与优异消防炮理论计算值的比较

序号	进口消防炮流量系列	压力/MPa	流量/(L·s⁻¹)	射程/m	喷嘴当量直径/mm	射程理论计算值 R/m	与理论计算值相比可提升空间/%
1	60 水炮	0.70	61.60	75.00	46.01	83.85	5.02
2	80 电控水炮	0.90	78.60	80.00	48.80	96.70	13.25
3	60 电控水炮	0.80	60.20	71.00	43.99	87.07	13.98
4	60 水炮	0.90	64.80	66.00	44.31	92.15	24.89
5	50 水炮	0.80	48.80	62.00	39.60	82.62	20.84
6	40 水炮	0.90	40.70	60.00	35.12	82.03	23.30
7	20 电控水炮	1.00	19.50	48.00	23.68	70.63	29.10
8	60 水炮	1.00	60.10	71.00	41.57	93.58	20.85
9	65 水炮	0.80	66.00	65.20	46.06	89.09	22.80
10	80 水炮	0.78	83.20	88.00	52.04	93.63	0.73
11	65 水炮	0.80	66.00	66.10	46.06	89.09	21.74
12	50 水炮	0.70	49.50	63.60	41.24	79.39	14.93
13	50 水炮	0.70	49.60	63.20	41.28	79.43	15.51
14	80 水炮	0.79	83.20	88.00	51.88	94.02	1.20
15	25 自摆水炮	0.71	26.70	50.20	30.18	68.35	22.06
16	40 电控水炮	0.98	42.20	60.80	35.01	85.10	25.40
17	50 电控水炮	0.71	50.60	66.00	41.55	80.20	12.67
18	40 电控水泡	0.98	21.20	48.90	24.81	71.65	28.73
19	50 电控水炮	0.70	50.60	67.00	41.70	79.83	10.87
20	70 电控水泡	0.90	69.50	76.10	45.89	93.77	14.90
21	20 移动水炮	1.00	18.40	48.90	23.00	69.61	26.72
22	70 移动水炮	0.90	69.50	75.90	45.89	93.77	15.12
23	50 水炮	0.86	51.40	65.70	39.92	85.69	19.41
24	50 水炮	0.86	51.00	65.70	39.76	85.52	19.25
25	50 水炮	0.86	51.00	65.20	39.76	85.52	19.87
26	40 水炮	1.00	42.00	60.00	34.75	85.56	26.85

序号	进口消防炮流量系列	压力/MPa	流量/(L·s⁻¹)	射程/m	喷嘴当量直径/mm	射程理论计算值 R/m	与理论计算值相比可提升空间/%
27	移动水炮	0.84	17.00	42.60	23.09	64.49	30.48
28	40 水炮	1.00	39.90	58.00	33.87	84.47	28.37
29	25 水炮	0.70	24.00	50.00	28.72	66.25	19.85
30	50 水炮	0.75	48.20	65.00	40.00	80.65	14.71
31	80 水炮	0.80	80.10	85.00	50.74	93.51	4.12
32	20 电控水炮	0.50	20.00	52.00	28.52	56.74	1.02
33	40 电控水炮	0.60	40.00	65.00	38.53	71.59	2.84
34	100 电控水炮	0.60	100.20	90.00	60.98	90.07	−6.93
35	20 调压水炮	0.50	20.00	60.00	28.52	56.74	−14.20
36	50 调压水炮	0.60	50.10	70.00	43.12	75.74	1.09
37	120 调压水炮	0.60	122.00	98.00	67.29	94.61	−10.85
38	20 自摆水炮	0.60	20.00	52.00	27.24	60.20	7.57
39	30 自摆水炮	0.65	30.20	60.00	32.82	68.49	6.63
40	20 调压水炮	0.50	20.10	51.00	28.59	56.81	3.05
41	40 调压水炮	0.60	40.20	65.00	38.63	71.68	2.96
42	100 调压水炮	0.70	100.90	90.00	58.88	94.86	−0.75
43	24 两用水炮	1.00	24.70	41.00	26.65	74.93	42.92
44	150 水炮	1.10	149.50	105.00	64.01	121.22	10.07
45	20 调压水炮	0.50	20.20	60.00	28.66	56.88	−13.92
46	50 调压水炮	0.60	50.10	70.00	43.12	75.74	1.09
47	120 调压水炮	0.60	122.10	96.00	67.32	94.63	−8.56
48	24 调压水炮	0.70	24.00	48.00	28.72	66.25	23.06
49	50 调压水炮	0.80	48.70	65.00	39.56	82.57	16.96
50	80 调压水炮	0.90	78.90	81.00	48.90	96.80	12.25
51	24 调压水炮	0.70	24.00	44.00	28.72	66.25	29.47
52	50 调压水炮	0.70	48.90	61.00	40.99	79.15	18.16

续表

序号	进口消防炮流量系列	压力/MPa	流量/(L·s⁻¹)	射程/m	喷嘴当量直径/mm	射程理论计算值 R/m	与理论计算值相比可提升空间/%
53	80 调压水炮	0.95	80.00	73.00	48.58	98.85	22.77
54	24 调压水炮	0.70	24.00	55.00	28.72	66.25	11.84
55	50 调压水炮	0.70	48.90	71.00	40.99	79.15	4.74
56	80 调压水炮	0.95	80.00	84.00	48.58	98.85	11.13
57	100 两用炮	0.95	97.30	80.00	53.57	103.81	19.40
58	100 两用炮	0.95	97.30	90.00	53.57	103.81	9.33
59	24 两用炮	0.70	24.10	59.00	28.78	66.32	5.52
60	50 两用炮	0.70	49.70	70.00	41.32	79.47	6.46
61	80 两用炮	0.75	80.20	81.00	51.60	91.60	6.42
62	20 调压水炮	0.80	20.00	50.00	25.35	66.10	20.21
63	30 调压水炮	0.80	30.10	62.00	31.10	73.22	10.67
64	平均	0.78					13.00

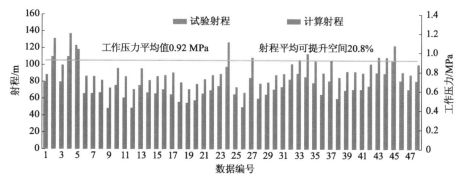

图 7.6　国产消防炮射程比较分析图

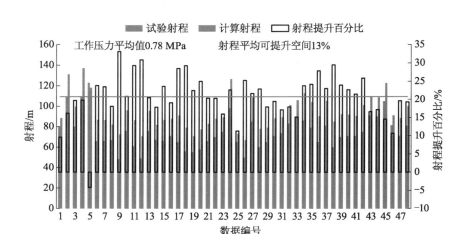

图 7.7　进口消防炮射程比较分析图

（5）整流器的安装对大流量消防炮射程的改善存在积极影响

对有无整流器、十字形整流器、网格形整流器的射流情况进行对比试验发现,最终的一系列试验数据无法作为比较和得出结论的依据,主要原因有两个:一是试验使用的喷嘴的内部炮管与喷嘴连接处出现严重加工偏心,两端管道同轴度错位偏心近 6 mm,严重干扰了整流之后的流场;二是当时试验时环境风十分不理想,射流末端出现侧逆风和旋风,射程经常飘忽不定,数据无法准确记录。因大流量消防炮试验开展的成本非常高,投入的人力、物力资源也非常大,在射程达到科研项目研制任务要求之后,未能再进行更多的深入比较性试验。但是,根据多年来大量消防炮喷射试验的结果表明,有整流器时的射流集中度要明显优于无整流器时,射程也明显比无整流器时大。尤其是对炮座出口直管段很短、直接接炮头的消防炮,有无整流器的效果差异非常明显。因此,这类消防炮产品一般都会配套安装整流器。

7.2　消防炮工程应用设计原则

7.2.1　消防炮的应用特点

从实际用途区分,消防炮一般包括消防车用、消防工程用和船用三大类。其中消防车用消防炮又包括移动消防炮和车载消防炮（含举高车）两大类。这些消防炮一般存在以下特点和个性化需求:

① 消防车用消防炮一般以移动供水为主要特点,主要包括消防水带给移动炮供水和消防车直接对车载炮供水两种方式。消防工程用消防炮一般以固定安装使用、固定管路供水为主,也包括少量移动炮作为半固定式灭火系统使用。

② 船用消防炮与车载消防炮的特点类似,只是额外增加了耐海水腐蚀的物理性能要求。但因为取水条件便利,且船用柴油机功率一般较大,所以船用炮中大流量、远射程的产品一般较多。

③ 消防车用消防炮一般会因柴油机泵组的缘故,供水压力、流量时常处于波动状态,有时还因为水带供水过远过高、干线水带过细等缘故,经常性地出现供水压力、流量小于消防炮额定设计工况的情况,以致流量、射程受到一定的影响。但此类消防炮可以根据现场的实际情况,调整阵地和炮位来实施有效的喷射灭火。

④ 工程用消防炮因为是固定泵组、固定管路供水,在排除先天设计不合理、不到位的情况下,一般流量、射程都能得到稳定保证。当然,也有可能出现消防炮的射流会因避开与室内顶棚、室外周边设施干涉而偏离最优俯仰角的情况。但因为是固定安装,消防炮往往不能根据火情形势有效移动到最佳位置灭火。

⑤ 消防炮大多在室外条件下使用,射流常常受到环境风的影响。

7.2.2 消防炮的选型与设计原则

针对以上分析的消防炮应用特点和需求,从结构选型、水力性能设计、供水方式、供水流量、压力、射程、工程安装等方面,对消防炮产品的设计和应用,提出以下供设计、生产、使用部门的人员参考的原则:

(1) 选型原则

消防炮的设计与应用选型,均应遵循安全可靠、科学实用的基本原则。

① 移动消防炮

消防队使用的移动炮,设计选型时应充分考虑以下几个方面:

a. 要首先考虑消防炮便携或拖车移动时的便利性。防止出现单人(或双人)无法携行移动或现场拖动。

b. 要确保最不利喷射角度下喷射时的稳定性。防止因倾翻力矩计算考虑不周导致使用时倾翻。最小仰角一般不得小于 15°。

c. 要注重进水口管径的科学合理性。防止进水管路口径太小或水带接入口数量太少,以致供水压力、流量不足。这方面的问题在实际应用中比较普遍。

d. 要注重结构合理。小流量的便携式移动消防炮要尽量选用弯管曲率半径 R/d 较小的紧凑型结构。大流量的拖车移动式消防炮可选用弯管曲率半径 R/d 较大的宽松型结构。

② 车载消防炮

消防车用的车载消防炮设计选型时应充分考虑以下几个方面：

a. 举高类消防车用消防炮要首先考虑倾翻力矩问题。喷射反力应能满足举高消防车臂架最不利伸展位置时关于倾翻力矩的安全要求。喷射反力可按式(7.1)计算[12]。

$$F = 1.872\,Ap \tag{7.1}$$

式中：F——喷射反力，N；

A——喷嘴截面积，cm^2；

p——喷射压力，10^5 Pa。

b. 举高类消防车用消防炮要优先考虑最大限度地增大喷射压力、减小流量。因消防炮喷射灭火属于强施放模式，在消防炮的喷射下，单位时间、单位面积上的灭火强度足够强，因此，相比流量而言，射程是其优先考虑的参数。设计时，可在满足基本灭火强度的条件下，遵循优先考虑小流量、高压力、远射程的设计理念，充分利用增大供水压力来增大射程。同时，还可以最大限度地减小举高臂架上供水管路的过流荷载和减少压力损失。

c. 车顶安装的消防炮要注意管径匹配和位置干涉。首先需要注意进水管径与流量、压力的匹配性，大流量炮配非经济小通径管路的现象也时常看到。同时，车顶炮需要注意其仰角一般大于 0°，也有的会要求大于 15°，但主要是出于防止喷射时射流碰撞到驾驶室顶或警灯警报器。此外，车顶炮最好能采用遥控操作方式。

d. 应优先选用具有直流喷雾功能和能够流量多级调节的消防炮。以便能随时应对火场特殊情况下的辐射热防护，应对各种火情和扑救流量的需要。

e. 车载消防炮宜推荐使用水成膜泡沫来实现泡沫-水两用炮功能。

③ 工程用固定消防炮

对工程上使用的固定消防炮，设计选型时应充分考虑以下几个方面：

a. 要注意管路供水压力与消防炮额定压力的匹配性。

压力不足是工程设计中最容易出现失误或纰漏的问题。这与消防泵组的正确选型、供水管路的科学设置、供水管径的合理选择、管路损失的准确计算、过程施工的质量保证等都有直接关系。

b. 要注意进水管路通径及连接方式的科学性。

设计选型时要注意到，工程上因为供水管路较长，经济流速一般都比较小(消防栓给水系统管道中流速不宜大于 2.5 m/s,室外给水管道经济流速一般视管径不同在 0.6~2 m/s 的范围内),并以此来选定经济管径。消防炮因其总体管路较短,其经济流速及经济管径与工程上的要求是不相同的。对于消防炮的进水管路,在条件允许的情况下,通径应尽可能大,应注意并尽量做到以直管段方式与消防炮进口平滑过渡连接,切忌在消防炮进口处出现大的收缩管和小于 90°的小角度弯头,更不应出现以小口径变到大口径的扩散管与消防炮相连接的现象。

c. 要注意回转角与安装位置及环境的适应性。

消防炮的回转包括水平回转和俯仰回转,设计时要注意确保消防炮炮管及射流在覆盖整个保护对象区域时,不与炮塔基座、地板、栏杆及周边的设施、顶棚、梁柱等相干涉。在超出覆盖区域范围时,可通过转动限位装置对消防炮的回转角度进行物理限制,以确保操作使用时的安全性。

d. 要注意户外使用时的润滑与防腐要求。

户外使用的消防炮确保驱动装置能灵活动作的润滑至关重要,一般推荐驱动装置设计采用封闭式的结构,以确保润滑油的有效保持。此外,在户外使用的消防炮,尤其是在海边、海上使用的消防炮,会面临海水、户外气候(如酸雨)的腐蚀,炮体材料不得使用铝材或灰铁材料,应使用球铁、不锈钢、铜等耐海水腐蚀性能较强的材料。因此,对不同场所使用的消防炮,需要合理地选择炮体的材料。

e. 要注意设置就地应急手动操作功能。

出于安全、快速、高效等因素考虑,工程用消防炮的水平及俯仰回转动作大多采用遥控操作方式,但是,消防炮自身一定要留有就地应急手动的功能,一是为了安装调试、日常检查等的需要;二是为了确保在火灾时遥控系统出现突发故障的情况下,能够就地手动应急操作。

f. 要注意设置管道滤水和放余水装置。

工程消防系统在供水时,有时管道中会出现各类垃圾,如焊渣、锈片、异常杂物等,会造成流道和喷嘴的堵塞,影响实际使用时的过流和射流。因此,在消防炮进水管路前的管路上,应设置必要的滤水装置,以便于日常压力异常时的检查和管道垃圾的清除,滤水器的锥面过流面积宜按不小于管道截面积的 3 倍设计。在管路的最低点处,宜设置放余水装置,以免低温时冻坏管路和消防炮[100]。

(2) 设计原则

消防炮的设计主要涉及新产品开发和工程应用两类,均应遵循先主后次、确保重点的基本原则。

① 产品开发设计

消防炮新产品的设计一般有两种预设条件:一是预先设定了流量 Q,要求设计最优射程的消防炮;二是预先设定了射程 R,要求设计最小流量 Q 的消防炮。下面对两种预设条件下的设计原则分别进行介绍。需要说明的是,为便于统一分析介绍,此处先以直流式(瞄口式)喷嘴为例,导流式喷嘴在后面一并介绍。

A. 预设流量。

当预先设定了流量 Q,要求设计最优射程的消防炮时,应按照以下顺序进行:

a. 确定喷射压力 p。结合使用场所的供水能力,尽可能选取最大的设计压力。目前国内的消防炮产品在中压供水条件保证下,可以考虑喷射压力达到 1.4 MPa 或 1.2 MPa,宜在 1.2 MPa 以上,最低不应小于 1.0 MPa。

b. 确定喷嘴当量直径 d。按照选定的工作压力 p 和预先设定的流量 Q,可根据公式 $d = \sqrt{\dfrac{Q}{0.66 - \sqrt{p}}}$,计算出喷嘴的当量直径 d。

c. 确定最优射程 R。根据射程经验计算公式 $R = 5.15 c p^{0.45} d^{0.5}$,计算出当前 Q,p 时的最优射程 R。

d. 确定炮座经济管径 D_1。按照一般主通径流速 v 不超过 7 m/s 经济流速上限的原则,查询管径流速表 3.3,或通过流量除以速度计算出主通径的上限值,然后就近取整,或结合我国的管道、法兰通径优选系列数就近或向大取整,选定合适的经济管径 D_1。在保证科学性的同时,兼顾整体的经济性和附配件(如管材、法兰、O 形圈、弯头、收缩管等)的通用性。

e. 确定喷嘴的结构形式和收缩锥角 α。推荐选择带出口直段的圆锥形喷嘴,加工条件许可时,可优先选用内凸流线形喷嘴。消防炮喷嘴锥角选 13.5°,因为此时的流量系数最大。为了圆整喷嘴的出口和进口尺寸,可以考虑在 12°~14°范围内微调。采取圆锥形喷嘴时,需对锥管与出口直段处设计合适的倒圆或倒角,以避免直段进口端流场产生负压区,导致收缩系数和流速系数减小。

f. 确定炮管主通径 D_2。根据喷嘴锥角 α 和喷嘴直径 d,计算出喷嘴收缩管进口处的直径,即为炮管的主通径 D_2。当然,需要对计算数值进行圆整处理,有时也可根据 $\alpha = 12°~14°$ 的收缩锥角原则,就近微调以便标准化管材尺寸。

g. 确定炮座与炮管间的锥管角度 β。结合 D_1,D_2,兼顾标准锥管尺寸(选配标准法兰便利),同时要把握收缩角不宜过大,尽量不超过 60°的原则设计。

此外,还要综合兼顾总炮头的长度在仰起力矩、周边尺寸等可接受的范围内。

h. 确定炮管整流器的形状和尺寸。整流器优先选择内翼形,如果管径过细不便加工和安装,次之可以选择弹尾形,再次之可以选择同心圆形,不推荐选择十字形、星形(或星三角形)和网格形。

i. 确定喷嘴出口直段的经济长度 L。以喷射压力 1.2 MPa 为基准,优先推荐出口直段经济长度 L 为 $(1\pm0.2)d$。当收缩角有明显减小时,可适当增大长径比。

j. 确定消防炮座的结构形式。对于便携移动式等对结构紧凑性有要求的,可以选择小曲率半径的传统回转结构;对于拟固定安装对结构空间要求较宽松的,可以选择大曲率半径的大回转结构;空间位置要求介于这两者之间的,可以选择半回转结构。三种结构形式选择时的优先顺序依次为大回转结构、半回转结构、传统回转结构。

B. 预设射程。

当预先设定了射程 R,要求设计最小流量 Q 的消防炮时,应按照以下顺序进行:

a. 确定喷射压力 p。预设射程时 p 的确定方法和原则同预设流量。

b. 确定喷嘴当量直径 d。按照选定的工作压力 p 和预先设定的射程 R,根据射程经验计算公式 $R=5.15cp^{0.45}d^{0.5}$,计算出当前 R,p 时的最小喷嘴当量直径 d,必要时适当进行就近圆整处理。

c. 确定最小流量 Q。根据公式 $Q=0.66d^2\sqrt{p}$,结合已经确定的 d 和 p,可以计算出流量 Q。

后续步骤同预设流量的情况,与上面相同,此处不再重复介绍。

在上述设计过程中,如果采用导流式喷头,可以在运用射程经验计算公式时,取喷头系数 c 为 1.05,计算出导流式喷嘴的当量直径。对于喷嘴锥角、出口直段经济长度等参数不需要再计算。此外,导流式喷头本身也相当于一个整流器,对消防炮体的加工、装备精度要求的敏感度会下降。

在实际的产品试验中,有时会发现采用导流式炮头的射程要大于直流式炮头。其主要原因在于直流式喷嘴对加工、装配、连接过程中的流道中心同轴度、主流流场的稳定度、不均匀度要求比较敏感。如果采用分体加工、法兰连接、多重锥管过渡等方式,精度控制难度往往较大,以至于内部流场情况欠佳,外部射流形状不好,射程小于导流式喷嘴。因此,近年来消防炮产品中,导流式喷嘴所占的比例越来越高。当然这其中也有其炮头短、结构紧凑等缘故。其实,从理论上分析,如果装配、加工等的同心度、精度符合要求,同等条件下,直流式喷嘴的射流性能应该略微优于导流式喷嘴。因为导流式喷嘴在进行出口处整流的同时,也损失了一定的压力能和速度能,而且同等当量直径下,其流量系数会小于直流式(瞄口式)喷嘴,所以从理论上分析看,当前国内外导流式消防炮的提升空间不如直流式消防炮。德国的大流量消防炮中直流式比导流式的射流形状好、射程远,这可能与其机械加工制造质量能够得到有效保证有关。

② 工程应用设计

工程灭火现场,率先考虑的就是射流能够有效达到并洒落到着火点上。因此,对于系统的设计与消防炮的选型,选择原则也是有先后次序的。因此,消防炮的射程是系统设计选型的先导性核心指标。

A. 系统设计与消防炮选型原则。

工程灭火系统中对消防炮的选用依据的内在逻辑思路大致为:到得了、强度够、压力足、操控好、配套全。因此,应该按照先确定射程、射高,再确定流量,继而确定供水压力,然后确定操控方式,最后确定配套设备措施的先后顺序,进行具体的系统设计和消防炮选型。

其中,几个关键环节的设计保证原则分别介绍如下:

a. 对于消防炮射程、射高的达到性。应该满足现场保护对象的所有最不利点能确保被射流覆盖到的要求来确定消防炮的射程。比如,对于大型船舶,需要考虑空舱时的甲板高度和最边缘点;对于大型油罐,要考虑消防炮设在防火堤之外最优允许位置时,射流的射高能跨越罐顶高度,此时的射程同时能够达到需要保护的最远边缘(罐中心或罐对侧边缘,具体看设计布局安排);当室外用消防炮面临落地设置导致射高不够时,可以通过安装消防炮塔抬高消防炮炮位的方式进行解决。对于室内大空间建筑,要考虑两股射流同时到达同一地点的射程要求进行合理设置,必要时可架高或悬空设置。

b. 对于消防炮的流量确定。主要根据保护对象的场所特性,按照相应的国家标准中规定的灭火和冷却用水强度要求,结合保护区面积要求,计算出保护对象区域的总流量要求。然后结合消防炮的射程、射高参数,进行每门消防炮保护区域的最优划分和消防炮位置及数量上的最优布局。结合总流量需求量与消防炮的数量,可以计算出单体消防炮的最小额定流量。当然,这个过程中也可以根据现场保护区域的特点,采用大小消防炮混搭的模式进行最经济的布局、设置。当射程和流量两个参数出现不匹配时,以射程为先导参数,按照取大原则确定消防炮的必需流量参数。

c. 对于消防炮的供水压力保证。一般是按照消防炮所需供水压力确定后,再结合管路、阀门、泵组、水池的设置路线,加上供水管线上相关的水力损失(所有沿程损失和局部损失),倒推出水泵出口应保证的供水压力,进而确定消防泵的主要性能参数（扬程、流量）和选型要求（引水方式、出水方式等）。如果压力不能得到有效保证，需要进一步通过增大流量来满足射程、射高的达到性要求。其设计流量与必需流量之间的换算关系可以用式（7.2）确定。

$$Q_{设计} = Q_{必需}(p_{设计}/p_{额定})^{0.5} \tag{7.2}$$

从以上分析中也能看到，如果不能保证必需的供给压力，就进一步通过流量的增大来满足射程要求，而流量的增大会直接带来管道、阀门、水池、泵组、法兰、重量、基础等的一系列放大，空间管路布置等也可能会因此受到影响，成本也会随之显著增加。同时，还会带来无效用水量的大大增加，降低灭火的科学性，造成不必要的浪费。在流量和压力两个参数方面，为了保证满足射程的要求，从工程经济学的角度看，也应该优先通过增大压力来实现。

d. 关于消防炮系统有效操控要求的满足。建议工程现场优先采用遥控消防炮（电控、液控），一是考虑到现场消防炮往往会被架高或悬空，紧急状态时登高操作上不便，时间上不允许；二是在火灾扑救过程中，消防炮及炮塔一般离扑救对象较近，人员坚守就地手动操作，在安全上会存在风险；三是在炮塔上就地操作消防炮往往会受纵向射流、水雾、烟雾等的影响，分辨不清射流落点是否有效地洒落到火点上，通过遥控器从侧面位置机动灵活地观察火点、射流落点，并及时有效地调节喷射角度，是最佳的选择。

e. 关于配套措施全备到位。主要是指与系统有效运行相关的管路、阀门、水位、泵组、控制柜、泡沫混合系统、遥控器等配套设备的完备性，以及供电、供水、供暖、供气、供油等方面的可靠性和有效性。

B. 当设计压力不能满足消防炮额定压力而发生偏离时的处置原则。

当设计压力偏离消防炮额定压力时，消防炮的设计射程可按式（7.3）确定。此时的消防炮实际射程也必须满足覆盖保护对象的先导性要求。

$$R_{实际} = R_{额定}(p_{实际}/p_{额定})^{0.45} \tag{7.3}$$

C. 当风向偏离标准环境条件时的处置原则。

一方面，消防炮的射程在实际选型参考其额定射程指标值时，对于室内布置的消防炮的射程，应按照其产品射程的标准值计算。而对于室外布置的消防炮的射程，应按照其产品射程标准值的90％计算[101]。另一方面，室外布置的消防炮应尽量设置在被保护场所常年主导风向的上风方向。设置位置的方向条件先天不足时（如在临水码头边设置的消防炮塔，消防炮一般只能面向海边或江边设置），要根据现场实际风向、风速进行充分考虑，留有必需的射程裕量。

D. 当现场条件不允许在最优仰角下设置和取值时的处置原则。

对于在室内大空间环境下设置的地面消防炮或半架空消防炮，往往因为屋顶顶棚高度的缘故，无法实现最佳仰角时的喷射灭火，此时要根据具体的顶棚高度和炮座高度，结合该类型消防炮的射流轨迹曲线来选择该仰角时的实际射程值。当然，也需要在这个射程数值上留出一定的裕量。

　　本章重点对消防炮的实体试验结果进行了系统分析，同时，依据前面研究中提出的结论和成果，并结合国内外消防炮产品的性能参数统计，进行了比较和研究，验证了本研究的一系列结论的正确性和有效性。同时，针对消防炮的工程应用特点和实际需求，结合本研究的相关成果，对消防炮的选型、产品设计、工程应用设计等，进行了系统的论述，从结构选型、水力性能设计、供水方式、供水流量、压力、射程、工程安装等方面，提出了相应的选型准则和设计原则，可为设计、生产、施工和使用部门开展相关工作提供参考。

⑧ 总结与展望

8.1 研究总结

随着大流量、远射程消防炮在陆地、海上等重大工程、重要设施消防中的应用越来越广泛,对消防炮的结构设计研究、超高雷诺数下的内部流场特性研究,以及外部大型水射流特性的研究等越来越受到重视。本书结合设定的流量、压力等主要性能参数,设计了大流量消防炮的基本结构和尺寸,采用CFD方法、PIV试验、缩尺模型消防炮试验、全尺寸实体消防炮试验等手段,结合理论研究和分析,分别对消防水炮的炮座、炮管、喷嘴等三大特征段流道的内部流场,以及消防炮的外部射流特性开展了深入研究,建立了消防炮结构形式、内部流场、整流效果的多判据计算和评价方法,提出了炮座结构的最优形式和经济管径,确定了水炮炮管整流的最优设计和安装方案,明确了水炮喷嘴的设计方法和最优结构形式、经济尺寸,提出了涵盖大流量、大通径、大口径喷嘴的消防炮射程、射高经验计算公式,提出了水炮外部射流轨迹的一种预测方法,并在试验验证及集成相关研究成果的基础上,进一步研究提出了消防炮选型、产品设计和工程应用设计的方法和原则。

具体研究结论如下:

(1)在消防炮炮座结构设计及内流场特性研究方面

① 消防炮的主通径是消防炮性能的强影响因子,合适的管径对于有效控制消防炮的阻力损失非常重要。管径的改变会给水力损失带来显著变化,其中,沿程损失、局部损失分别与管径的五次方、四次方呈反比关系。通过采用基于雷诺时均RANS的稳态紊流数值模拟方法,计算了不同流量、管径时的流动损失,获得了平均流速(管径)与流动损失的幂函数关系式,得出炮座内部经济流速上限推荐值为7 m/s,并可据此来设计炮座经济管径,以及结合国

家标准管材、法兰的通径系列进行圆整、靠标。研究同时给出了国内外常用的各种消防炮流量系列下的经济管径推荐表。

② 在经济管径下，三种不同回转结构的炮座水力损失基本相同，炮座段流动损失在整个消防水炮流道总损失和消防炮工作压力中占比很小（经济管径下仅 12～15 kPa，约占总损失的 10％、工作压力的 1％），属于弱影响因子；同一回转结构下不同弯管曲率系数（R/d）时的总水力损失基本相同；随着弯管曲率系数 R/d 的增大，三种回转结构一致呈现出出口湍动能减小、流动损失减小、单位过流长度水力损失减小、壁面切应力平均值减小的趋势；R/d 的选择变化属于弱影响因子，实际产品设计选型时，可以根据具体的应用需求自由选择，即：车载消防炮可以选用 R/d 小的紧凑型；工程及船用的固定消防炮可以选用 R/d 大的宽松型；移动消防炮可以根据流量大小选择，手提便携式小流量移动炮选用紧凑型，大流量拖车炮选用宽松型。

③ 在炮座出口湍动能强度及分布均匀性方面，三种回转结构炮座中，大回转结构要优于传统回转和半回转结构。

④ 三种回转结构炮座的出口断面旋涡强度都较大。其中，传统回转结构炮座的出口断面的旋涡强度（绝对涡通量）最大，半回转与大回转结构炮座大致相同。研究设定的同等条件下，传统回转结构出口断面绝对涡通量是半回转和大回转结构的 2.5 倍。在总涡通量重心的偏心惯量方面，半回转与大回转结构也基本相同（半回转略优于大回转），传统回转结构炮座的涡通量重心偏心惯量是大回转结构和半回转结构的 2.6 倍。

⑤ 对于连续多弯管的消防炮座，由于回转结构的立体绕转，内部流场的高速区在流道内不断绕转迁徙，出口断面流场存在不均匀、不对称的横向环流，主流速度分布出现显著不均匀性。炮座出口断面横向环流的不均匀性、不对称度，以及主流速度的不均匀度，会随着炮座回转结构的绕转情况、弯管曲率系数的不同等出现不同的结果。

⑥ 炮座出口断面主流速度不均匀度的四项表征参数（主流速度重心偏心惯量、主流速度平均偏离率、主流速度偏差率重心偏心惯量、主流速度的绝对偏差量等）一致反映出：三种回转结构中，大回转结构最优，半回转结构次之，传统回转结构最差。其中，三种结构的主流速度重心偏心惯量比值为：传统回转：半回转：大回转＝3：1.7：1；主流速度平均偏离率比值为：传统回转：半回转：大回转＝1.7：1.1：1；主流速度偏差率重心偏心惯量比值为：传统回转：半回转：大回转＝1.3：2：1；主流速度的绝对偏差量比值为：传统回转：半回转：大回转＝1.7：1.1：1。

⑦ 在经济管径条件下，对于同一种回转结构的消防炮座，中心点区域流

速基本都高于平均流速;弯管曲率系数(R/d)越大,中心点的速度越大;流经的连续弯管越多,不同曲率系数下中心点区域的主流速度差异越大;在炮座全流段上,与其他区域相比,中心点区域流速相对于平均流速的偏差最小。

⑧ 炮座安装导流片之后,炮座出口湍动能会减小,但是流动损失会稍有增加,同时,出口旋涡强度也会明显增加,但总体变化量都不大,属于弱影响因子。炮座内导流片的安装位置向弯管内侧高速区偏移,对于提高炮座出口流动的均匀性、稳定性要优于在中心线位置,更优于向弯管外侧偏移。

(2) 在消防炮炮管整流性能研究方面

① 整流器的设置对炮管段的水力损失有一定影响。本研究条件下,当炮管内的整流器处于等体积时(设定截面积均占炮管截面积的15.45%、长度均为1倍炮管管径),总压力损失与整流器的表面积呈正相关的关系,安装整流器后炮管段水力损失占水炮总损失的24%~38%(无整流器时,该区段的水力损失约占总损失的8%)。当炮管内的整流器处于等过流表面积时(截面积均与等体积时一样),各整流器带来的总流动损失略小于等体积时。

② 整流器的设置对减小湍动能的效果明显。本研究的消防水炮主体区域湍流强度约为2.79%,接近低湍流强度,因此本研究的消防水炮内部流动的湍动能强度总体并不高。炮管内主流的湍动能k受整流器的影响较为明显,设置整流器后,水炮出口位置的湍动能明显减小。湍动能k的减小与整流器分割的区域数呈正相关关系,分割区域数越多,湍动能减小幅度越大。其中,简单分割的星形和十字形整流器,使湍动能减小达33%左右;分割区域数较多的内翼形、弹尾形、同心圆形、网格形整流器,在减小湍动能方面效果大致相同,使湍动能减小达46%左右。

③ 整流器的设置对减小断面旋涡强度的效果非常显著。设置整流器后,消旋效果极为明显,炮管末端及喷嘴出口的旋涡强度比无整流器时显著减小。其中,对炮管段,断面绝对涡通量减小81%~87%。对喷嘴出口,断面绝对涡通量减小94%~97%。不同形式的整流器消旋效果绝对差异并不大,最大差异在8%以内。整流器的消旋效果与分割区域呈正相关关系,分割越密,消旋整流效果越明显。从涡通量重心的偏心惯量来看,中间无阻隔的内翼形、弹尾形、同心圆形三种整流器消旋整流效果最好,为第一梯队;网格形整流器效果次之,为第二梯队;分割区域最少的星形和十字形整流器效果最差,为第三梯队。第一、第二、第三梯队间的比值大约为1:1.8:14。

④ 整流器的设置对降低主流速度不均匀度的效果非常显著。在降低主流速度不均匀度方面,一致性地反映出有整流器远比没有整流器要好。从炮管出口断面主流速度不均匀度的两项表征参数(主流速度重心偏心惯量、主

流速度偏差率重心偏心惯量)来看,同心圆形、星形、十字形、网格形、弹尾形、内翼形等六种整流器都一致呈现出内翼形整流器最好,弹尾形和同心圆形次优,十字形和星形较差。对炮管段出口端,没有整流器比设置内翼形整流器时速度重心偏心惯量大 3～4 倍;对喷嘴出口,没有整流器比设置内翼形整流器时速度重心偏心惯量大近 6 倍。从炮管出口断面主流速度不均匀度的另外两项表征参数(主流速度平均偏差率、主流速度绝对偏差量)来看,也一致性地呈现出:内翼形整流器最优,弹尾形和同心圆形次优,十字形和星形较差。综合研究与评价证明,在降低主流速度的不均匀度方面,内翼形属于第一梯队,弹尾形与同心圆形属于第二梯队,网格形属于第三梯队,十字形和星形属于第四梯队。第一、第二、第三、第四梯队的后两项表征指标比值大致为 1:1.3:1.4:1.7。

⑤ 整流器的结构设计与安放位置对整流效果的影响较大,属于强影响因子。研究表明,整流器安装在炮管首部最佳;1 倍炮管直径长度是整流器的经济长度,具有较好的整流效果;整流器倒角能显著减少流动损失,合理的倒角能使整流器造成的水力损失减少 1/3,倒角方式推荐采用进口内凹出口外凸的形式;整流器整体安装优于截短拆分后的组合安装;内翼形整流器(对降低主流速度不均匀度效果最好的形式)的筋板片数在 6 片左右为最佳,筋板的径向长度越长消旋效果越好;应该选取合适的筋板壁厚,在满足焊接变形、耐受水流及管道垃圾冲击等必需的强度和刚度条件下,原则上筋板壁厚越薄越好。实际产品中小流量消防炮可选择 1～1.5 mm 壁厚,大流量消防炮可选择 1.5～3 mm 壁厚。

⑥ 通过正交试验分析,对整流器整流效果的多影响因素进行了综合分析,获得了影响水炮出口湍动能、出口旋涡强度、水炮流动损失的各因素主次关系,分析结果可用于指导消防炮炮管段整流器的设计。通过对水泵自身带来的水炮进口压力脉动分析,得出整流器对压力脉动影响很小的结论,表明分析水炮出口压力脉动变化对射流流态的影响时,可直接采用泵出口的脉动模式。

(3) 在消防炮喷嘴性能研究方面

① 消防炮因其流量较大、规格型号较多,基本为小批量甚至单件加工,优先推荐采用带有出口直段的圆锥形喷嘴。喷嘴出口直径的设计计算应根据选用的喷嘴结构形式、收缩角、出口段长径比等来综合确定相关的计算公式和经验系数取值。

② 消防炮喷嘴收缩段的收缩角宜为 13°～14°,此时喷嘴的流量系数值最大。实际产品设计中还可结合炮管和喷嘴的总长度要求做适当的微调。喷

嘴收缩角大小的变化对喷嘴出口直段长度的选择具有影响,收缩角减小,出口直段的经济长度需增加。

③ 推荐喷嘴出口直管段经济长度为$(1\pm0.2)d$。当出口直段长度大于$1d$时,流量波动频率基本不再发生变化。随着出口直段长度增加,中心点速度脉动频率略微增大,幅值减小,流速更平稳。喷嘴内速度从直段进口端不断增长,压力能不断转化为速度能,大约至$0.8d$处时基本结束交换,速度上升趋势开始变得非常缓慢。喷嘴出口直段越长,中心区域速度越大。圆锥形喷嘴的流动在进入出口直管段时会出现负压区(壁面压力系数上表现为负值冲角),负压区持续长度约为$0.5d$,该负压区可以通过在锥管末端倒圆角处理来基本缓解。

④ 装有整流器时,喷嘴出口流量波动振幅下降了40%,波动频率增大约10倍,出口流速脉动频率增大1倍,中心点流速脉动振幅下降为原来的$1/4$,流动更加平稳。流线形喷嘴的流量波动频率和出口中心点流速脉动频率相对较高,流动稳定性更好。流线形喷嘴壁面阻力系数略大,但锥管段出口转折处的压降较为均匀,几乎无壁面压力系数负值冲角,基本不再出现明显的负压区,这也有利于增大喷嘴出口的收缩系数,减少出口段的断面收缩损失。

⑤ 采用大涡模拟 LES 方法对水炮喷嘴内部的湍流开展了研究。喷嘴内部湍流强度在流体加速上升后,基本属于低湍动强度运动。雷诺切应力在喷嘴轴线位置的分布表明,无整流器时由流体脉动引起的动量传递明显,切应力分布高于有整流器的情况,安装整流器后,速度脉动得到了有效抑制。以 Q 判据识别的涡结构在喷嘴壁面附近较多,随流体的收缩加速而变得细长。无整流器时,涡结构充满了整个喷嘴内部,并逐渐从入口的杂乱和小尺寸涡演变为狭长、有序的肋状涡。安装整流器后,喷嘴收缩段内部涡结构变为稀疏状态。流线形喷嘴内部涡结构最明显的特征是其中、后部壁面存在波状环形涡环。流线形喷嘴比圆锥形喷嘴更早、更平缓地开始压力能向速度能的转换。

(4)在消防炮外部射流特性研究方面

① 分析了圆柱射流稳定性曲线中层流区(或称为假性层流区)、湍流区和雾化区的特点,提出了消防水炮出口流速拟大于 45 m/s 的推荐速度。

② 结合大流量水炮试验数据,总结拟合了消防炮射程、射高、射高点水平射程等的经验计算公式,与在其他设计工况下研制的水炮射程数据进行验证,符合得很好,相关系数在95%以上,为消防炮的性能设计优化提供了参考目标依据。

③ 基于水滴空气中飞行计算模型,提出了一种消防水射流轨迹预测方法,通过试验数据,获得了射流轨迹计算中指数增长系数 b 的合适取值,对于

直流式消防水炮,系数 b 取 0.01 比较合适。开展了环境风对消防水射流轨迹的影响分析,结果表明风速、风向对射流轨迹的影响明显。

④ 模型水炮试验在工作压力为 0.3 MPa 和 0.4 MPa 的工况下,获得了射流末端中位平均粒径大小,水炮工作压力的升高对提高射程作用明显,但达到一定值后,射流末端平均水滴直径变小,容易受环境风的影响而漂移。

(5) 在水炮试验研究与工程设计应用方面

① 重点对消防炮的实体试验结果进行了系统分析,通过实体产品喷射试验验证了本研究的一系列结论的正确性和有效性。

② 通过对国内外消防炮产品性能参数的统计分析,提出了国内外消防水炮产品射流性能的差距,以及与理论优化产品目标之间的平均差距。

③ 针对消防炮的工程应用特点和实战需求,结合本研究的相关理论成果,从结构选型、水力性能设计、供水方式、供水流量、压力、射程、工程安装等方面,对消防炮的选型、产品设计、工程应用设计等,提出了相应的选型准则和设计原则,为设计、生产、施工和使用部门开展相关工作提供了参考。

(6) 在数值模拟的一致性验证方面

本研究在水炮的两个观测位置开展了 PIV 试验,获得了炮座直段的速度分布和喷嘴内流体加速过程的流动现象,数值模拟与试验结果有较好的吻合性,其管轴线速度误差分别小于 5% 和 7.5%。

8.2　主要创新

本研究通过理论分析与计算、试验研究、模拟研究等方法,开展了消防炮的结构设计研究、内部流动研究、外部射流特性研究及工程应用研究。研究工作的创新主要体现在以下几个方面:

① 本研究的大流量消防炮在流量、压力、通径、喷嘴口径上都远大于以往研究的常规喷嘴和消防枪炮,研究中确立了消防炮性能设计与评价的强影响因子和弱影响因子。其中,强影响因子包括:炮座主通径经济尺寸、炮座结构形式、整流器形式(有无、结构形式、经济长度、安放位置)、喷嘴特征尺寸(结构形式、收缩角、出口直径、经济长度);弱影响因子包括炮座段导流片(设置、位置)、弯管曲率系数(R/d)、整流器的分割区域数、湍动能(湍流强度)、炮座段的压力损失(经济管径下)等。

② 针对既有理论研究文献中消防炮主流道经济流速推荐值(不大于 12 m/s)偏离实际产品开发设计、工程应用经济性不太理想的现状,从理论上探索、研究了消防炮炮体主流道的经济管径设计方法,提出了更为科学、实用

的经济流速上限值 7 m/s，并得到了实体产品试验结果的验证支持。

③ 针对既有文献关于管道流的理论研究和计算公式大多是针对平面性单弯管，对连续性多弯管、立体绕转结构的消防炮设计指导理论性支持不足的现状，研究并掌握了水炮炮座在连续多弯管立体绕转形式时的内部水力性能特点，定量分析了流道内部的二次流流动特征，比较分析了不同绕转结构形式时的水力性能和流场特性差异，从理论上提出了消防炮炮体结构选型和优化设计的方法。

④ 改变了以压力损失作为唯一判据的传统消防炮炮体设计方法，构建了涵盖内部流场稳定性、均匀性、连续性、经济性四个方面的综合评判准则，研究建立了基于压力、速度、湍流强度（湍动能）、旋涡强度（绝对涡通量）、断面涡流分布（涡通量重心偏心惯量）、主流速度分布均匀度（主流速度重心偏心惯量）等的计算和多判据评价方法，并研究确定了各影响因子的权重。

⑤ 针对工具书和相关文献中对管道整流器的评价多以试验实测值结果比较来判断其优劣的研究和分析方法，难以实现试验的穷举和理论上的归纳总结，本书利用数值模拟的方法，从理论上定性分析、定量计算出了不同结构形式、设计参数（长度、体积、湿周、过流面积、倒角、筋板壁厚、筋板片数、筋板径向长度）、安放位置等的整流器性能，建立了相应的多判据计算和评价方法，找出了整流器的整流性能规律和特点，提出了最优整流器结构及设计、应用参数。

⑥ 既有工具书及文献中，在内流场稳定性方面（速度、涡流）的研究和指导性成果较多，在内流场的均匀性方面，对涡流场均匀性的定量化研究和结论还较少见，对速度场均匀性的研究多数以速度梯度曲线来定性表示，定量化的研究和结论也非常少。本研究针对消防枪炮在内流场稳定性、均匀性方面要求较高的特别需求，研究提出了炮座、炮管出口断面处涡流场、主流速度不均匀度的计算和评价方法，实现了对不同消防炮体结构参数下内流场优劣的定量化、精准化评价，提出了炮座、炮管出口流态差异性判断准则。

⑦ 既有工具书和文献关于射流喷嘴的设计原则，多针对小口径、小流量、低压力的喷灌喷头和小口径、超高压力的高压水射流采煤、破岩、切割破拆喷嘴，实际用途、喷嘴形式都有一些差异，相互间因流量系数、流速系数要求的不同，设计原则和公式存在差异，本研究主要针对大流量消防炮大口径、大流量、中等压力的特点，提出了消防炮喷嘴出口直段的经济长度及设计规律。

⑧ 针对现有文献中射流的射程计算式基本都对应小、微流量喷嘴，对大流量、大通径、大喷口的消防炮适用性不足的现状，研究并拟合出了适用于大流量消防炮的新的射程、射高的经验计算公式，经试验验证，一致性较好。

⑨ 在试验验证及集成相关研究成果的基础上，研究并系统提出了消防炮选型、产品设计和工程应用设计的方法和原则。

8.3　展望

本书重点针对的是消防部队及社会消防工程中最常见、配备数量最多、使用频率最高的消防水炮和喷射水成膜泡沫的消防泡沫炮，研究分析其结构特点、最优设计参数、经济尺寸、内部流动特性、整流矫直措施、外部射流性能等，为消防炮的研究、设计、开发提供理论依据和科学指导，为消防炮的实战应用和工程设计提供指导原则。研究主要针对的是常规性结构和单相流的内部流场，而对一些特殊性流道、特殊流场条件、特殊流体时的消防炮，由于其比较特殊或配备数量及实战应用较少，如扁圆弯管、变截面弯管、球形回转关节、双层管中管、侧壁嵌入水轮机的过流管道（水驱动自摆炮）、喷嘴出口前嵌入自动外吸泡沫液的文丘里管等特殊性流道的消防炮，主流管道内表面加陶瓷涂层、过流液体中添加减阻剂等特殊流场条件的消防炮，以及因喷射蛋白/氟蛋白泡沫液需在出口处吸入空气混合的气液两相流消防泡沫炮、依靠压缩气体驱动干粉喷射的气固两相流消防干粉炮等，没有进行相关的理论研究和分析比较，这将有待于在今后的工作中，做进一步的深入研究和探索。

参考文献

［1］公安部消防局. 中国消防年鉴(2014)[M].昆明:云南人民出版社,2014.

［2］公安部消防局. 中国消防年鉴(2015)[M].昆明:云南人民出版社,2015.

［3］公安部消防局. 中国消防年鉴(2016)[M].昆明:云南人民出版社,2016.

［4］公安部消防局. 中国消防年鉴(2017)[M].昆明:云南人民出版社,2017.

［5］福建省"4·6"爆炸着火事故调查组. 福建省腾龙芳烃(漳州)有限公司
"4·6"爆炸着火重大事故技术调查报告[DB/OL]. https:wenku. baidu.
com/view/a4d89fb00342a895bec0975f46527d3250ca66e. html.

［6］公安部上海消防科学研究所.消防炮通用技术条件:GB 19156—2003[S].

［7］公安部上海消防科学研究所.PXKY150 型液控消防泡沫(水)炮[R].上
海:公安部重点科研项目研制报告,2001.

［8］应急管理部上海消防研究所、江西荣和特种消防设备有限公司、浙江佑
安高科消防系统有限公司,等. 消防炮:GB 19156—2019[S].

［9］李炳泉,华万仁,薛林,等. 压缩空气 A 类泡沫灭火装置[R].上海:国家
"九五"科技攻关项目研制报告,2000.

［10］薛林,王丽晶.关于我国大流量消防炮的专题报告[R].上海:公安部上
海消防研究所报公安部消防局专题报告,2015.

［11］公安部上海消防科学研究所.固定消防炮灭火系统设计规范:GB
50338—2003[S].

［12］王永福,薛林,丁哲勇,等. 远程遥控高效能消防炮[R].上海:国家"九
五"科技攻关项目研制报告,2000.

［13］史兴堂. 消防炮射程及影响因素研究[D].上海:上海交通大学,2001.

［14］上海现代建筑设计(集团)有限公司.建筑给水排水设计规范:GB
50015—2010[S].

[15] 中国中元国际工程公司.消防给水及消火栓系统技术规范:GB 50974—2014[S].

[16] 石荣.基于 CFD 技术的远射程消防水炮性能优化[D].镇江:江苏大学,2017.

[17] 陈伟刚.固定式消防水炮结构参数优化及其水力学性能研究[D].南昌:华东交通大学,2010.

[18] 俞毓敏.大射程水炮设计及研究[D].南京:南京理工大学,2011.

[19] 吴海卫.消防水炮的水力性能研究[D].上海:上海交通大学,2001.

[20] Guo J,Xu M,Lin C. Second law analysis of curved rectangular channels[J]. International Journal of Thermal Sciences,2011,50(5):760-768.

[21] Chandratileke T T,Nadim N,Narayanaswamy R. Vortex structure-based analysis of laminar flow behavior and thermal characteristics in curved ducts[J]. International Journal of Thermal Sciences,2012,59:75-86.

[22] Prasun Dutta,Nityananda Nandi. Effect of Reynolds number and curvature ratio on single phase turbulent flow in pipe bends[J]. Mechanics and Mechanical Engineering,2015,19(1):5-16.

[23] 梁开洪,曹树良,陈炎,等.入流角对圆截面90°弯管内高雷诺数流动的影响[J].清华大学学报,2009,49(12):1971-1975.

[24] 袁丹青,石荣,从小青,等.远射程消防水炮流道内导流片的性能分析[J].排灌机械工程学报,2017,35(4):333-339.

[25] 李世英.喷灌喷头理论与设计[M].北京:兵器工业出版社,1995.

[26] Mi J,Xu M,Zhou T. Reynolds number influence on statistical behaviors of turbulence in a circular free jet[J]. Physics of Fluids,2013,25(7):075101.

[27] 汤攀,李红,刘振超,等.摇臂式喷头稳流器结构参数正交试验[J].节水灌溉,2013(6):48-50.

[28] 严海军,王敏,杨小刚,等.弹尾形稳流器对摇臂式喷头内流道水力性能影响[J].农业机械学报,2007,38(11):40-43.

[29] Yehia A,EI Drainy,Khalid M,et al. CFD analysis of incompressible turbulent swirling flow through zanker plate[J]. Engineering Applications of Computational Fluid Mechanics,2009,3(4):562-572.

[30] Boualem Laribi,Abdelkader Youcefi,Elhacene Matene. Length

efficiency of the Etoile flow straightener numerical experimentation [C]. Proceedings of ASME-JSME-KSME Joint Fluids Engineering Conference，Japan，2011.

[31] Young Jin Seo. Effect of hydraulic diameter of flow straighteners on turbulence intensity in square wind tunnel[J]. HVAC & R Research，2013,19(2)：141－147.

[32] 王红霞. 消防水枪整流装置的分析及试验研究[J]. 装备维修技术,2007,2:10－13.

[33] Xiang Q J，Shi Z F，Li H，et al. Structure analysis of a new type of flow straightener used in fire fighting water cannon［C］. The 6th International Symposium on Fluid Machinery and Fluids Engineering，Wuhan，China，2014.

[34] 朱荣生，苏保稳，杨爱玲，等. 离心泵压力脉动特性分析[J]. 农业机械学报,2010,41(11):43－47.

[35] Barzdaitis，Vytautas. Investigation of pressure pulsations in centrifugal pump system[J]. Journal of Vibroengineering. 2016，18(3):1849－1860.

[36] Jang S J，Sung H J，Krogstad P A. Effects of an axisymmetric contraction on a turbulent pipe flow[J]. Journal of Fluid Mechanics，2011，687:376－403.

[37] Bechert D W，Bruse M，Hage W. Experiments on drag-reducing surfaces and their optimization with an adjustable geometry［J］. Journal of Fluid Mechanics，1997,338：59－87.

[38] 黎润恒,赵成璧,唐友宏,等. 三角形沟槽面圆管湍流减阻的大涡模拟数值研究[J].科学技术与工程,2013,13(8):2021－2026.

[39] Reitz R D，Bracco F V. Mechanism of atomization of a liquid jet[J]. Phys. Fluid，1982，25(10)：1730－1742.

[40] Shi S. Unstable asymmetric modes of a liquid jet[J]. ASME J of Fluids Engineering,1999，12(1):379－383.

[41] 曹建明. 射流表面波理论的研究进展[J].新能源进展,2014,2(3):165－172.

[42] 蒋跃,李红,向清江,等. 低压射流不同喷嘴参数及压力下破碎过程实验[J]. 农业机械学报，2015，46(3):78－83.

[43] Sallam K A，Dai Z，Faeth G M. Liquid breakup at the surface of turbulent round liquid jets in still gases[J]. International Journal of Multiphase Flow，2002,28(3):427－449.

[44] Theobald C. The effect of Nozzle design on the stability and performance of turbulent water jets[J]. Fire Safety Journal，1981，4 (1)：1－13.

[45] Shinjo J，Umemura A. Simulation of liquid jet primary breakup：Dynamics of ligament and droplet formation[J]. International Journal of Multiphase Flow，2010，36(7)：513－532.

[46] Ménard T，Tanguy S，Berlemont A. Coupling level set/VOF/ghost fluid methods：validation and application to 3D simulation of the primary break-up of a liquid jet[J]. International Journal of Multiphase Flow，2007，33(5)：510－524.

[47] Julien D，Stephane V，Arnaud E，et al. Numerical investigations in Rayleigh breakup of round liquid jets with VOF methods［J］. Computers & Fluids，2011，50：10－23.

[48] 战仁军,周波,汪勇.脉冲防暴水炮气液两相流不稳定破碎数值模拟[J].消防科学与技术,2011,30(1):40－42.

[49] 张帅,解利军,郑耀. 基于移动粒子半隐式法的表面张力模拟[J].计算力学学报,2011,28(3):345－349.

[50] Tatsuya M，Osami S，Tomohiko I，et al. Modeling and analysis of water discharge trajectory with large capacity monitor[J]. Fire Safety Journal，2014,63：1－8.

[51] 余常昭. 紊动射流[M]. 北京：高等教育出版社,1993.

[52] 董志勇.射流力学[M].北京：科学出版社,2005.

[53] 章梓雄,董曾南. 粘性流体力学[M]. 北京：清华大学出版社,2011.

[54] Giffen T，Murraszew A. The Atomization of Liquid Fuels[M]. New York：John Wiley and Sons,1953.

[55] Bracco F V. Modeling of Engine Sprays[J]. SAE Transactions，1985，94：144－167.

[56] 孙健. 消防炮射流轨迹的研究[D]. 上海：上海交通大学,2008.

[57] 中华人民共和国国家质量监督检验检疫总局. 农业灌溉设备　旋转式喷头第1部分：结构和运行要求：GB/T 19795.1—2005[S].

[58] 国家质量技术监督局. 工业金属管道设计规范：GB 50316—2000[S].

[59] 杨敏官,罗惕乾,王军锋,等. 流体机械内部流动测量技术[M].北京：机械工业出版社,2006.

[60] 向清江,施哲夫,李红,等. 远射程消防水炮流道内 3 种稳流器的对比[J]. 排灌机械工程学报,2015,33(3):233 – 238.

[61] 吴望一. 流体力学[M]. 北京:北京大学出版社,1998.

[62] 陶文铨. 数值传热学[M]. 西安:西安交通大学出版社,1988.

[63] Kim J,Yadav M,Kim S. Characteristics of secondary flow induced by 90°elbow in turbulent pipe flow[J]. Engineering Applications of Computational Fluid Mechanics,2014,8(2),229 – 239.

[64] Shiraishi T,Watakabe H,Sago H,et al. Pressure fluctuation characteristics of the short-radius elbow pipe for FBR in the postcritical Reynolds regime[J]. Journal of Fluid Science and Technology,2009, 42(2):430 – 441.

[65] 湛含辉. 二次流原理[M]. 长沙:中南大学出版社,2006.

[66] Li Y L,Wang X K,Yuan S Q,et al. Flow development in curved rectangular ducts with continuously varying curvature [J]. Experimental Thermal and Fluid Science,2016,75:1 – 15.

[67] 据学振. 消防炮射流管径技术研究[D]. 哈尔滨:哈尔滨工业大学,2013.

[68] Zhu X Y,Yuan S Q,Li H,et al. Orthogonal tests and precipitation estimates for the outside signalfluidic sprinkler[J]. Journal of Irrigation and Drainage,2009,23:163 – 172.

[69] 何为,薛卫东,唐斌. 优化试验设计方法及数据分析[M]. 北京:化学工业出版社,2017.

[70] McCarthy M J,Molloy N A. Review of stability of liquid jets and the influence of nozzle design[J]. Chemical Engineering Journal,1974, 7(1):1 – 20.

[71] 王乐勤,林思达,田艳丽,等. 基于 CFD 的大流量喷嘴喷射性能研究[J].流体机械,2008,36(11):17 – 22.

[72] 消防设备全书编委会. 消防设备全书[M]. 西安:陕西科学技术出版社,1990.

[73] 庞生敏,陈沛民. 基于 CFD 的圆柱形喷嘴设计[J].机械制造与研究, 2011,40 (1):41 – 42,89.

[74] 杨国来,周文会,刘飞. 基于 FLUENT 的高压水射流喷嘴的流场分析[J]. 兰州理工大学学报,2008,34(2):49 – 52.

[75] 王玲玲. 大涡模拟理论及其应用综述[J]. 河海大学学报(自然科学版), 2004,32(3):261 – 265.

[76] 杨雪龙. 环形射流泵内部流动机理及结构优化研究[D]. 武汉:武汉大学,2014.

[77] Smagorinsky J. General circulation experiments with the primitive equations: I. The Basic Experiments[J]. Monthly Weather Review, 1963,91(3):99－164.

[78] Rodi W. Large-eddy Simulation in Hydraulics[M]. Florida: CRC Press,2013.

[79] Nicoud F,Ducros F. Subgrid-scale stress modelling based on the square of the velocity gradient tensor[J]. Flow, Turbulent and Combustion,1999,62(3):183－200.

[80] Kim W W,Menon S. Application of the localized dynamic subgrid-scale model to turbulent wall-bounded flows[C]. Technical Report AIAA－97－0210,Reno,1997.

[81] Fureby C,Alin N,Wikstrom N,et al. Large eddy simulation of high-Reynolds-number wall bounded flows[J]. AIAA Journal, 2004, 42 (3): 457－468.

[82] Piomelli U. Wall-layer models for large-eddy simulations[J]. Progress in Aerospace Sciences, 2008, 44(6):437－446.

[83] 王福军. 计算流体动力学分析:CFD 软件原理与应用[M]. 北京:清华大学出版社,2004.

[84] 曹建明. 液体喷雾学[M]. 北京:北京大学出版社,2013.

[85] 蒋跃. 射流破碎特性及喷头喷洒性能研究[D]. 镇江:江苏大学,2016.

[86] 干浙民,杨生华.旋转式喷头射程的试验研究及计算公式[J].农业机械学报,1998(4):145－149.

[87] 常文海,陈兰发,王流星.喷灌水流射程[J].农业机械学报,1991(4):46－52.

[88] 冯传达.喷头射程的计算[J].排灌机械,1984(4):35－38.

[89] 脱云飞,杨路华,柴春岭,等.喷头射程理论公式与试验研究[J].农业工程学报,2006,22(1):23－26.

[90] 王波雷,马孝义,范严伟,等. 旋转式喷头射程的理论计算模型[J].农业机械学报,2008,39(1):41－45.

[91] Hatton A P,Leech C M,Osborne M J. Computer simulation of the trajectories of large water jets[J]. International Journal of Heat and Fluid Flow,1985,6(2):137－141.

［92］闵永林,陈晓阳,陈池,等. 考虑俯仰角的消防水炮射流轨迹理论模型
　　　［J］.机械工程学报,2011,47(11):134－138.

［93］龚玺,朱蓉,范广州,等. 蒙古草原近地层垂直风速廓线的观测研究
　　　［J］. 气象学报,2014,72(4):711－722.

［94］徐天真,徐静琦,楼顺里. 海面风垂直分布的计算方法［J］. 海洋湖沼通
　　　报,1988(4):1－6.

［95］Salvador R,Bautista-Capetillo C,Burguete J,et al. A photographic
　　　method for drop characterization in agricultural sprinklers［J］.
　　　Irrigation Science,2009,27(4):307－317.

［96］Kincaid D C,Solomon K H,Oliphant J C. Drop size distributions for
　　　irrigation sprinklers［J］. Transactions of the ASAE,1996,39(3):
　　　839－845.

［97］Li J S,Kawano H,Yu K. Droplet size distributions from different
　　　shaped sprinkler nozzles［J］. Transactions of the ASAE,1994,37
　　　(6):1871－1878.

［98］Bautista C C,Robles O,Salinas H,et al. A particle tracking
　　　velocimetry technique for drop characterization in agricultural
　　　sprinklers［J］. Irrigation Science,2014,32(6):437－447.

［99］王丽晶,华万仁,朱凯亮,等.远射程高冲击力船用防爆消防炮喷嘴模
　　　拟优化研究.［R］.上海市科技重点攻关项目技术报告,2018.

［100］公安部上海消防科学研究所.固定消防炮灭火系统施工与验收规范:
　　　GB 50498—2009［S］.

［101］公安部上海消防科学研究所.固定消防炮灭火系统设计规范:GB
　　　50338—2003［S］.

［102］李小龙. 消防炮在石化工业消防中的应用及推广［J］. 广东化工,
　　　2009,36(2):98－100.

［103］陆菊红,王永福,李瑜璋. 我国消防装备技术发展战略的探讨［J］. 消
　　　防科学与技术,2000,11(4):40－41.

［104］张进良. 几款国产消防水枪及水炮的简介［J］. 消防技术与产品信息,
　　　2008(9):19－21.

［105］［俄］列别捷夫 B M. 喷灌机械理论和构造［M］.姚兆生,汪泰临,译. 北
　　　京:中国农业出版社,1981.

［106］［俄］伊沙耶夫 A И.喷灌机的水力学［M］.蒋定生,译.［出版地不详］:
　　　［出版者不详］,1976.

[107] Xin Y，Thumuluru S，Jiang F，et al. An experimental study of automatic water cannon systems for fire protection of large open spaces[J]. Fire Technology，2014，50(2):233 - 248.

[108] Giuseppe Marbach，Markus Loepfe，Thomas Brupbacher. An image processing technique for fire detection in video images[J]. Fire Safety Journal，2006 (41)：285 - 289.

[109] Jerzy Galaj，Tomasz Drzymala，Ritoldas Sukys，et al. A computer model designed to evaluate the firefighting effectiveness of solid jet produced by water nozzle[J]. Journal of Civil Engineering and Management. 2018，24(1)：1 - 10.

[110] 何枫，谢峻石，杨京龙. 喷嘴内部流道型线对射流流场的影响[J]. 应用力学学报，2001,18(4):114 - 119.

[111] 吕华,雷玉勇,杨振,等. 喷嘴内轮廓形状对水射流动态特性影响研究[J]. 煤矿机械,2011,32(6):92 - 95.

[112] AUTC Fire & Security Company. The design and construction of fire fighting monitors [EB/OL]. [2017 - 09 - 17]. https：// www. doc88. com/p—6935687 290768. html.

[113] Guoliang H U，Ming L. Structure design and analysis of water jet performances of a new type of fixed fire water monitor[J]. Machine Tool & Hydraulics，2013.

[114] 胡国良，龙铭，高志刚. 消防水炮喷嘴射流特性分析[J]. 液压与气动，2012(7):93 - 97.

[115] 刘力涛,马振明. 消防水炮喷嘴喷射性能影响因素分析[J]. 能源研究与信息，2011,27(2):105 - 109.

[116] 向清江,薛林,许正典,等. 消防水炮无风状态射流轨迹的预测方法[J]. 水动力学研究与进展(A辑),2017(3):325 - 330.

[117] Furuichi N，Terao Y，Wada Y，et al. Friction factor and mean velocity profile for pipe flow at high Reynolds numbers[J]. Physics of Fluids，2015，27(9):95 - 108.

[118] Durbin P A，Reif B A P. Statistical theory and modeling for turbulent flows[M]. 2th ed. New Jersey:John Wiley & Sons. Ltd，2011.

[119] Launder B，Sandham N. Closure strategies for turbulent and transitional flows [M]. Cambridge：Cambridge University Press，2002.

[120] Piomelli U，Balaras E. Wall-layer models for large-eddy simulation [J]. Annual Review of Fluid Mechanics，2002，34(1):349 - 374.

[121] Ashgriz N. Handbook of atomization and sprays: theory and applications[M]. New York: Springer Science ＋ Business Media，LLC，2011.